EINSTEIN Y SCHRÖDINGER Y EL DEBATE QUE DEFINIÓ LA FÍSICA CUÁNTICA

Dr. Paul Halpern

Einstein y Schrödinger y el debate que definió la física cuántica

La discusión filosófica
entre el azar y el determinismo

Pinolia

Título original: *Einstein's Dice and Schrödinger's Cat*

© Editorial Pinolia, S. L., 2025
   Calle de Cervantes, 26
   28014 Madrid
www.editorialpinolia.es
info@editorialpinolia.es

Colección: Divulgación científica
Primera edición: septiembre de 2025

Depósito legal: M-16132-2025
ISBN: 979-13-87556-60-0

Corrección y maquetación: Palabra de apache
Diseño de cubierta: Óscar Álvarez
Impresión y encuadernación: Industria Gráfica Anzos, S. L. U.
Printed in Spain - Impreso en España

ÍNDICE

Dedicado a la memoria de Max Dresden, mi director de doctorado, cuya pasión por la historia de la física del siglo xx fue realmente inspiradora.

Bien, ¿quién soy yo? (Esta pregunta se plantea en general; el «yo» no se refiere únicamente al autor). Soy la Imagen de Dios, dotada del poder del pensamiento para intentar comprender Su mundo. Por muy ingenuo que sea mi intento, debo valorarlo más que escudriñar la Naturaleza con el propósito de inventar algún dispositivo para... digamos, evitar que el pomelo me salpique las gafas al comerlo, u otras comodidades muy prácticas de la vida.

Erwin Schrödinger, «The New Field Theory»

ALIADOS Y ADVERSARIOS

E sta es la historia de dos físicos brillantes, de la guerra mediática de 1947 que desgarró su amistad de décadas y de la frágil naturaleza de la colaboración y los descubrimientos científicos.

Cuando se enfrentaron, cada científico era un Premio Nobel, bien entrado en la madurez y, desde luego, ya había pasado el apogeo de sus principales trabajos. Sin embargo, la prensa internacional tenía en gran medida una historia diferente que contar. Era el relato típico de un luchador experimentado que aún se mantenía fuerte frente a un contendiente advenedizo, hambriento de hacerse con el trofeo. Mientras que Albert Einstein era extraordinariamente famoso, con todos sus pronunciamientos cubiertos por los medios de comunicación, relativamente pocos lectores estaban familiarizados con el trabajo del físico austriaco Erwin Schrödinger.

Quienes seguían la carrera de Einstein sabían que llevaba décadas trabajando en una teoría de campo unificado. Esperaba ampliar el trabajo del físico británico del siglo XIX James Clerk Maxwell para unificar las fuerzas de la naturaleza a través de un simple conjunto de ecuaciones. Maxwell había proporcionado una explicación unificada para la electricidad y el magnetismo, llamados campos electromagnéticos, y los había identificado como ondas de luz. La propia teoría general de la relatividad de Einstein describía la gravedad como una deformación de la geometría del espacio y el tiempo. La confirmación de la teoría le había dado fama. Sin embargo, no quería detenerse ahí. Su sueño era incorporar los resultados de Maxwell a una forma ampliada de la relatividad general y unir así el electromagnetismo con la gravedad.

Cada pocos años, Einstein anunciaba una teoría unificada a bombo y platillo solo para verla fracasar silenciosamente y ser sustituida por otra. Desde finales de la década de 1920, uno de sus principales objetivos era una alternativa determinista a la teoría cuántica probabilística, desarrollada por Niels Bohr, Werner Heisenberg, Max Born y otros. Aunque reconocía que la teoría cuántica tenía éxito experimental, la juzgaba incompleta.

En su fuero interno sentía que «Dios no jugaba a los dados», como él decía, formulando el asunto como una cuestión sobre la naturaleza de una creación mecanicista ideal. Por «Dios» entendía la deidad descrita por el filósofo holandés del siglo XVII Baruch Spinoza: un emblema del mejor orden natural posible. Spinoza había sostenido que Dios, sinónimo de naturaleza, era inmutable y eterno, sin dejar lugar al azar. Coincidiendo con Spinoza, Einstein buscaba las reglas invariables que rigen los mecanismos de la naturaleza. Estaba absolutamente decidido a demostrar que el mundo estaba absolutamente determinado.

Exiliado en Irlanda en la década de 1940 tras la anexión nazi de Austria, Schrödinger compartía el desdén de Einstein por la interpretación ortodoxa de la mecánica cuántica y lo veía como un colaborador natural. Einstein, por su parte, encontró en Schrödinger un espíritu afín. Tras compartir ideas para la unificación de las fuerzas, Schrödinger anunció de repente que había tenido éxito, lo que generó una tormenta de atención y abrió una brecha entre ambos.

Es posible que hayas oído hablar del gato de Schrödinger, el experimento mental felino por el que el gran público lo conoce mejor. Pero, cuando tuvo lugar esta disputa, pocas personas fuera de la comunidad de físicos habían oído hablar del enigma del gato o de él. Según lo presentaba la prensa, no era más que un ambicioso científico residente en Dublín que podría haber noqueado al gran Einstein.

El primero en dar la noticia fue el *Irish Press*, a través del cual la comunidad internacional se enteró del desafío de Schrödinger. Schrödinger les había enviado un extenso comunicado de prensa en el que describía su nueva «teoría del todo», situando sin modestia su propio trabajo en el contexto de los logros del sabio griego Demócrito (quien acuñó el término *átomo*), el poeta romano Lucrecio, el filósofo francés Descartes, Spinoza y el propio Einstein. «No es muy propio de un científico hacer publicidad de sus propios descubrimientos —les dijo Schrödinger—. Pero ya que la prensa lo desea, accedo a su petición».[1]

El *New York Times* presentó el anuncio como una batalla entre los misteriosos métodos de un inconformista y la falta de progreso de la ciencia establecida. «No se nos dice cómo ha procedido Schrödinger», informó.[2]

Por un instante fugaz pareció que un físico vienés cuyo nombre era entonces poco conocido para el gran público había superado al gran Einstein con una teoría que lo explicaba todo en el universo. Quizá había llegado el momento, pensarían los desconcertados lectores, de conocer mejor a Schrödinger.

UN ENIGMA ESPANTOSO

Hoy en día, la mayoría de las personas que han oído hablar de Schrödinger lo asocian con un gato, una caja y una paradoja. Su famoso experimento mental, publicado como parte de un artículo de 1935, «La situación actual en la mecánica cuántica», es uno de los más macabros concebidos en la historia de la ciencia. Quienes lo escuchan por primera vez suelen reaccionar con horror, aunque se tranquilizan al descubrir que es solo un experimento hipotético que, presumiblemente, nunca se ha intentado con un felino real.

Schrödinger propuso el experimento mental en 1935 como parte de un artículo que investigaba las ramificaciones del entrelazamiento en la física cuántica. El entrelazamiento (término acuñado por Schrödinger) se produce cuando dos o más partículas comparten un único estado cuántico, de modo que, si algo le ocurre a una partícula, las demás resultan afectadas instantáneamente.

Inspirado en parte por el diálogo con Einstein, el enigma del gato de Schrödinger lleva las implicaciones de la física cuántica hasta sus límites al pedirnos que imaginemos el destino de un gato entrelazado con el estado de una partícula. El gato se coloca en una caja que contiene una sustancia radiactiva, un contador Geiger y un frasco sellado de veneno. Se cierra la caja y se ajusta un temporizador precisamente al intervalo en el que la sustancia tendría un 50 % de probabilidades de descomponerse liberando una partícula. El investigador ha configurado el aparato de forma que, si el contador Geiger registra una desintegración, se rompe el frasco, se libera el veneno y el gato muere. Sin embargo, si no se produce ninguna desintegración, el gato se salva.

Según la teoría de la medición cuántica, como señaló Schrödinger, el estado del gato (muerto o vivo) estaría entrelazado con el estado de la lectura del contador Geiger (desintegración o no desintegración) hasta que se abriera la caja. Por lo tanto, el gato se encontraría en una superposición cuántica zombiesca, a la vez muerto y vivo, hasta que transcurriera el tiempo establecido, el investigador abriera la caja y el estado cuántico del gato y del contador colapsara en una de las dos posibilidades.

Desde finales de los años treinta hasta principios de los sesenta, apenas se mencionaba el experimento mental, salvo como anécdota de clase. Por ejemplo, el profesor de la Universidad de Columbia y Premio Nobel T. D. Lee relataba el experimento a sus alumnos para ilustrar la extraña naturaleza del colapso cuántico.[3] En 1963, el físico de Princeton Eugene Wigner mencionó el experimento mental en un artículo sobre la medición cuántica y lo extendió hasta convertirlo en lo que ahora se conoce como la paradoja del «amigo de Wigner».

El célebre filósofo de Harvard Hilary Putnam —que se enteró del enigma por sus colegas físicos— fue uno de los primeros eruditos ajenos al mundo de la física en analizar y discutir el experimento mental de Schrödinger. Describió sus implicaciones en su clásico artículo de 1965 «A Philosopher Looks at Quantum Mechanics», publicado como capítulo de un libro. Cuando ese mismo año se mencionó el artículo en una reseña de libros de *Scientific*

American, el término «gato de Schrödinger» entró en el ámbito de la divulgación científica. Durante las décadas siguientes, se infiltró en la cultura como símbolo de ambigüedad y ha sido mencionado en relatos, ensayos y versos.

A pesar de la familiaridad actual del público con la paradoja del gato, el físico que la desarrolló sigue sin ser muy conocido en otros aspectos. Mientras que Einstein ha sido un icono desde la década de 1920, la personificación misma de un científico brillante, la vida de Schrödinger apenas resulta familiar. Hay cierta ironía en ello, pues su apellido —hoy sinónimo de ambigüedad— describe perfectamente su contradictoria existencia.

Un hombre con muchas contradicciones

La ambigüedad del gato de Schrödinger encajaba perfectamente con la vida contradictoria de su creador. El erudito y miope profesor mantenía una superposición cuántica de perspectivas opuestas. Esta dualidad comenzó temprano: creció hablando alemán con unos familiares e inglés con otros. Aunque tenía vínculos con muchos países, sentía un amor supremo por su Austria natal; sin embargo, nunca se sintió cómodo ni con el nacionalismo ni con el internacionalismo, y prefería evitar por completo la política.

Entusiasta del aire fresco y del ejercicio, ahogaba a los demás en el humo de su omnipresente pipa. En las conferencias formales, entraba vestido como un mochilero. Se declaraba ateo y hablaba de motivaciones divinas. En un momento de su vida vivió con su esposa y con otra mujer que fue la madre de su primer hijo. Su trabajo doctoral fue una mezcla de física experimental y teórica. Durante la primera parte de su carrera consideró brevemente pasarse a la filosofía antes de volver a la ciencia. Después llegaron los cambios vertiginosos entre numerosas instituciones de Austria, Alemania y Suiza. Según la descripción del físico Walter Thirring, que una vez trabajó con él, «era como si siempre lo persiguieran: de un problema a otro por su genio, de un país a otro por los poderes políticos del siglo XX. Era un hombre lleno de contradicciones».[5]

En un momento de su carrera, argumentó vehementemente que había que rechazar la causalidad en favor del puro azar. Varios años después, tras desarrollar su ecuación determinista, reconsideró su postura: tal vez sí existían leyes causales después de todo. Entonces, el físico Max Born reinterpretó su ecuación en términos probabilísticos. Tras luchar contra esa reinterpretación, empezó a inclinarse nuevamente hacia la concepción del azar. Más adelante en su vida, su ruleta filosófica volvería a detenerse en la causalidad.

En 1933, Schrödinger renunció heroicamente a un prestigioso puesto en Berlín por oposición al régimen nazi. Fue el físico no judío más destacado que se marchó por voluntad propia. Tras trabajar en Oxford, decidió regresar a Austria y fue nombrado profesor de la Universidad de Graz. Pero entonces, extrañamente, cuando la Alemania nazi se anexionó Austria, trató de llegar a un acuerdo con el Gobierno para conservar su trabajo. En una confesión publicada, se disculpó por su anterior oposición y proclamó su lealtad al poder conquistador. A pesar de su servilismo, tuvo que abandonar Austria igualmente y aceptó un puesto destacado en el recién fundado Instituto de Estudios Avanzados de Dublín. Una vez en terreno neutral, se retractó de su autonegación.

«Demostró un coraje cívico impresionante cuando Hitler llegó al poder en Alemania y abandonó la cátedra de física más prestigiosa —señaló Thirring—. Cuando los nazis lo alcanzaron, se vio obligado a una patética exhibición de solidaridad con el régimen del terror».[6]

CAMARADAS CUÁNTICOS

Einstein, que no solo había sido un colega sino también un amigo entrañable en Berlín, apoyó a Schrödinger en todo momento y disfrutaba carteándose con él sobre sus intereses mutuos en física y filosofía. Juntos lucharon contra un villano común: la pura aleatoriedad, lo opuesto al orden natural.

Influidos por los escritos de Spinoza, Schopenhauer —para quien el principio unificador era la fuerza de la voluntad, que conectaba todas las cosas de la naturaleza— y otros filósofos, Einstein y Schrödinger compartían la misma aversión hacia las ambigüedades y la subjetividad en cualquier descripción fundamental del universo. Pese a que cada uno desempeñó un papel fundamental en el desarrollo de la mecánica cuántica, ambos estaban convencidos de que la teoría era incompleta. Si bien reconocían los éxitos experimentales de la teoría, creían que un mayor trabajo teórico revelaría una realidad atemporal y objetiva.

Su alianza se consolidó a raíz de la reinterpretación de Born de la ecuación de onda de Schrödinger. En su interpretación original, esta ecuación fue diseñada para modelar el comportamiento continuo de las ondas de materia reales que representaban a los electrones al entrar y salir de los átomos. Así como Maxwell había construido ecuaciones deterministas que describían la luz como ondas electromagnéticas viajando por el espacio, Schrödinger quería elaborar una ecuación que detallara el flujo continuo de las ondas de la materia. De este modo esperaba ofrecer una explicación exhaustiva de todas las propiedades físicas de los electrones.

Born socavó la interpretación literal de la descripción de Schrödinger, al sustituir las ondas de materia por ondas de probabilidad. En lugar de evaluar directamente las propiedades físicas, estas debían calcularse mediante manipulaciones matemáticas de los valores de las ondas de probabilidad. Al hacerlo, alineó la ecuación de Schrödinger con las ideas de Heisenberg sobre la indeterminación. Según Heisenberg, determinados pares de propiedades físicas, como la posición y el momento, no podían medirse simultáneamente con gran precisión. Formalizó esta imprecisión cuántica en su famoso principio de incertidumbre: mejorar la precisión al medir la posición implica perder precisión al medir el momento, y viceversa.

Aspirando a modelar la sustancia real de los electrones y otras partículas, no solo sus probabilidades, Schrödinger criticó los elementos intangibles del enfoque de Heisenberg-Born. Del mismo modo, rechazó la filosofía cuántica de Bohr, llamada *complementariedad*, en la que las propiedades ondulatorias o corpusculares se manifestaban dependiendo de la elección del aparato de medida por parte del experimentador. La naturaleza, sostenía, debería ser transparente y comprensible, no una caja negra de mecanismos ocultos. Cuando las ideas de Born, Heisenberg y Bohr fueron ampliamente aceptadas por la comunidad de físicos, consolidadas en lo que se conoció como la «interpretación de Copenhague» o la visión cuántica ortodoxa, Einstein y Schrödinger se convirtieron en aliados naturales. En la última etapa de sus vidas, ambos esperaban encontrar una teoría del campo unificado que llenara los vacíos de la física cuántica y unificara las fuerzas de la naturaleza. Al ampliar la relatividad general para incluir todas las fuerzas naturales, dicha teoría sustituiría la materia por la geometría pura, y cumpliría el sueño de los pitagóricos, que sostenían que «todo es número».

Retrato de Albert Einstein en sus últimos años.

Schrödinger tenía buenas razones para sentirse profundamente en deuda con Einstein. Una charla de este último en 1913 despertó su interés por las cuestiones fundamentales de la física. Un artículo que Einstein publicó en 1925 hacía referencia al concepto de ondas de materia del físico francés Louis de Broglie, lo que inspiró a Schrödinger a desarrollar la ecuación que regiría el comportamiento de dichas ondas. Esa ecuación le valió a Schrödinger el Premio Nobel, para el que Einstein, entre otros, lo había nominado.

Einstein impulsó su nombramiento como profesor de la Universidad de Berlín y como miembro de la prestigiosa Academia Prusiana de Ciencias. Lo invitó cordialmente a su casa de verano en Caputh y continuó guiándolo a través de la nutrida correspondencia que mantuvieron. El experimento mental EPR, desarrollado por Einstein y sus ayudantes Boris Podolsky y Nathan Rosen para ilustrar las paradojas del entrelazamiento cuántico, junto con una sugerencia de Einstein sobre una paradoja cuántica relacionada con la pólvora, inspiraron el famoso enigma del gato. Por último, las ideas desarrolladas por Schrödinger en su búsqueda de la unificación eran variaciones de las propuestas de Einstein. En su frecuente correspondencia exploraban cómo ampliar la relatividad general para incorporar todas las fuerzas naturales, no solo la gravedad.

Retrato de un fiasco

El Instituto de Estudios Avanzados de Dublín, donde Schrödinger fue el físico más destacado durante la década de 1940 y principios de los cincuenta, se creó siguiendo directamente el modelo del Instituto de Princeton, donde Einstein desempeñaba ese mismo papel desde mediados de los años treinta. Los reportajes del *Irish Press* a menudo comparaban a ambos científicos, presentando a Schrödinger como el equivalente de Einstein en la isla Esmeralda.

Schrödinger aprovechaba cualquier oportunidad para mencionar su conexión con Einstein, e incluso revelaba algunos de los contenidos de su correspondencia privada cuando le resultaba conveniente. Por ejemplo, en 1943, después de que Einstein escribiera personalmente a Schrödinger que cierto modelo para la unificación había sido la «tumba de sus esperanzas» en los años veinte, Schrödinger aprovechó esa declaración para dar a entender que había triunfado donde Einstein había fracasado. Leyó la carta públicamente ante la

Real Academia Irlandesa y se jactó de haber «exhumado» las esperanzas de Einstein mediante sus propios cálculos. El *Irish Times* se hizo eco de la conferencia con el engañoso titular «Homenaje de Einstein a Schroedinger».[7]

Al principio, Einstein decidió cortésmente ignorar las fanfarronadas de Schrödinger. Sin embargo, la reacción de la prensa a un discurso que Schrödinger pronunció en enero de 1947, donde proclamó la victoria en la batalla por una teoría del todo, colmó su paciencia. En su audaz declaración a la prensa, Schrödinger afirmó haber logrado lo que Einstein no había conseguido en décadas: una teoría que superaba a la relatividad general. La prensa acudió a Einstein con estas declaraciones con la esperanza de provocar su reacción.

Erwin Schrödinger, en la madurez, relajándose al aire libre.

Y vaya si reaccionó. La sarcástica respuesta de Einstein revelaba su profundo disgusto por las exageradas afirmaciones de Schrödinger. En su comunicado de prensa, traducido al inglés por su ayudante Ernst Straus, Einstein declaró: «El último intento del profesor Schroedinger [...] solo puede [...] juzgarse por sus cualidades matemáticas, pero no desde el punto de vista de la *verdad* y su concordancia con los hechos de la experiencia. Incluso, desde este punto de vista, no puedo ver ninguna ventaja especial, sino más bien lo contrario».[8]

Las disputas fueron recogidas en periódicos como el *Irish Press*, que transmitió la advertencia de Einstein de que resulta «desaconsejable [...] presentar tales intentos preliminares al público de ninguna forma. Es aún peor cuando se crea la impresión de que se trata de un descubrimiento definitivo sobre la realidad física».[9]

El humorista Brian O'Nolan, que escribía en el *Irish Times* bajo el seudónimo Myles na gCopaleen, se burló de la respuesta de Einstein y lo tachó de arrogante y desfasado. «¿Qué sabe Einstein del uso y significado de las palabras? —escribió—. Muy poco, diría yo. [...] Por ejemplo, qué quiere decir con términos como *verdad* y *los hechos de la experiencia*. Su intento de enfrentarse a los sagaces lectores de periódicos en su propio terreno resulta poco convincente».[10]

Estos dos viejos amigos, camaradas en la batalla contra la interpretación ortodoxa de la mecánica cuántica, nunca habían previsto que acabarían enfrentándose en la prensa internacional. Ciertamente, esa no era la intención de Schrödinger ni tampoco la de Einstein cuando iniciaron su correspondencia sobre la teoría del campo unificado unos años antes. Sin embargo, las audaces afirmaciones de Schrödinger ante la Real Academia Irlandesa resultaron irresistibles para los ansiosos reporteros, siempre ávidos de historias relacionadas con el padre de la relatividad.

Una de las razones de la controversia fue la necesidad de Schrödinger de complacer a su benefactor, el *taoiseach* (primer ministro) irlandés Éamon de Valera, que había organizado personalmente su viaje a Dublín y su nombramiento en el Instituto. De Valera se interesó activamente por los logros de Schrödinger, con la esperanza de que trajera gloria a la recién independizada república irlandesa. Como antiguo profesor de Matemáticas, De Valera admiraba al matemático irlandés William Rowan Hamilton. En 1943, se aseguró de que el centenario de uno de los descubrimientos de Hamilton, un tipo de números llamados cuaterniones, fuera honrado en toda Irlanda. Gran parte del trabajo de Schrödinger utilizaba los métodos de Hamilton. ¿Qué mejor manera de honrar a la Irlanda liberada y a su principal figura que convertirla en el lugar donde la relatividad de Einstein fue destronada y sustituida por una teoría más completa? El trascendental pronunciamiento de Schrödinger encajaba perfectamente con las esperanzas de su mecenas. El *Irish Press*, que pertenecía y era controlado por De Valera, se aseguró de que el mundo supiera que la tierra de Hamilton, Yeats, Joyce y Shaw también podía producir una «teoría del todo».

El enfoque de Schrödinger hacia la ciencia (y hacia la vida en general) era impulsivo. Al sentirse bendecido con resultados prometedores, se apresuró a pregonarlos al mundo, sin percatarse, hasta que fue demasiado tarde, de que menospreciaba a uno de sus más queridos amigos y mentores. Consideraba que su descubrimiento —una forma matemática supuestamente sencilla de encapsular la totalidad de la ley natural— era una especie de revelación divina. Por ello, ansiaba divulgar lo que consideraba una verdad fundamental que solo él había descubierto.

Huelga decir que Schrödinger no estuvo ni siquiera cerca de desarrollar una teoría del todo, como bien señaló Einstein. Se limitó a encontrar una de las muchas variaciones matemáticas de la relatividad general que técnicamente permitía incluir otras fuerzas. Sin embargo, mientras no se encontraran soluciones a esa variación que se ajustaran a la realidad física, no era más que un ejercicio abstracto, no una auténtica descripción de la naturaleza. Aunque existen innumerables formas de ampliar la relatividad general, hasta ahora no se ha encontrado ninguna que reproduzca cómo se comportan realmente las partículas elementales, incluidas sus propiedades cuánticas.

En cuestión de exageraciones, sin embargo, Einstein distaba mucho de ser un espectador inocente. Periódicamente, él también proponía sus propios modelos de unificación y exageraba su importancia ante la prensa. Por ejemplo, en 1929 anunció a bombo y platillo que había encontrado una teoría que unificaba las fuerzas de la naturaleza y superaba la relatividad general. Dado que no había encontrado (ni llegaría a encontrar jamás) soluciones físicamente realistas a sus ecuaciones, su anuncio fue extremadamente prematuro. Sin embargo, criticó a Schrödinger por hacer esencialmente lo mismo.

La esposa de Schrödinger, Anny, le revelaría más tarde al físico Peter Freund que tanto él como Einstein estaban considerando demandarse mutuamente por plagio. El físico Wolfgang Pauli, que conocía bien a ambos, les advirtió de las posibles consecuencias de acudir a los tribunales. Un juicio aireado en la prensa resultaría embarazoso, les aconsejó. Degeneraría rápidamente en una farsa y mancillaría sus reputaciones. La animosidad había llegado a tal punto que Schrödinger le comentó una vez al físico John Moffat, que estaba de visita en Dublín: «¡Mi método es muy superior al de Albert! Permítame contarle, Moffat, que Albert es un viejo loco».[11]

Freund especuló sobre las razones por las que dos físicos envejecidos buscaban una teoría del todo: «Se puede responder a esta pregunta en dos niveles. En un nivel es un acto final de grandiosidad. Tuvieron un gran éxito en la física. Cuando ven que sus poderes menguan, dan una última estocada al problema esencial: encontrar la teoría definitiva, acabar con la física. A otro nivel, tal vez estos hombres solo estén impulsados por la misma curiosidad insaciable que tan buenos resultados les dio en su juventud. Quieren conocer la solución al enigma que les ha interesado durante toda la vida; quieren vislumbrar la tierra prometida antes de morir».[12]

Unidad deshilachada

Muchos físicos dedican su carrera a cuestiones muy específicas sobre aspectos concretos del mundo natural. Ven los árboles, no el bosque. Einstein y Schrödinger compartían aspiraciones mucho más amplias. A través de sus lecturas de filosofía, cada uno estaba convencido de que la naturaleza tenía un gran plano. Sus viajes de juventud los llevaron a descubrimientos significativos —incluida la teoría de la relatividad de Einstein y la ecuación de ondas de Schrödinger— que revelaron parte de la respuesta. Fascinados por esa visión parcial de la solución, esperaban culminar su obra con una teoría que lo explicara todo.

Sin embargo, como en el caso del sectarismo religioso, incluso pequeñas diferencias de perspectiva pueden provocar grandes conflictos. Schrödinger se precipitó porque pensó que había encontrado milagrosamente una pista que Einstein había pasado por alto de algún modo. Su epifanía errónea, unida a las presiones de rendimiento a las que se enfrentaba debido a su posición académica, le generó la necesidad impulsiva de hacer público su hallazgo antes de haber reunido pruebas suficientes para confirmar su teoría.

Este enfrentamiento tuvo un coste. A partir de ese momento, su búsqueda de la unidad cósmica se vio empañada por el conflicto personal. Perdieron la oportunidad de pasar sus últimos años inmersos en un diálogo amistoso, explorando juntos los posibles mecanismos del universo. El cosmos, que había esperado miles de millones de años por una explicación completa, podía seguir esperando; pero estos dos grandes pensadores habían desperdiciado su última oportunidad de encontrarla juntos.

Capítulo 1

EL UNIVERSO MECÁNICO

Estos hechos transitorios, estas impresiones fugitivas, deben transformarse por actos mentales en posesiones permanentes. Convoca entonces tu comprensión mental, tu fantasía científica, hasta que vistas y sonidos, combinados con el pensamiento, se vuelvan de verdad prolíficos.

JAMES CLERK MAXWELL, «To the Chief Musician upon Nabla: A Tyndallic Ode»

Antes de la era de la relatividad y la mecánica cuántica, los dos grandes unificadores de la física fueron Isaac Newton y James Clerk Maxwell. Las leyes de la mecánica de Newton demostraron cómo los cambios en el movimiento de los objetos se rigen por sus interacciones con otros objetos. Su ley de la gravitación codificó una de esas interacciones: la fuerza que hace que los cuerpos celestes, como los planetas, sigan trayectorias particulares, como las órbitas elípticas. Mostró brillantemente cómo todo tipo de fenómenos en la Tierra —la trayectoria de una flecha, por ejemplo— se explican mediante una imagen universal.

La física newtoniana es completamente determinista. Si en un instante determinado se conocieran las posiciones y velocidades de cada objeto del universo, junto con todas las fuerzas que actúan sobre ellos, teóricamente se podría predecir su evolución completa indefinidamente. Inspirados en el poder de las leyes de Newton, muchos pensadores del siglo XIX creían que solo las limitaciones prácticas, como la abrumadora tarea de reunir una cantidad colosal de datos, impedían a los científicos predecirlo todo a la perfección.

El azar, desde esa perspectiva estrictamente determinista, es una ilusión causada por situaciones complejas en las que intervienen un gran número de componentes y múltiples factores ambientales diferentes. Tomemos, por ejemplo, el acto «aleatorio» por excelencia de lanzar una moneda al aire. Si un científico pudiera medir con precisión todas las corrientes que afectan a la moneda y conociera la velocidad y el ángulo precisos de su lanzamiento, en principio podría predecir su rotación y trayectoria. Algunos deterministas acérrimos llegarían a decir que, si se conociera suficiente información sobre los antecedentes y las experiencias previas de la persona, también podrían predecirse los pensamientos de quien lanza la moneda. En ese caso, un investigador podría anticipar los patrones cerebrales, las señales nerviosas y las contracciones musculares que desencadenan el lanzamiento, lo que haría su resultado aún más predecible. En suma, los defensores de la visión de que todo el universo funciona como un reloj perfecto descartan la noción de que algo sea fundamentalmente aleatorio.

De hecho, en escalas astronómicas, como el dominio del sistema solar, las leyes de Newton son extraordinariamente precisas. Reproducen maravillosamente las leyes del astrónomo alemán Johannes Kepler que describen cómo los planetas orbitan alrededor del Sol. Nuestra capacidad para predecir fenómenos celestes, como los eclipses solares y las conjunciones planetarias, y para lanzar naves espaciales con precisión hacia objetivos lejanos atestiguan la precisión de relojería de la mecánica newtoniana, especialmente cuando se aplica a la gravitación.

Las ecuaciones de Maxwell aportaron unidad a otra fuerza natural, el electromagnetismo. Antes del siglo XIX, la ciencia trataba la electricidad y el magnetismo como fenómenos separados. Sin embargo, los trabajos experimentales del físico británico Michael Faraday demostraron una profunda conexión y, mediante sencillas relaciones matemáticas, Maxwell cimentó el vínculo. Sus cuatro ecuaciones muestran con precisión cómo los cambios en el movimiento de las cargas y corrientes eléctricas generan oscilaciones energéticas que se irradian por el espacio en forma de ondas electromagnéticas. Estas ecuaciones constituyen el epítome de la concisión matemática, tan compactas que pueden caber en una camiseta pero tan potentes que describen todo tipo de fenómenos electromagnéticos. Al unir la electricidad y el magnetismo, Maxwell fue pionero en la noción de unificación de las fuerzas.

Hoy sabemos que las cuatro fuerzas fundamentales de la naturaleza son la gravitación, el electromagnetismo y las interacciones nucleares fuerte y débil. Se cree que todas las demás fuerzas (la fricción, por ejemplo) se derivan de ese cuarteto. Cada una de las cuatro opera a una escala distinta y posee una intensidad diferente. La gravitación, la fuerza más débil, atrae a los cuerpos masivos a grandes distancias. El electromagnetismo es mucho, mucho más fuerte y afecta a los objetos cargados. Aunque opera a una distancia similar, su efecto se ve reducido por el hecho de que casi todo en el espacio es eléctricamente neutro. La interacción fuerte opera a escala nuclear y une ciertos tipos de partículas subatómicas (las construidas a partir de quarks, como los protones y los neutrones). La interacción débil, que actúa en el mismo ámbito, afecta a los núcleos y provoca ciertos tipos de desintegración radiactiva. La unificación de Maxwell inspiró a pensadores posteriores, como Einstein y Schrödinger, en sus intentos de lograr una unificación aún mayor.

A diferencia de las ondas convencionales, las ondas electromagnéticas, como demostró Maxwell, pueden propagarse sin un medio material. En 1865 calculó la velocidad a la que viajan las ondas electromagnéticas a través del vacío y descubrió que era idéntica a la de la luz. Concluyó así que las ondas electromagnéticas y la luz (incluidas las formas invisibles como las ondas de radio) son lo mismo.

Al igual que la física newtoniana, la física maxwelliana es totalmente determinista: agita una carga en una antena emisora y podrás predecir la señal captada por una antena receptora. Las emisoras de radio dependen de tal fiabilidad.

Desgraciadamente, la unidad de Maxwell no era compatible con la unidad de Newton. Las dos teorías ofrecían predicciones contradictorias sobre la velocidad de la luz medida por un observador en movimiento. Mientras que las ecuaciones de Maxwell establecían su constancia, las leyes de Newton predecían que su velocidad relativa dependería de la velocidad del observador. Sin embargo, ambas respuestas parecían razonables. Por una casualidad del destino, la persona destinada a resolver este enigma nacería el año de la muerte de Maxwell.

LA BRÚJULA Y EL BAILE

En Ulm, Alemania, el 14 de marzo de 1879, Pauline Einstein (de soltera Koch), esposa del ingeniero eléctrico Hermann Einstein, dio a luz a su primer hijo, Albert. El pequeño Albert pasó poco tiempo en esa pintoresca ciudad suaba. Como muchos otros afectados por la revolución de Maxwell, Hermann pronto se trasladó con su familia a Múnich, donde cofundó un negocio de electrificación. Fue allí donde nació Maja, la hermana de Albert.

La exposición de Albert a los fenómenos magnéticos llegó muy temprano en su vida. A los cinco años, un día que estaba enfermo en cama, su padre le regaló una brújula. Al mover el brillante instrumento, el niño quedó maravillado ante sus misteriosas propiedades. De algún modo, la aguja conocía misteriosamente el camino de vuelta al norte. Su mente buscaba desesperadamente una explicación para tan extraño comportamiento.

Aunque Einstein nunca tuvo un hermano pequeño, años más tarde se referiría a cierto austriaco como lo más parecido a un hermano. El 12 de agosto de 1887, en el barrio vienés de Erdberg, nació Erwin Schrödinger. Era el hijo único de Rudolf Schrödinger, que había estudiado Química, y de Georgine «Georgie» Bauer Schrödinger, la hija angloaustriaca del destacado químico Alexander Bauer (profesor de Rudolf).

Rudolf había heredado un lucrativo negocio de fabricación de linóleo y hule. Sin embargo, sus verdaderas pasiones eran las ciencias y las artes, especialmente la botánica y la pintura. Transmitió a Erwin la idea de que un hombre culto debe tener aficiones diversas y amor por la cultura.

El joven Erwin estaba muy unido a Minnie, la hermana menor de su madre. Desde muy pronto, la tía Minnie fue su confidente y consejera en asuntos cotidianos. El niño sentía curiosidad por todo e, incluso antes de saber leer o escribir, le dictaba sus impresiones y ella las anotaba fielmente.

Según los recuerdos de Minnie, a Erwin le fascinaba especialmente la astronomía. Cuando tenía unos cuatro años, le encantaba jugar a un juego que ilustraba el movimiento planetario. El pequeño Erwin corría alrededor de la tía Minnie en círculos, fingiendo que él era la Luna, y ella, la Tierra. Después caminaban lentamente alrededor de una lámpara, el Sol. Al dar vueltas alrededor de su tía mientras orbitaban alrededor de la brillante lámpara, experimentaba de primera mano la complejidad del movimiento lunar.

La fascinación infantil de Einstein por una brújula y la «danza de los planetas» de Schrödinger prefiguraron sus intereses posteriores por el electromagnetismo y la gravitación, las dos fuerzas fundamentales reconocidas en aquella época. Los dos niños compartían la creencia imperante de que la naturaleza funcionaba como un reloj en sus precisos mecanismos. Más tarde en la vida se esforzaron por encontrar una unidad mayor que incluyera ambas fuerzas y fuera igualmente mecanicista. Como sus padres, comenzaron con carreras prácticas, y se centraron en aplicar la ciencia a la vida cotidiana, aunque con el tiempo sus ambiciones se elevaron hacia metas más abstractas. Finalmente, se obsesionaron con desentrañar los misterios del universo en su intento por discernir sus principios fundamentales. Tanto Einstein como Schrödinger estaban extraordinariamente dotados para la intuición y los cálculos necesarios para la física teórica.

Los dos aspiraban a seguir los pasos de Newton y Maxwell en la formulación de nuevas ecuaciones que describieran el mundo natural. De hecho, desarrollarían algunas de las ecuaciones más importantes de la física del siglo XX, que llevarían sus nombres. A la hora de evaluar hipótesis, sobre todo durante las últimas etapas de sus carreras, se basarían en gran medida en consideraciones filosóficas, recurriendo a pensadores como Spinoza, Schopenhauer y Ernst Mach. Inspirados por el concepto de Spinoza de Dios como un orden natural inmutable, buscaron un conjunto simple e invariable de reglas que rigieran la realidad. La noción de Schopenhauer de que el mundo está conformado por un único principio motor llamado *voluntad* los llevó a perseguir grandes esquemas unificadores. Siguiendo la idea de Mach de que la ciencia debía ser tangible, evitaron los procesos ocultos, como las conexiones cuánticas no visibles y no locales, en favor de mecanismos causales manifiestos.

Pasar días, meses o años obsesionado por encontrar las fórmulas matemáticas más sencillas que describan de forma exhaustiva ciertos aspectos de la naturaleza requiere algo parecido a un fervor religioso. Las ecuaciones definitivas eran su santo grial, su cábala y su piedra filosofal. Los juicios sobre lo que hace que una ecuación sea elegante y bella suelen proceder de un sentido profundamente arraigado del orden cósmico. Aunque ni Einstein ni Schrödinger eran religiosos en el sentido tradicional —Einstein era judío y Schrödinger era de ascendencia luterana y católica, pero ninguno profesaba la fe ni asistía a servicios religiosos— compartían el asombro por los principios organizadores del universo y por cómo se expresan matemáticamente. Cada uno sentía pasión por las matemáticas, no por sí mismas, sino como herramienta para comprender las leyes rectoras de la naturaleza.

¿De dónde surge un interés de por vida por las matemáticas? A veces es tan sencillo como los elegantes diagramas y las pruebas lógicas presentadas en un manual de Geometría.

Extraños paralelismos

En 1891, cuando Einstein tenía doce años y asistía al Luitpold Gymnasium (un instituto de enseñanza secundaria), adquirió un libro de Geometría. En su mente era una maravilla comparable a la brújula que lo introdujo en un tipo de orden reconfortante que trascendía el caos de la experiencia cotidiana. Más que un simple texto, para él era un «libro sagrado», como lo describió más tarde. Las pruebas basadas en afirmaciones firmes e indiscutibles demostraban que, a pesar del estrépito de los tranvías tirados por caballos, el traqueteo de los carritos de venta de salchichas y el barullo de los festivos bebedores de cerveza en Múnich, en el mundo subyacía una verdad tranquila e inquebrantable. «Esta lucidez y certeza me causaron una impresión indescriptible», recordaba.[1]

Algunas de las afirmaciones del libro le parecían obvias. Antes había aprendido el teorema de Pitágoras para los triángulos rectángulos: la suma de los cuadrados de los catetos es igual al cuadrado de la hipotenusa. El libro mostraba cómo, si se variaba uno de los ángulos agudos (menores de 90 grados), las longitudes de los lados también debían cambiar. Eso le pareció claro, incluso sin pruebas.

Sin embargo, otras proposiciones geométricas no eran evidentes. Einstein valoró el tratamiento metódico del libro para los teoremas que no parecían obvios pero que resultaron ser ciertos, como que las alturas de un triángulo (segmentos perpendiculares desde cada vértice al lado opuesto) se encuentran en un punto. No le importaba que las pruebas del libro se basaran en última instancia en afirmaciones no demostradas llamadas axiomas (nociones comunes) y postulados (nociones específicas de un campo concreto). Estaba dispuesto a pagar el precio de aceptar sin cuestionar un puñado de axiomas a cambio de una abundancia de teoremas demostrados.

La geometría plana descrita en el libro se basaba en la obra del matemático griego Euclides, escrita hace más de dos mil años. Los *Elementos* de Euclides organizaron los conocimientos geométricos en docenas de teoremas y corolarios demostrados. Estos se derivan sistemáticamente de un conjunto de cinco axiomas y cinco postulados. Aunque cada uno de los axiomas y postulados pretendía ser una verdad evidente, como que una parte es menor que un todo y que, si dos cosas son iguales a una tercera, son iguales entre sí, el quinto postulado, relativo a los ángulos, no parece tan obvio.

«Si dos líneas se encuentran con una tercera línea, de forma que la suma de los dos ángulos interiores del mismo lado sea menor que dos ángulos rectos, estas líneas prolongadas se encontrarán en algún punto».[2] En otras palabras, imaginemos que dibujamos tres líneas de modo que las dos primeras corten a la tercera en ángulos del mismo lado que sumen menos de 180 grados. Si extendemos lo suficiente las dos primeras líneas, estas deben intersecarse y formar un triángulo. Así, por ejemplo, si un ángulo es de 89 grados, y el otro ángulo del mismo lado también, debe haber un tercer ángulo (de 2 grados) donde se encuentren las dos primeras líneas para formar un triángulo muy alargado.

Los matemáticos especulan con que el quinto postulado se colocó el último de la lista porque Euclides intentó demostrarlo a partir de los demás axiomas y postulados pero no pudo. De hecho, Euclides consiguió generar veintiocho teoremas con solo los otros cuatro postulados antes de recurrir al quinto. Era como si un teclista experto tocara toda la música de veintiocho canciones en un concierto antes de necesitar tomar prestada una guitarra acústica para lograr el sonido preciso para la vigésimo novena. A veces los instrumentos que se tienen a mano no bastan para completar una pieza y es necesario incorporar otro.

El quinto postulado de Euclides ha pasado a conocerse como el «postulado paralelo» principalmente por la obra del matemático escocés John Playfair. Este desarrolló otra versión del quinto postulado que, aunque no es completamente equivalente desde el punto de vista lógico al original, sirve a un propósito similar a la hora de demostrar teoremas. En la versión de Playfair, para cada línea y un punto exterior a ella, existe una, y solo una, línea que pasa por el punto y que es paralela a la línea original.

A lo largo de los siglos se han realizado diversos intentos de demostrar el quinto postulado —ya sea en la versión de Euclides o en la de Playfair— a partir de los demás postulados. Incluso el famoso poeta y filósofo persa Omar Khayyam intentó en vano transformar ese postulado en un teorema demostrado. Finalmente, la comunidad matemática llegó a la conclusión de que el postulado era totalmente independiente y abandonó la idea.

Cuando el joven Einstein estudiaba su libro de Geometría, desconocía las controversias en torno al postulado paralelo. Además, compartía la creencia milenaria de que la geometría euclidiana era sacrosanta. Las leyes y las pruebas parecían tan sólidas, intemporales y majestuosas como los Alpes bávaros.

Sin embargo, muy al norte de Múnich, en la pintoresca ciudad universitaria de Gotinga, los matemáticos estaban llevando a cabo un audaz experimento para rehacer el campo de la geometría. El santuario empedrado para la vida cerebral se había convertido en un enclave para un replanteamiento radical de las matemáticas llamado geometría no euclidiana. El novedoso enfoque geométrico se parecía tanto a la variedad tradicional como los carteles psicodélicos de Peter Max a la obra de Rembrandt. Mientras Einstein aprendía las reglas de la vieja escuela para puntos, líneas y formas en planos planos, brillantes matemáticos como Felix Klein —reclutado en Gotinga procedente de Leipzig— promovían un libro de jugadas mucho más flexible que implicaba relaciones dentro de superficies curvas y retorcidas. La creación más alucinante de Klein, la botella de Klein, es algo así como un jarrón en el que las superficies interior y exterior están conectadas mediante una torsión en una dimensión superior. Estas construcciones estaban ausentes de los manuales escolares, donde las inflexibles reglas de Euclides no daban cabida a tales objetos. Sin embargo, Klein demostró que las geometrías euclidianas y no euclidianas son igualmente válidas. En la década de 1890, su visión revolucionaria ayudó a abrir el antaño anodino club de la geometría tanto a los bichos raros como a los cuadrados.

Sin embargo, la geometría no euclidiana no es solo un caos. Al igual que su predecesora, tiene sus propias normas. La esencia de la geometría no euclidiana consiste en sustituir el postulado de las paralelas por afirmaciones novedosas mientras se mantienen todos los demás postulados iguales. Reconoce que, puesto que el postulado paralelo es independiente, puede descartarse, lo que abre la puerta a nuevas opciones radicales.

El matemático Carl Friedrich Gauss fue el primero en proponer una geometría no euclidiana, aunque no publicó esas ideas iniciales. En la versión de Gauss, bautizada más tarde por Klein como «geometría hiperbólica», el postulado de las paralelas se sustituye por la idea de que, a través de cualquier punto que no esté en una recta, hay un número infinito de rectas que pasan por ese punto paralelas a la recta original. Imaginemos que sostenemos el extremo de un abanico de papel justo encima de una mesa larga y estrecha. Si la mesa representa una línea y la mano un punto que no está en la línea, entonces los pliegues del abanico ilustran las infinitas líneas que pasan por el punto sin cortar la línea original. El término *hiperbólico* se debe a que la forma del abanico de líneas paralelas se asemeja a las ramas de una hipérbola.

Gauss observó algo curioso en los triángulos situados en una geometría hiperbólica: la suma de sus ángulos es inferior a 180 grados. Por el contrario, los ángulos de los triángulos euclidianos suman inevitablemente 180 grados exactos, como un triángulo rectángulo isósceles con dos ángulos de 45 grados y uno de 90 grados. El imaginativo artista M. C. Escher aprovecharía más tarde esta distinción para crear curiosos patrones de triángulos distorsionados de menos de 180 grados que viven en una realidad hiperbólica.

Una forma de visualizar la geometría hiperbólica es imaginar puntos, líneas y formas trazados en una superficie en forma de silla de montar en lugar de un plano. Si tus gustos son más epicúreos que ecuestres, piensa en una patata Pringle. Debido a la forma de silla de montar, las líneas cercanas tienden a separarse. Aunque «quisieran» ser rectas, los conjuntos de líneas paralelas se curvan y se alejan, lo que facilita que se eviten. Esto permite que infinitas líneas pasen por un punto sin intersecar a una línea dada. Además, la forma de silla de montar comprime los ángulos de los triángulos, lo que hace que su suma sea inferior a 180 grados.

Bernhard Riemann, alumno de Gauss, propuso en 1854 otra variación de la geometría no euclidiana (publicada en 1867), que Klein denominaría «geometría elíptica». En esta versión, el postulado paralelo se reemplaza con una regla radical: no existen líneas paralelas. Dado cualquier punto exterior a una línea, todas las líneas que pasen por ese punto inevitablemente cortarán a la línea original. Riemann demostró que las líneas trazadas sobre superficies esféricas tienen precisamente esta propiedad.

Si la idea de que no haya líneas paralelas te parece extraña, piensa en la Tierra. Cada línea de longitud se cruza con todas las demás en los polos norte y sur. Así, si una ambiciosa viajera parte del centro de

Toronto, viaja hacia el norte por su arteria principal, la calle Yonge, contrata un trineo tirado por perros y un barco rompehielos, y no se detiene hasta llegar al Polo Norte, se encontraría inevitablemente con su aventurera hermana que ha tomado una ruta similar partiendo de Moscú. Aunque, al principio, sus caminos parezcan paralelos, se encuentran sin remedio.

Curiosamente, esta prohibición de los paralelos sirve para transformar la naturaleza de los triángulos de otra manera. En la geometría elíptica, los ángulos de un triángulo suman más de 180 grados. De hecho, se puede formar un triángulo con todos los ángulos rectos, lo que hace que su suma angular sea de 270 grados. Por ejemplo, el triángulo formado por el meridiano de Greenwich, el meridiano de 90 grados y el ecuador entre ambos tiene tres ángulos de 90 grados.

Riemann desarrolló una maquinaria matemática muy sofisticada para analizar superficies curvas en cualquier número de dimensiones; estas superficies pasaron a denominarse variedades. Riemann demostró cómo las diferencias entre los espacios curvos y planos pueden determinarse de punto a punto mediante lo que hoy se denomina el tensor de curvatura de Riemann. Un tensor es un objeto matemático que se transforma de un modo particular durante los cambios de coordenadas. Demostró que hay tres formas principales en que el espacio puede curvarse: curvatura positiva, curvatura negativa y curvatura cero. Estas tres categorías corresponden, respectivamente, a las geometrías elíptica, hiperbólica y euclidiana (plana).

Para los no matemáticos, la geometría no euclidiana parece abstracta y contraintuitiva. Después de todo, el significado común de paralelo implica pares de líneas que nunca se encuentran. Si uno intenta aparcar en paralelo y se desvía hacia el coche de al lado, no puede pedirle al policía una exención no euclidiana. Los triángulos que la mayoría de los niños aprenden en la escuela son planos y sus ángulos suman 180 grados. ¿Por qué complicar la geometría cambiando sus preceptos básicos?

A medida que sus ideas se desarrollaban, pero antes de que maduraran en su teoría general de la relatividad, Einstein se preguntaba lo mismo. El manual de Geometría tan fundamental en su educación temprana lo ancló firmemente en la tradición euclidiana. Discutía sus ideas con Max Talmey, un amigo de la familia que estudiaba Medicina y lo visitaba a menudo. Talmey estaba impresionado con la profundidad de los pensamientos de un muchacho tan joven sobre las matemáticas, la naturaleza y otros temas.

Einstein no conocería la variedad no euclidiana hasta sus años universitarios. Todavía aferrado mentalmente a su libro de texto de la infancia, al principio la descartó como algo sin importancia para la ciencia. No sería hasta mucho más tarde cuando, gracias a la influencia de su amigo universitario Marcel Grossmann, llegaría a entender su importancia. Al incorporar la geometría no euclidiana en la física teórica, Einstein transformaría el campo extraordinariamente. Aquel niño de doce años fascinado con la geometría no podía imaginar que él mismo reescribiría algún día las leyes del universo.

ÁTOMOS EN MOVIMIENTO

La Viena de finales de la década de 1890 era escenario de encendidos debates sobre ciencia fundamental. Mientras Schrödinger cursaba sus estudios, primero en clases particulares y después, a partir de 1898, en el prestigioso Akademisches Gymnasium, dos de las figuras clave que ayudarían a moldear su vida intelectual, Ludwig Boltzmann y Ernst Mach, se enzarzaron en una acalorada discusión sobre la realidad de los átomos.

Cuando Boltzmann fue nombrado catedrático de Física Teórica en la Universidad de Viena en 1894, ya se había hecho un nombre como uno de los fundadores de la mecánica estadística (conocida entonces como teoría cinética), un campo de la física que relaciona el comportamiento de partículas diminutas con efectos termodinámicos a gran escala, como los cambios de temperatura, volumen y presión. Para aplicar sus técnicas, tuvo que suponer que cada gas estaba compuesto por enormes cantidades de objetos minúsculos: átomos y moléculas.

Los logros de Boltzmann popularizaron la física estadística y atrajeron a numerosos jóvenes investigadores a Viena. Entre sus estudiantes de doctorado se encontraban futuros científicos destacados como Lise Meitner, Philipp Frank y Paul Ehrenfest. Schrödinger, inspirado por el trabajo de Boltzmann desde joven, soñaba con estudiar bajo su tutela cuando llegara a la universidad.

A pesar de estos logros, la tranquilidad de Boltzmann se vio perturbada por la llegada de Mach. En 1895, Mach llegó a la Universidad de Viena como catedrático de Filosofía de las Ciencias Inductivas. Exigía más pruebas experimentales y se oponía frontalmente al atomismo y a las teorías de Boltzmann. La termodinámica debe basarse en lo que se percibe y se mide directamente, como el flujo de calor, sostenía. Se apoyó en un marco filosófico llamado positivismo, que rechaza el conocimiento abstracto e insiste en la evidencia empírica para toda proposición. Al equiparar la creencia en los átomos con la fe religiosa, prefería situarse del lado de lo que consideraba el rigor científico y la evidencia directa de los sentidos.

«Si la creencia en la realidad de los átomos es tan importante —escribió Mach—, me aparto del modo de pensar del físico, no deseo ser un verdadero físico, renuncio a toda respetabilidad científica; en resumen: rechazo agradecido la comunión de los fieles. Prefiero la libertad de pensamiento».[4]

Mach no dirigió su lógica mordaz solo contra Boltzmann. No perdonó ni a los físicos más venerados cuando veía que sus posiciones se alejaban de la evidencia de los sentidos. Con audacia, criticó uno de los principios básicos de la mecánica newtoniana: la noción de juzgar los estados inerciales (reposo o velocidad constante) por su relación con un marco abstracto llamado *espacio absoluto*. Por entonces, Newton había alcanzado un estatus casi de santo, especialmente en Gran Bretaña. Sin embargo, el concepto de inercia de Newton se basaba en una abstracción, precisamente el tipo de ciencia que Mach consideraba sospechosa.

El argumento de Mach contra la definición de inercia se refería a un experimento mental con un cubo giratorio que Newton había inventado para demostrar la necesidad de un espacio absoluto. En esencia, el argumento es: imagina que cuelgas un cubo lleno de agua casi hasta el borde de una cuerda atada a un árbol. Ahora gira el cubo con cuidado varias veces hasta que la cuerda esté completamente retorcida. Sostén el cubo, espera a que el agua se calme, y luego suéltalo.

El cubo empezará a girar sobre sí mismo. Si miras dentro, verás que el agua gira formando un vórtice, y su superficie se vuelve cada vez más cóncava. Eso se debe a que la inercia hace que el agua tienda a escapar. Como no puede salir del cubo, su borde exterior se eleva. Si observas el interior del propio cubo, ignorando el exterior, podrías preguntarte por qué el agua tiene una superficie cóncava. En relación con el cubo, el agua parecería estar perfectamente quieta. Solo por referencia a un marco exterior —que Newton denominó espacio absoluto— tendría sentido la concavidad. La rotación del agua en relación con el espacio absoluto, afirmaba Newton, remodelaba su superficie.

Mach discrepó con el argumento de que no existían pruebas empíricas del espacio absoluto. Lo más probable, dijo, era que había una atracción sobre el agua procedente de fuentes no consideradas, como la influencia de estrellas lejanas. Del mismo modo que la atracción de la Luna causa las mareas, quizá la influencia combinada de las estrellas cause de algún modo la inercia. Einstein bautizaría más tarde esta idea como «principio de Mach». Esta idea lo inspiró durante el desarrollo de la relatividad. La crítica de Mach a Newton estimuló un replanteamiento de la mecánica clásica que impulsaría a Einstein y a otros físicos a considerar alternativas. La idea de Mach de que la ciencia debe ofrecer pruebas perceptibles y evitar los mecanismos ocultos influyó enormemente en Schrödinger, que estudió sus escritos con entusiasmo. Sin embargo, sus ataques al atomismo pudieron tener un costo personal para Boltzmann. Propenso a intensos cambios de humor y con una salud en declive, el físico se ahorcó en septiembre de 1906 mientras estaba de vacaciones en Trieste con su familia.

Días de universidad

Por un cruel giro del destino, el suicidio de Boltzmann se produjo solo unos meses antes de que Schrödinger comenzara sus estudios en la Universidad de Viena en el invierno de 1906/1907. Schrödinger se había graduado en el Akademisches Gymnasium como estudiante destacado en Matemáticas y Física, sus asignaturas favoritas. Como primero de su promoción, podría haberse especializado prácticamente en cualquier cosa, pero su pasión eran las ecuaciones que describen el mundo físico. Ansiaba dedicarse a la física teórica en la universidad, y Boltzmann habría sido un mentor extraordinario. Lamentablemente, entró en la universidad en un momento sombrío, cuando una nube se cernía sobre el departamento de Física.

«El viejo Instituto de Viena, que acababa de llorar la trágica pérdida de Ludwig Boltzmann, me proporcionó una visión directa de las ideas de esa poderosa mente —recordaba Schrödinger—. Su mundo puede llamarse mi primer amor en la ciencia. Ninguna otra personalidad me ha cautivado así desde entonces ni lo hará en el futuro».[5]

A Schrödinger lo conmovió la valentía de Boltzmann al abordar cuestiones fundamentales. Con los átomos como bloques fundamentales, Boltzmann no tuvo miedo de construir los principios que rigen el comportamiento térmico de todo el universo. Inspirado por su ejemplo, Schrödinger sería posteriormente igual de ambicioso al intentar identificar una teoría fundamental que englobara todas las fuerzas naturales.

El sustituto de Boltzmann en la cátedra de Física Teórica de la universidad fue uno de sus antiguos alumnos y excelente teórico, Friedrich «Fritz» Hasenöhrl. Se hizo conocido por su estudio de la radiación electromagnética emitida por objetos en movimiento y encontró una relación entre energía y masa (aunque erró por un factor) incluso antes de la famosa ecuación de Einstein.[6] Era amable y acogedor con los estudiantes. Aunque Schrödinger no pudo estudiar la teoría del calor y la mecánica estadística con Boltzmann, tuvo el privilegio de estudiar esos temas y otros, como la óptica, con su competente sucesor. Hasenöhrl era, según todos los testimonios, un profesor excepcional. Inspirado por las enseñanzas de su mentor y los logros de Boltzmann, Schrödinger anhelaba forjar su propio camino de descubrimientos en la física teórica.

Schrödinger desarrolló rápidamente una excelente reputación como estudiante. Hans Thirring, compañero de clase y futuro amigo, recordaba una escena reveladora: estaba en un seminario de Matemáticas cuando entró un joven rubio. Un estudiante que lo conocía desde el colegio exclamó asombrado: «¡Oh, se trata de Schrö-dinger!»[7].

A pesar de sus intereses teóricos, el trabajo experimental guiado por Franz Exner constituyó el principal impulso de la investigación universitaria de Schrödinger, que se doctoraría bajo su supervisión. Exner se interesaba por las múltiples manifestaciones de la electricidad, incluida su producción en la atmósfera y a través de ciertos procesos químicos. También exploraba la ciencia de la luz y el color e investigaba la radiactividad. La tesis doctoral, *Sobre la conducción de la electricidad en la superficie de aislantes en aire húmedo,* era un trabajo muy práctico, centrado en el problema de aislar los dispositivos de medición física de los efectos eléctricos de la humedad. El futuro teórico comenzó su carrera en un pequeño laboratorio, sin temor a ensuciarse las manos, fijando electrodos a muestras de ámbar, parafina y otros materiales aislantes mientras medía las corrientes que fluían a través de ellos. Obtuvo su doctorado en 1910 y su habilitación (el grado académico más alto del sistema educativo austriaco, que permite ejercer la docencia) en 1914, la defensa de esta última estaba centrada en un problema teórico relacionado con el comportamiento atómico y el magnetismo.

No sería hasta muchos años después cuando Schrödinger y Einstein empezarían a explorar la unificación de la gravitación y el electromagnetismo. Sin embargo, curiosamente, una carta de 1910 de Mach, ya enfermo, que llegó a manos de Schrödinger anticiparía esos esfuerzos. Aunque Mach se había jubilado, su mente aún buscaba respuestas a cuestiones profundas sobre la naturaleza. Se preguntaba sobre los puntos en común de las leyes inversas al cuadrado de la gravedad y la electricidad, consideraba si estas fuerzas podían unificarse y se preguntaba quién en la universidad podría responder a sus preguntas. En concreto, Mach quería que alguien con conocimientos evaluara las teorías del controvertido físico alemán Paul Gerber. Schrödinger recibió la consulta, pero encontró los escritos de Gerber difíciles de seguir. No obstante, el intercambio representó un encuentro indirecto entre el joven físico y uno de sus héroes intelectuales, y fue un presagio de su futuro trabajo teórico. Además, que lo eligieran para responder a Mach demostraba que ya gozaba de cierto prestigio en la universidad. Con solo veintitantos años, Schrödinger empezaba a hacerse un nombre.

CARRERA TRAS LA LUZ

Aunque Schrödinger nunca pudo trabajar con Boltzmann, sus estudios le brindaron una gran satisfacción y un notable éxito. Era, sin duda, un estudiante excepcional. Einstein, en cambio, vivió su etapa universitaria con frustración: las profundas cuestiones teóricas que lo apasionaban no formaban parte del currículo. Por ello descuidó varias asignaturas, especialmente las Matemáticas, pues le parecían irrelevantes para sus intereses. Sin embargo, las amistades que forjó en esos años resultarían decisivas para su desarrollo intelectual.

Las transiciones académicas de Einstein fueron mucho más turbulentas que las de Schrödinger. En 1893, el padre de Einstein perdió su contrato de instalaciones eléctricas con Múnich. Al año siguiente liquidó la empresa y trasladó a la familia a Milán en busca de trabajo. Einstein debía terminar sus estudios en el Luitpold Gymnasium y se quedó en Múnich. Meses después, decidió abandonar también Alemania: negoció su salida anticipada del instituto y obtuvo un permiso para adelantar los exámenes de acceso universitario. Eligió la Escuela Politécnica Federal de Zúrich, conocida por sus siglas en alemán ETH (Eidgenössische Technische Hochschule).

Por entonces, con apenas dieciséis años, Einstein tuvo una visión reveladora: se imaginó persiguiendo un rayo de luz hasta alcanzarlo. Si pudiera viajar a la velocidad de la luz, se preguntaba, ¿vería la onda inmóvil, oscilando en el mismo lugar? Después de todo, quien corre junto a una bicicleta la ve detenida. Como señaló Newton, el movimiento uniforme y el reposo son marcos inerciales equivalentes, con leyes idénticas. Por tanto, dos objetos que viajan juntos a igual velocidad deberían verse mutuamente en reposo. Sin embargo, las ecuaciones electromagnéticas de Maxwell ignoran si el observador se mueve o está quieto. Según ellas, la luz viaja siempre a velocidad constante por el espacio. Einstein comprendió que Newton y Maxwell se contradecían abiertamente. Solo uno podía tener razón, pero ¿cuál?

La constancia de la velocidad de la luz en el vacío —o incluso la posibilidad de que la luz viajara por el vacío puro— distaba mucho de ser aceptada cuando Einstein reflexionaba sobre estas cuestiones. La mayoría de los físicos creía que la luz se propagaba a través de una sustancia invisible: el *éter luminífero* o, simplemente, *éter*. El movimiento terrestre respecto al éter debía, por tanto, ser detectable. Sin embargo, el célebre experimento de 1887 de los físicos estadounidenses Albert Michelson y Edward Morley no había encontrado rastro de tal efecto. Para reconciliar el comportamiento lumínico con la mecánica newtoniana, el irlandés Edward FitzGerald y, por separado, el holandés Henrik Lorentz propusieron que los objetos en movimiento rápido se contraen en su dirección de avance. Esta contracción de Lorentz-FitzGerald deformaría los instrumentos de Michelson-Morley de modo que la velocidad de la luz parecería siempre constante. Einstein, que desconocía entonces dicho experimento, abordó el problema por su cuenta, sin recurrir al éter. Intuía ya, incluso antes de leer a Mach, que la física newtoniana estaba herida de muerte y necesitaba una cirugía radical.

Resulta sorprendente que Einstein, futuro genio universal, suspendiera su primer intento de ingreso a la ETH. Este fracaso alimentaría el mito de que había suspendido Matemáticas en la escuela, cuando en realidad su talón de Aquiles fue la redacción en francés. Para remediar sus carencias, cursó un año preparatorio en un Instituto de Aarau, Suiza. Con una audacia inusitada, renunció a la ciudadanía alemana, como si quisiera borrar todo vínculo con su pasado. Sin sus padres cerca y temporalmente apátrida, se convirtió en un adolescente extraordinario. Por fortuna, superó los exámenes en el segundo intento y entró en la ETH con solo diecisiete años, una edad inusualmente temprana.

Una vez en la ETH, Einstein descubrió que la física que se enseñaba allí estaba anticuada, limitada a temas tradicionales como la mecánica, la transferencia de calor y la óptica. Las críticas de Mach a Newton no habían penetrado en aquellos recintos académicos. La teoría electromagnética de Maxwell brillaba por su ausencia. Einstein seguía obsesionado con el enigma de la velocidad de la luz, pero el plan de estudios universitario no le ofrecería respuestas.

Los años de Einstein en la ETH coincidieron con una época extraordinaria para la física. Mientras el debate entre Mach y Boltzmann sobre el atomismo sacudía Viena, en Cambridge, J. J. Thomson aportaba en 1897 la primera prueba experimental de una partícula mucho menor que el átomo. Sus colegas dudaron inicialmente: ¿cómo podía existir algo más diminuto que lo supuestamente indivisible? Thomson bautizó a la partícula de carga negativa como *corpúsculo*, pero prevaleció el nombre propuesto por FitzGerald, que siguió la sugerencia de su tío, el científico irlandés George Stoney: *electrón*. En París, Henri Becquerel descubría la radiactividad y exploraba las propiedades del uranio junto con su estudiante de doctorado Marie Curie y el esposo de esta, Pierre. En 1898, los Curie identificaron el radio, otro elemento radiactivo. Todos estos hallazgos revelaban la complejidad atómica, tema que cautivaría después a Einstein, Schrödinger y muchos otros físicos de su generación. Sin embargo, la ETH insistía en que sus estudiantes se limitaran a la física práctica y consagrada. Fatal combinación para los anhelos de Einstein de desentrañar los misterios de la naturaleza.

Einstein tuvo la fortuna de encontrar un círculo de amigos que compartían sus inquietudes intelectuales. Su principal interlocutor fue Michele Besso, brillante ingeniero suizo-italiano a quien conoció fuera de la universidad por su afición musical compartida. Besso marcaría profundamente la trayectoria de Einstein al introducirlo en la obra de Mach. Su entrañable amistad duraría toda la vida.

Otro compañero inseparable fue Marcel Grossmann, genio de las matemáticas superiores. Sus impecables apuntes salvaron a Einstein cada vez que faltaba a clase, algo frecuente. Años después, ya como profesor de Matemáticas en la ETH, Grossmann proporcionaría a Einstein el andamiaje matemático esencial para la relatividad general.

Considerando el prestigio de sus profesores en la ETH, Einstein debería haber prestado más atención a las Matemáticas. Entre ellos estaba Hermann Minkowski, que años después reformularía la relatividad especial con una elegancia magistral. Nacido en Lituania y formado en la prestigiosa Universidad de Königsberg, Minkowski era uno de los pocos profesores en la ETH capaces de insuflar vida matemática a la física teórica. Resulta irónico que, destinados a colaborar en el futuro, entonces despreciara a su alumno más distraído. Preocupado y hastiado de sus continuas ausencias, Minkowski calificó a Einstein de «perro perezoso».

Einstein justificaría después su falta de interés por las matemáticas: «De joven no comprendía que el acceso profundo a los principios físicos fundamentales dependiera de sofisticados métodos matemáticos. Esta comprensión llegó gradualmente, tras años de investigación independiente».[8] Lo ideal hubiera sido que Einstein se hubiera esforzado por cultivar las herramientas necesarias para la física teórica. Pero había razones poderosas para su distracción académica. En su segundo año de universidad se enamoró de su única compañera de clase, una joven serbia llamada Mileva Marić. Su ardiente pasión quedó plasmada en cartas cursis y en unos cuantos poemas de amor que saldrían a la luz décadas después de su muerte. Einstein buscaba una relación bohemia basada en la igualdad genuina, el amor libre y el apoyo mutuo a sus ambiciones intelectuales. Su madre, que lo imaginaba con jóvenes de su misma clase social y origen, repudió enérgicamente el romance. Sin embargo, la oposición familiar solo avivó las llamas, pues transformaron su amor en una ferviente lucha revolucionaria.

Durante su tercer año en la ETH, Einstein asistió a varios cursos de Física, pero no logró causar una buena impresión. En la clase de «Ejercicios de física para principiantes», su asistencia fue tan escasa que el profesor, Jean Pernet, lo reprendió y le puso la nota más baja posible. El curso sobre termodinámica impartido por Heinrich Friedrich Weber ignoraba por completo los avances de Boltzmann y sus contemporáneos, así que Einstein optó por estudiar a Boltzmann por su cuenta. El único punto brillante del programa de estudios de aquel año fue la oportunidad de trabajar en el Laboratorio Electrotécnico de Weber, donde pudo familiarizarse con equipos de vanguardia. Pese a sus intentos por ganarse el favor de Weber, el pragmático profesor mostraba escasa paciencia con aquel joven desaliñado e idealista.

Sin mucho éxito, Einstein intentó transmitir a Weber su interés por resolver el enigma de la velocidad de la luz. Propuso utilizar el laboratorio de Weber para medir el movimiento terrestre a través del éter, sin percatarse de que Michelson y Morley habían completado un experimento similar años atrás. Como era previsible, dada su total indiferencia hacia las teorías electromagnéticas de Maxwell y otros avances recientes, Weber se mostró escéptico y rechazó aquel proyecto repetitivo. Tampoco ayudó a su reputación el incidente en el laboratorio de Pernet: ignoró las instrucciones escritas, provocó una explosión y se lesionó la mano. A punto de terminar sus estudios en la ETH, su historial académico no le ofrecía al profesorado demasiados motivos para confiar en él. Tras aprobar sus exámenes finales y recibir su diploma de profesor de Matemáticas y Física, intentó sin éxito conseguir un puesto como ayudante de investigación en la ETH. Para su profunda conmoción, ningún profesor —ni de Matemáticas ni de Física— quiso contratarlo. «De repente me vi abandonado por todos —recordaría Einstein con dolor—, perdido en el umbral de la vida».[9]

Para empeorar las cosas, vio cómo casi todos sus compañeros, incluido su íntimo amigo Grossmann, conseguían puestos de posgrado en la ETH. Mileva fue la excepción: sus malos resultados en los exámenes finales le impidieron graduarse. Sin el respaldo de ningún profesor, Einstein no tenía adónde acudir. Solo una serie de milagros podría rescatar su carrera.

EL CAMINO A LOS MILAGROS

Al sonar las campanas del nuevo siglo, la comunidad física estaba dividida sobre el futuro de su disciplina. Los veteranos, cómodamente arropados en el manto newtoniano, consideraban que el campo estaba prácticamente completo, con apenas unos flecos por resolver. Los físicos jóvenes, en cambio, se enfundaban batas de laboratorio para explorar efectos radiactivos y electromagnéticos que desafiaban toda explicación: desde los invisibles rayos X hasta el radio fosforescente. No compartían la complacencia de sus maestros ante estos fenómenos desconcertantes.

El 27 de abril de 1900, el científico británico lord Kelvin (William Thomson) pronunció su discurso «Nineteenth-Century Clouds over the Dynamical Theory of Heat and Light», donde identificó los dos problemas principales que, en su opinión, empañaban el horizonte de la física. Una vez despejadas estas «nubes», suponía, la física disfrutaría de un futuro despejado. Kelvin ignoraba que había señalado precisamente los dos dilemas que forzarían una revolución en el campo.

La primera «nube» de Kelvin concernía al movimiento de la luz a través del espacio: ¿por qué el experimento de Michelson-Morley había fracasado en detectar el éter? Aunque Lorentz y otros habían propuesto explicaciones, ninguna resultaba satisfactoria. Kelvin esperaba una respuesta más convincente.

Su segunda preocupación nebulosa involucraba la radiación del cuerpo negro. Los modelos teóricos sencillamente no concordaban con los resultados experimentales. Algo fundamental fallaba en las premisas establecidas.

Un cuerpo negro es un absorbente perfecto de luz. Imaginemos una caja recubierta de pintura de color negro azabache que absorbe hasta el último fotón que incide sobre ella. Este cuerpo negro también emite luz, y libera radiación en múltiples longitudes de onda. Algunas corresponden a colores visibles, desde el violeta de onda corta hasta el rojo de onda larga. Otras representan formas invisibles: el ultravioleta, más corto que el violeta, y el infrarrojo, más largo que el rojo. Hoy sabemos que el espectro electromagnético abarca desde los minúsculos rayos gamma hasta las extensas ondas de radio.

Los científicos decimonónicos observaron que la distribución de radiación entre longitudes de onda depende de la temperatura del emisor. A mayor temperatura, el pico de emisión se desplaza hacia longitudes más cortas. Este fenómeno es visible cuando algo arde: los fuegos más calientes lucen azules, mientras que los menos calientes resplandecen naranjas o rojos. Los seres humanos y la mayoría de los organismos vivos emiten principalmente en el infrarrojo, debido a su baja temperatura.

Lord Rayleigh (John William Strutt), el distinguido sucesor de Maxwell en Cambridge, aplicó meticulosamente la teoría ondulatoria y la mecánica estadística al problema de la radiación del cuerpo negro. Su método consistía en calcular cuántos picos de onda de cada longitud podían caber en una cavidad. El razonamiento era simple: en una caja caben más objetos pequeños que grandes. Así desarrolló una fórmula de distribución que favorecía las longitudes de onda cortas. Publicó su análisis en 1900.

El problema del modelo de Rayleigh radicaba en su predicción catastrófica: cada vez que un cuerpo negro emitiera luz desataría una avalancha de radiación de alta frecuencia y longitud de onda corta. (La frecuencia mide la tasa de oscilación lumínica: a menor longitud de onda, mayor frecuencia). Según este razonamiento, un fuego nunca brillaría naranja, rojo o azul, sino que sería invisible. Una simple taza de café caliente debería, según este modelo, emitir rayos ultravioleta dañinos o incluso rayos X letales y no la suave radiación infrarroja que conocemos. Ehrenfest bautizaría posteriormente este dilema como la «catástrofe ultravioleta».

En un caso excepcional de problema intratable con solución rápida, ese mismo año Max Planck propuso algo revolucionario: la energía viene en paquetes diminutos o «cuantos», múltiplos enteros de la frecuencia por una constante minúscula que llevaría su nombre. Aunque Planck no respondía directamente al cálculo de Rayleigh sino al problema general de la radiación del cuerpo negro, su idea lo transformó todo. Al restringir la energía lumínica a unidades discretas proporcionales a la frecuencia, logró inclinar la distribución hacia valores moderados. El mecanismo era elegante: las frecuencias altas (ondas cortas) requerían mayor inversión energética que las bajas (ondas largas).

Imaginemos una hucha que llenamos con monedas de distintos valores, desde peniques hasta cuartos de dólar. Los cuartos, al ser más grandes, ocupan más espacio, por lo que caben menos. Normalmente esperaríamos una hucha repleta de peniques. Pero, si estos provinieran de una colección valiosa donde los peniques fueran más raros y caros que los cuartos, habría pocos disponibles. El alto precio de los peniques compensaría su tamaño reducido, por lo que la mezcla sería más equilibrada. Del mismo modo, en el modelo de Planck, el costo energético elevado de los cuantos de alta frecuencia compensa su menor longitud de onda, y se produce una distribución más uniforme acorde con la realidad física.

Planck concibió los cuantos discretos como herramienta matemática, no como restricción física real. Sin embargo, los años siguientes establecerían la idea cuántica como piedra angular de una física radicalmente transformada. Einstein sería crucial en este desarrollo con su trabajo sobre el efecto fotoeléctrico durante su año milagroso de 1905.

El año milagroso de Einstein surgió tras un periodo de intensa labor intelectual en medio de penurias económicas. «Su entorno delataba una gran pobreza —recordaba Max Talmey—. Vivía en una habitación pequeña y mal amueblada… luchaba duramente por ganarse la vida».[10] Sin puesto académico, Albert mantuvo su hogar a flote primero con clases particulares y después como «experto técnico de tercera clase» en la Oficina de Patentes de Berna, empleo conseguido gracias al padre de Grossmann, que conocía al director. Mientras evaluaba planos de inventos, robaba tiempo para la física. Su eficiencia le permitió cumplir sus obligaciones laborales en pocas horas diarias, por lo que el resto del tiempo lo dedicaba a investigar.

La presión económica que lo empujó hacia la Oficina de Patentes se intensificó cuando Mileva quedó embarazada. Aunque él intentó tranquilizarla con promesas esperanzadoras, ella vivió un periodo sombrío. Su carrera científica yacía en ruinas tras suspender los exámenes finales por segunda vez. Albert había prometido apoyarla, pero estaba sumergido en su propio trabajo.

A finales de 1901, Mileva regresó sola a Novi Sad. En casa de sus padres dio a luz a Lieserl en enero de 1902. El destino de la niña se pierde en la historia; los historiadores conjeturan que fue adoptada por una familia serbia y murió joven. Einstein probablemente nunca conoció a su única hija, cuya existencia ocultó a padres, familiares y amigos. Solo una caja de cartas descubierta tras su muerte revelaría su existencia.

Mileva volvió a Berna y se casaron en enero de 1903. Se mudaron a un apartamento en Kramgasse, la calle principal, cerca de la famosa torre del reloj. Tendrían dos hijos más: Hans Albert (1904) y Eduard (1910). En lugar de continuar su carrera de física, ella cuidaba de los niños y del hogar mientras apoyaba el trabajo de su esposo. Con sueños truncados y un matrimonio tenso, se hundió en una existencia monótona teñida de depresión. Sus vidas tomaban direcciones opuestas: ella se hundía mientras él ascendía.

Liberado de responsabilidades domésticas y con un trabajo poco estimulante, Einstein encontró tiempo para organizar debates de filosofía con algunos amigos que conoció al llegar a Berna. Se autodenominaron «Academia Olimpia», en honor al modelo griego. El fundador fue Maurice Solovine, estudiante rumano de intereses eclécticos que respondió a un anuncio de clases particulares pero pronto se convirtió en amigo. El otro miembro permanente era el matemático Conrad Habicht. Sus reuniones regulares para discutir obras de Mach, Poincaré, Spinoza y otros moldearon su pensamiento en el desarrollo de sus teorías fundamentales.

Con esperanzas de regresar a la academia, Einstein completó a principios de 1905 una tesis doctoral para la Universidad de Zúrich. Había desarrollado una fórmula para determinar dimensiones de partículas en solución midiendo la viscosidad del fluido. Nada en este trabajo práctico presagiaba la explosión intelectual inminente.

Esa primavera, Einstein atacó frontalmente la física clásica con ideas explosivas. Envió cuatro artículos a los prestigiosos *Annalen der Physik*. Uno era su tesis doctoral revisada. Los otros tres —sobre el efecto fotoeléctrico, el movimiento browniano y la relatividad especial— sacudirían los cimientos científicos.

El artículo sobre el efecto fotoeléctrico dio sustancia tangible y mensurable a la idea cuántica de Planck. Analizaba qué ocurre cuando la luz incide sobre un metal con energía suficiente para liberar electrones. Si la luz fuera puramente ondulatoria, su energía dependería principalmente del brillo: un destello intenso de luz roja transmitiría más energía que una tenue exposición ultravioleta. Como la luminosidad puede variarse continuamente, si fuera el factor principal, la energía lumínica podría ajustarse a cualquier valor. Los electrones expulsados viajarían más rápido con luz más brillante.

Sin embargo, Einstein propuso radicalmente que la luz actúa a veces como partícula, el futuro *fotón*. Cada fotón porta un paquete energético discreto proporcional a la frecuencia lumínica. Las fuentes de alta frecuencia emiten fotones más energéticos: la luz azul transmite más energía por fotón que la roja. Por tanto, iluminar un metal con luz de mayor frecuencia libera electrones más rápidamente que con luz de menor frecuencia. La velocidad de emisión de los electrones corresponde exactamente a la frecuencia de la luz, resultado replicado infinidad de veces en laboratorios mundiales.

Al identificar el efecto fotoeléctrico —demostrando que los electrones emiten y absorben luz en cuantos discretos—, Einstein proporcionó claves cruciales sobre el funcionamiento atómico. Estos conocimientos serían fundamentales cuando Niels Bohr desarrollara su modelo atómico una década después. Bohr demostraría que, al absorber un fotón, un electrón asciende a mayor energía; al emitirlo, desciende.

Solo con el efecto fotoeléctrico Einstein habría pasado a la historia. De hecho, este descubrimiento le valdría el Nobel en 1921. Pero era apenas el comienzo de sus revolucionarias contribuciones de aquel año.

Otro trabajo crucial de 1905 abordaba el movimiento browniano, nombrado por el botánico escocés Robert Brown. En 1827, Brown observó el movimiento errático de partículas en granos de polen sumergidos en agua, sin hallar explicación creíble. Basándose en su tesis doctoral, Einstein modeló partículas golpeadas por moléculas de agua y reprodujo exactamente el movimiento desordenado observado. Al explicar el movimiento browniano como resultado zigzagueante de innumerables colisiones, aportó pruebas contundentes de la existencia atómica.

La relatividad especial fue probablemente la contribución cumbre de su año milagroso. Por fin resolvió su vieja pregunta adolescente sobre perseguir rayos de luz. Por rápido que uno viaje, concluyó, las ondas luminosas permanecen inalcanzables. Nada material podrá jamás alcanzar la velocidad de la luz.

Hoy la ciencia acepta el límite de velocidad universal, pero entonces la noción era casi impensable. La física newtoniana, enseñada durante siglos como ley inmutable, sostiene que las velocidades relativas simplemente se suman. Si patinas hacia el oeste en un barco que navega en la misma dirección, tu velocidad respecto al océano suma ambas velocidades. Si el barco viajara a dos tercios de la velocidad lumínica y tú alcanzaras igual velocidad con tus patines, superarías fácilmente la velocidad de la luz.

En la era Edison, el poder parecía limitado solo por la imaginación. Si la electricidad iluminaba ciudades, propulsaba tranvías y alimentaba fábricas, seguramente existiría energía suficiente para acelerar cualquier cosa a cualquier velocidad. Si una pila movía algo a cierto ritmo, nada en las leyes del movimiento impedía moverlo mil millones de veces más rápido con mil millones de pilas.

Sin embargo, Einstein tomó las ecuaciones electromagnéticas de Maxwell al pie de la letra y descartó el éter por completo. Argumentó que la velocidad de la luz en el vacío es una constante absoluta que no depende de quién la observe. Así, viajeros que corrieran a velocidades increíbles junto a un rayo de luz lo verían alejarse exactamente a la misma velocidad que si estuvieran quietos. La luz, como un espejismo en el desierto, permanece siempre fuera del alcance, no importa cuán rápido viaje su perseguidor.

Para hacer compatible esta velocidad constante de la luz con el concepto de velocidad relativa, Einstein se dio cuenta de que tenía que abandonar las reglas de Newton. Rechazó las nociones de tiempo y espacio absolutos (el espacio absoluto ya había sido criticado por Mach) y las reemplazó con conceptos flexibles. Su razonamiento era ingenioso: si los observadores en movimiento percibían que los relojes marchaban más despacio y las reglas se acortaban en la dirección del movimiento, entonces la velocidad de la luz podría mantener siempre el mismo valor. Estas dos ideas revolucionarias —la dilatación del tiempo y la contracción del espacio— permitieron unir la teoría electromagnética de Maxwell con una nueva teoría del movimiento y resolver así uno de los enigmas que Kelvin había señalado.

La dilatación del tiempo significa que existe una diferencia entre el tiempo que mide alguien que viaja con un objeto (su «tiempo propio») y el tiempo que mide otro observador que se mueve a velocidad distinta. Pensemos en un astronauta que viaja en una nave casi a la velocidad de la luz. Para él, el reloj de la nave funciona normalmente. Pero, si su hermana en la Tierra pudiera observar ese mismo reloj con un telescopio extraordinariamente potente, vería que las agujas avanzan más despacio.

¿Por qué ocurre esto? Imaginemos que el astronauta juega a hacer rebotar un rayo de luz contra un espejo en el techo de la nave y mide cuánto tarda el recorrido. Su hermana, al observar desde la Tierra cómo la nave se eleva por el espacio, no vería la luz subir y bajar verticalmente, sino trazar un camino en zigzag. La combinación del movimiento horizontal de la nave con el movimiento vertical de la luz dibujaría una especie de V invertida. Si la velocidad de la luz es constante, como afirma Einstein, entonces la hermana debe concluir que la luz recorre una distancia mayor y, por tanto, necesita más tiempo que el medido por su hermano. En consecuencia, percibiría que el tiempo en la nave transcurre más lentamente.

La contracción del espacio en la dirección del movimiento es una versión refinada de la idea de Lorentz y FitzGerald: no es la materia la que se comprime, sino el espacio mismo. Los observadores que viajan junto al objeto miden su longitud normal, pero quienes se mueven a velocidad diferente la perciben más corta.

Veamos otro experimento mental. Ahora el astronauta hace rebotar la luz contra la pared frontal de la nave (en la dirección del movimiento) en lugar del techo. Coloca allí un espejo y envía el haz horizontalmente de ida y vuelta. Para calcular la distancia recorrida, multiplica el tiempo medido por la velocidad de la luz. Su hermana en la Tierra hace lo mismo. Pero, como la nave avanza en la misma dirección que el haz inicial, ella observa que el tiempo total del recorrido es menor que el registrado por su hermano. En consecuencia, calcula una distancia más corta.

En un artículo posterior, Einstein exploró qué le sucede a la masa cuando los objetos viajan a grandes velocidades. Propuso que la masa es una forma de energía, relación expresada en su famosa ecuación $E = mc^2$. Todo objeto tiene una masa en reposo como propiedad intrínseca. Cuando acelera, gana masa adicional proporcional a su energía de movimiento. Mientras más se acerca a la velocidad de la luz, más masa adquiere. Para alcanzar exactamente esa velocidad necesitaría acumular una masa infinita, lo cual requeriría energía infinita. Por eso ningún objeto material jamás puede viajar a la velocidad de la luz.

La unión del espacio y el tiempo

Los extraordinarios resultados de Einstein comenzaron a llamar la atención de la comunidad científica alemana, aunque tardaría un tiempo en alcanzar fama internacional. Entre sus primeros defensores estaba Max von Laue, entonces asistente de Planck en Berlín. En el verano de 1906, Von Laue se tomó la molestia de visitar a Einstein en la Oficina de Patentes. Esperó ansioso en la sala, deseando conocer al prodigioso heredero del trono de Newton.

«El joven que vino a recibirme —recordó Von Laue— me causó una impresión tan inesperada que no creí que pudiera ser el padre de la teoría de la relatividad. Lo dejé pasar y solo cuando regresó a buscarme a la sala de espera nos presentamos formalmente».[11] Von Laue contribuyó enormemente a difundir la teoría de la relatividad y explorar sus implicaciones. En 1911 publicaría el primer manual sobre el tema. Einstein valoró profundamente su amistad y apoyo, que se prolongaron toda la vida.

Otro entusiasta fue Minkowski, cuya opinión sobre su antiguo alumno dio un vuelco completo. Asombrado de que el «perro perezoso» hubiera resuelto el enigma de las ecuaciones de Maxwell, decidió reformular la teoría con mayor rigor matemático. Para entonces ocupaba una cátedra en Gotinga, la meca matemática donde David Hilbert había tomado el relevo de Klein como principal impulsor de la innovación. En ese centro de geometría no euclidiana, Minkowski estaba perfectamente situado para aplicar enfoques geométricos revolucionarios.

Minkowski comprendió que la teoría de Einstein ganaría elegancia si se expresaba mediante geometría cuatridimensional. Creó una alternativa al espacio euclidiano con dos diferencias fundamentales. Primera: el tiempo (multiplicado por la velocidad de la luz para ajustar las unidades) se incorporaba como cuarta dimensión. A la longitud, anchura y altura se sumó la duración como forma de describir la naturaleza. Llamó a esta fusión *espacio-tiempo*.

La segunda innovación consistió en modificar el teorema de Pitágoras para calcular distancias. La versión clásica, usada durante milenios para hallar hipotenusas, establece que la suma de los cuadrados de los catetos equivale al cuadrado de la hipotenusa. En un triángulo con lados de 3, 4 y 5 unidades: $3^2 + 4^2 = 5^2$. Minkowski adaptó esto para incluir el tiempo: la suma de los cuadrados de las distancias espaciales menos el cuadrado de la coordenada temporal (tiempo por velocidad de la luz) equivale al cuadrado del «intervalo espaciotemporal». Este intervalo mide la separación entre eventos —sucesos en diferentes lugares y momentos— mediante el camino más corto en cuatro dimensiones.

El intervalo espaciotemporal revela si dos eventos pueden estar conectados causalmente. Si el intervalo es cero («tipo luz») o negativo («tipo tiempo»), el evento anterior puede influir en el posterior. Si es positivo («tipo espacio»), no existe comunicación causal posible, pues requeriría señales más rápidas que la luz. Por ejemplo: si una actriz luciera cierto estilo en los Óscar de 2016 y una habitante de Próxima Centauri (a cuatro años luz) adoptara el mismo estilo en 2017, no podría acusársela de imitación. El intervalo sería «tipo espacio», sin posibilidad de conexión causal. Una señal habría necesitado mínimo cuatro años, no uno. La coincidencia en la manera de vestir sería puramente fortuita.

Al enmarcar la relatividad especial como teoría cuatridimensional en el espacio-tiempo, Minkowski mostró que la dilatación temporal y la contracción espacial podían entenderse como rotaciones que transforman espacio en tiempo. Imaginemos el intervalo espaciotemporal como una veleta donde el norte representa el tiempo, y el este, el espacio. Cambiar de perspectiva equivale a girar la veleta de este-noreste a norte-noreste: se reduce el componente oriental y aumenta el septentrional. Similarmente, una rotación del intervalo espaciotemporal puede disminuir la distancia espacial entre eventos mientras aumenta su separación temporal.

Minkowski anunció triunfalmente sus hallazgos en la Octogésima Asamblea de Científicos Naturales y Médicos Alemanes en Colonia, subrayando su carácter revolucionario: «Las concepciones sobre espacio y tiempo que deseo exponerles han brotado del terreno de la física experimental, y ahí radica su fuerza. Son revolucionarias. De ahora en adelante, el espacio por sí solo y el tiempo por sí solo están condenados a desvanecerse como meras sombras, y solo su unión preservará una realidad independiente».[12]

Aunque Einstein inicialmente desdeñó la reformulación de Minkowski por considerarla innecesariamente compleja, años después apreciaría su brillantez. Esta visión influiría profundamente en su pensamiento y le haría comprender la importancia crucial de las matemáticas avanzadas para el progreso de la física.

En 1908, el mismo año del anuncio de Minkowski, Einstein recibió su habilitación y comenzó a enseñar en la Universidad de Berna. Al año siguiente obtuvo una cátedra en la Universidad de Zúrich. Allí empezó a planear la continuación de su teoría especial: una teoría completa de la gravitación llamada relatividad general. Para lograrlo tendría que replantearse su relación con las matemáticas superiores.

Había llegado el momento de superar sus limitaciones juveniles. El viejo libro de Geometría euclidiana fue tremendamente útil para el joven Einstein, pero ahora necesitaba dominar las geometrías no euclidianas y la cuarta dimensión. Esta evolución inspiraría a su vez a Schrödinger, cuya fascinación infantil por la astronomía —ejemplificada en su «danza planetaria» con su tía— maduraría hacia un profundo interés por el enfoque relativista de la gravitación. Ambos se encontrarían explorando cuestiones teóricas fundamentales en medio de una época convulsa para Europa: guerra, colapso económico, agitación política y más guerra.

Capítulo 2

EL CRISOL DE LA GRAVEDAD

> *Un violinista-compositor patriota de Luton escribió una marcha fúnebre que tocó con sordina para conmemorar, según dijo, que un judío-suizo-teutón había desmantelado parcialmente los* Principia *de Newton.*
>
> *Limerick* publicado en *Punch*, 1919[1]

A Einstein le resultaba fundamentalmente poco atractiva la teoría gravitatoria de Newton, pese a su elegante simplicidad. Esta trataba la gravedad como una conexión instantánea e invisible entre dos masas distantes: hilos invisibles de fuerza gravitatoria que, de algún modo, guiaban los cuerpos celestes a través del espacio. Einstein, que coincidía con Mach en que la naturaleza debía ser medible y observable, buscó una explicación más profunda.

La teoría especial de la relatividad establecía además un límite superior para la rapidez de la comunicación causal: la velocidad de la luz. La teoría newtoniana no obedecía tal regla. Si el Sol desapareciera, según esta teoría, la Tierra seguiría inmediatamente una trayectoria recta a través del espacio, incluso antes de que llegaran los últimos rayos solares. ¿Cómo podría saberlo antes de que se comunicara la ausencia del Sol? Einstein comprendió entonces que había que reformular la gravitación en el lenguaje de la relatividad.

Como ferviente admirador del enfoque de Maxwell sobre el electromagnetismo, basado en el concepto de campos, Einstein también quería desarrollar una teoría de campos para la gravitación. Un campo es una cartografía del impacto potencial de una fuerza, con valores particulares para cada punto del espacio. La intensidad del campo en un lugar determinado ayuda a establecer cuánta fuerza experimentaría una partícula colocada allí. Un campo eléctrico, por ejemplo, determina cuánta fuerza eléctrica sentiría un electrón, un protón u otro cuerpo cargado en un lugar específico. Un campo magnético hace lo mismo con la fuerza magnética.

Pensemos, por ejemplo, en un campo que representa la fuerza y la dirección de las olas en todo el océano. Un desventurado marinero que se encontrara en un lugar donde el campo fuera excepcionalmente fuerte podría ver cómo las fuerzas abrumadoras sacudían su embarcación y la arrancaban de su rumbo. Aunque desconociera la fuente de las poderosas olas —como un terremoto submarino—, experimentaría su aterrador impacto de primera mano. Así, aunque la causa de la perturbación fuera lejana, el campo actuaría como conducto y el impacto sería local. Al observar marcadas similitudes entre el electromagnetismo y la gravitación, como el hecho de que sus intensidades disminuyen con el cuadrado de la distancia entre los objetos, Einstein se propuso identificar las ecuaciones del campo gravitatorio a principios de la década de 1910. El resultado sería su magistral teoría general de la relatividad. Al establecer una analogía entre las fuerzas, prepararía el terreno para sus futuros esfuerzos por unificarlas.

En medio de esta lucha, Einstein visitó Viena y presentó un informe sobre sus progresos. Su conmovedora charla inspiraría al joven Schrödinger, que entonces tenía veintitantos años, a pasar de los temas prácticos, como las propiedades mensurables de la luz y la radiación, a cuestiones más fundamentales: el enigma de la gravitación y las propiedades del propio universo. Las conexiones que Einstein estableció entre el electromagnetismo y la gravitación sembrarían en

Schrödinger el interés por encontrar una teoría unificada de las fuerzas naturales, interés que desarrollaría mucho más tarde. La conferencia vienesa de 1913 marcaría un punto de inflexión en su carrera. Con Einstein como modelo, nada en el cosmos parecería estar fuera del alcance de su inteligencia.

EL CREPÚSCULO DE UN IMPERIO

La brillante capital imperial del Imperio austrohúngaro estaba a punto de perder su brillo. Su fuego central pronto se extinguiría y sus súbditos satélites se desprenderían como ascuas al viento. Su extinción llegaría tan rápida y completamente como un eclipse solar. Sin embargo, no todo era funesto. En esos momentos de oscuridad, las estrellas que nunca se verían de día tienen una gloriosa oportunidad de brillar.

La ciudad de los Habsburgo celebraba una fiesta, una reunión festiva de mentes que, como se vio después, serviría de despedida a la edad de oro vienesa. Miles de los mejores científicos de habla alemana de Europa estaban invitados. De Praga a Budapest y de Berlín a Zúrich, jóvenes y mayores se congregaron en busca de nuevas y asombrosas teorías sobre partículas, átomos, luz, electricidad, física estadística y otros temas. Hubo ausencias notables: Planck y Arnold Sommerfeld, el conocido director del Instituto de Física de Múnich, no asistieron. Sin embargo, el entusiasmo por los nuevos descubrimientos en física hizo del último vals de la física austrohúngara una gala para recordar.

No se escatimaron lujos para la Asamblea de Científicos Naturales y Médicos Alemanes de ese año (el mismo grupo al que Minkowski se había dirigido media década antes en Colonia). Se reunió del 21 al 28 de septiembre de 1913 en la flamante sede del Instituto de Física de la Universidad de Viena, cerca de la pequeña calle de Boltzmanngasse. Franz Exner había insistido en la construcción del nuevo edificio como condición para continuar siendo su director. Tras las sesiones en la gran sala de conferencias del edificio, los más de siete mil miembros de la conferencia tuvieron la opción de asistir a una suntuosa recepción ofrecida por la Corte Imperial, un banquete convocado por el Gobierno de la ciudad de Viena y a una fiesta organizada amablemente por los propios físicos vieneses. Sin duda, nadie se quejó de estar mal alimentado.

Entre los temas de discusión, la radiación y la física atómica estaban de moda. Uno de los ponentes fue el físico alemán Hans Geiger, inventor del contador Geiger (propuesto de forma rudimentaria en 1908) y antiguo compañero de trabajo del famoso físico neozelandés Ernest Rutherford. En 1909, bajo la supervisión de Rutherford en la Universidad de Mánchester, Geiger y Ernest Marsden habían llevado a cabo un ingenioso experimento diseñado para sondear el átomo. Al bombardear una lámina de oro con partículas alfa (un tipo de radiación idéntica a los iones de helio), descubrieron que casi todas las partículas atravesaban la lámina sin obstáculos. Sin embargo, una pequeña fracción rebotaba en ángulos agudos, como superbolas contra un muro de hormigón. A partir de estos resultados inesperados, Rutherford dedujo que los átomos son principalmente espacio vacío, pero tienen diminutos centros cargados positivamente llamados núcleos. Su modelo rudimentario de 1911 del átomo como algo parecido al sistema solar, con electrones negativos en órbita alrededor de un núcleo positivo, alteró fundamentalmente el concepto del átomo. Ya no se podía pensar en los átomos como algo indivisible y sólido, como pequeñas canicas: eran cuerpos intrincados compuestos principalmente de puro vacío. La charla de Geiger en la reunión se centró en las formas prácticas de detectar las partículas alfa y beta (estas últimas, otro tipo de radiación identificada más tarde como electrones).

Como joven investigador en el Instituto Físico de Exner y en el cercano Instituto para la Investigación del Radio, Schrödinger también se había interesado por la detección de la radiación. Un mes antes había ido al pueblo de Seeham, en el lago Obertrumer, cerca de Salzburgo, para registrar la cantidad de un producto de desintegración del radio, llamado radio-A, en la atmósfera. Tras realizar casi doscientas mediciones con tubos colectores y un electrómetro, calculó cómo cambiaba con el tiempo el contenido atmosférico de radio-A. Curiosamente, demostró que, incluso en su punto máximo, el radio-A solo representa una fracción de la radiación atmosférica. Basándose en sus lecturas, muchos científicos habían llegado a la conclusión de que otras fuentes, como los rayos gamma, debían suministrar el resto. Los investigadores habían empezado a sondear las posibles causas de la radiación extra.

Relevante para su trabajo e idealmente situada en su ciudad natal, la conferencia de finales de septiembre era perfecta para él. Podía escuchar charlas sobre los últimos descubrimientos en radiactividad, el núcleo atómico y otros temas relacionados. Una de esas charlas, a cargo del astrofísico Werner Kolhörster de Halle, Alemania, describió vuelos en globo a kilómetros de altura equipados con instrumentos de detección de radiaciones. Al confirmar resultados anteriores del físico austriaco Victor Hess, informó de cómo la «radiación penetrante», aparentemente procedente de fuentes extraterrestres, aumenta significativamente a grandes altitudes. Ahora llamamos «rayos cósmicos» a esta radiación de más allá de la Tierra. Debido a esta confirmación, los historiadores de la ciencia Jagdish Mehra y Helmut Rechenberg han sugerido que la conferencia fue el «cumpleaños de la radiación cósmica».[2]

En la conferencia, muchos de los asistentes, incluido Einstein, conocieron por primera vez la notable teoría de Bohr sobre la estructura atómica propuesta ese mismo año. Einstein pensó que el logro de Bohr era «uno de los mayores descubrimientos».[3] Aunque ninguna charla de investigación mencionó específicamente el modelo de Bohr, la noticia del triunfo llegó de manera informal a través del relato personal del físico húngaro George de Hevesy, testigo directo de su desarrollo. De Hevesy había estado en Mánchester en 1912 cuando Bohr era un becario postdoctoral visitante con Rutherford. Vio cómo los esfuerzos de colaboración entre ambos habían resultado muy fructíferos en el avance de la teoría atómica. Entonces De Hevesy fue nombrado miembro del Instituto de Investigación sobre el Radio de Viena, donde se encontraba en una posición ideal para transmitir las emocionantes noticias sobre el trabajo de Bohr a los participantes interesados en la conferencia.

Bohr tomó el esquema planetario de Rutherford para el átomo y utilizó la noción del cuanto para explicar su estabilidad y su patrón de líneas espectrales. A primera vista, los electrones no deberían tener órbitas estables alrededor de un núcleo atómico. Debido a su atracción eléctrica hacia el núcleo positivo, deberían acabar en espiral, emitiendo radiación mientras caen en picado hacia el centro. La frecuencia de esta radiación, si la física clásica sirve de guía, debería estar sincronizada con la frecuencia de las órbitas.

Sin embargo, eso no es lo que ocurre. Los átomos son relativamente estables. Algo debe explicar por qué a los electrones les gusta permanecer en órbitas estables. Bohr dedujo brillantemente que los momentos angulares de los electrones deben presentarse solo en valores discretos —múltiplos enteros de una constante conocida como ℏ, definida como la constante de Planck dividida por 2π—. En otras palabras, el momento angular, al igual que la energía, está cuantizado.

El momento angular es una cantidad física que depende de la masa, la velocidad y el radio orbital de un objeto. Entra en juego cuando algo gira, como una bailarina de ballet en piruetas o una galaxia rotando. En la física clásica es un parámetro continuo, lo que significa que puede adoptar cualquier valor. Si un entrenador de baile le dice a una bailarina que haga girar a su pareja un poco más rápido, podría tirar un poco más fuerte de su mano para darle el impulso (técnicamente conocido como par de torsión) para aumentar su momento angular.

Sorprendentemente, Bohr descubrió que no se puede hacer que los electrones giren a cualquier velocidad o con cualquier radio orbital. Solo pueden cambiar de estado al ingerir o expulsar trozos finitos de energía y momento angular. Así, en lugar de ajustar sus ubicaciones o velocidades de forma continua, los «bailarines» electrónicos cambian repentinamente de una posición a otra, como si se movieran bajo una luz estroboscópica.

Los cambios en el nivel de energía de un electrón se producen cada vez que se absorbe o emite un fotón. La energía de un fotón es su frecuencia multiplicada por la constante de Planck. Ese cuanto de energía se gana o se pierde cada vez que se adquiere o se expulsa un fotón, respectivamente. Sorprendentemente, como demostró Bohr, la frecuencia de los fotones radiados no tiene nada que ver con la frecuencia orbital del electrón (cuántas veces da una vuelta por segundo). Se trata de una cantidad independiente que solo depende del tamaño del salto de nivel energético con el que se asocia el fotón.

La hipótesis de Bohr del momento angular y la energía cuantizados permitió, por primera vez, realizar predicciones precisas de los radios orbitales y los niveles de energía de los electrones de un átomo de hidrógeno. Ofrecía un conjunto de «leyes de Kepler» (reglas para el movimiento planetario) para el «sistema solar» atómico.

Aunque ciertamente era incompleta —solo se refería a los átomos de hidrógeno y no justificaba sus suposiciones de momento angular y energía cuantizados—, se ajustaba bien a los datos existentes. Su principal prueba de fuego, que superó con nota, fue hacer coincidir la fórmula de Rydberg con las longitudes de onda de las líneas espectrales del hidrógeno.

Propuesta en 1888 por el físico sueco Johannes Rydberg, la fórmula de Rydberg es un algoritmo sencillo para deducir los patrones de las longitudes de onda en los espectros atómicos. Predice varias secuencias distintas de líneas en el espectro del hidrógeno, conocidas como la serie de Lyman, la serie de Balmer, la serie de Paschen, etc. Bohr demostró que estas series —y la fórmula de Rydberg en general— derivaban precisamente de su conjunto de suposiciones sobre los electrones y los fotones en los átomos de hidrógeno. La longitud de onda de cada línea espectral coincidía con el valor previsto para un fotón emitido durante la transición de un electrón entre dos niveles de energía diferentes.

El modelo de Bohr se llama ahora la «vieja teoría cuántica». Sus suposiciones *ad hoc* hicieron avanzar nuestra comprensión de los átomos, pero no podían explicarse mediante ningún principio físico conocido. Haría falta el cuidadoso trabajo de Schrödinger, Louis de Broglie, Werner Heisenberg y otros en la década de 1920 para situar la teoría cuántica sobre una base mucho más firme.

Esbozos de una revolución

La ponencia más esperada de la conferencia de Viena de 1913 fue la presentación de Einstein en la mañana del martes 23 de septiembre, titulada «The Present Status of the Problem of Gravitation». La gran sala de conferencias estaba abarrotada de personas deseosas de oír hablar de sus nuevas teorías al hombre que había publicado tantos trabajos notables en un solo año. Einstein no decepcionó a la multitud. Pronunció uno de sus discursos científicos más importantes: un esbozo de sus ideas sobre una nueva explicación de la gravitación que trascendería las leyes de Newton. Con tentadores bocados de filosofía machiana, porciones del tamaño de un bocado de matemáticas superiores y una hermosa predicción sobre la luz de las estrellas durante los eclipses solares, dio a la hambrienta audiencia una muestra de lo que se convertiría en su exquisita teoría general de la relatividad.

Einstein comenzó su charla con una breve historia del electromagnetismo, que empezó por la ley del cuadrado inverso de Coulomb de la fuerza eléctrica entre cargas. Mostró cómo en el siglo XIX las aportaciones de Faraday y otros demostraron profundas conexiones entre la electricidad y el magnetismo que culminaron en las ecuaciones de Maxwell. Estos vínculos formaron una especie de teoría del campo unificado, subrayó Einstein, al unir dos fenómenos naturales que antes se creía que no estaban relacionados en una sola teoría. Las ecuaciones de Maxwell, señaló, establecían una velocidad máxima de comunicación: la velocidad de la luz en el vacío. Para acomodar las ideas clásicas sobre la velocidad relativa a la nueva realidad de una velocidad de la luz constante, se desarrolló la teoría especial de la relatividad.

Ahora había llegado el momento, continuó Einstein, de abordar la otra fuerza fundamental de la naturaleza, la gravitación. En ese momento, la gravitación se encontraba justo en la fase en la que se hallaba la electricidad cuando se propuso la ley de Coulomb. La ley del cuadrado inverso de la gravitación de Newton, con su noción de «acción a distancia», era análoga a la idea de Coulomb e igualmente incompleta. Era hora, subrayó Einstein, de desarrollar una teoría de campo completa de todas las fuerzas naturales, incluida la gravitación, que no implicara la idea arcaica de que las interacciones se producían instantáneamente a través de grandes distancias. La relatividad especial ordenaba que la gravitación no podía transmitirse instantáneamente entre dos cuerpos masivos remotos. Desde luego, la interacción no podía producirse a una velocidad superior a la de la luz. La gravitación debía replantearse, por tanto, como una teoría de campo local que respetara el límite superior de velocidad de la naturaleza.

Al establecer una analogía entre el electromagnetismo y la gravitación, Einstein estaba claramente sembrando las semillas de una explicación unificada de ambos. Quería continuar el programa de Maxwell de fundir diferentes fuerzas al mezclar la gravitación en la combinación. Explicar la gravedad por sí misma solo sería el primer paso.

Schrödinger escuchó atentamente las palabras del hombre que llegaría a ser su mentor. La cristalina explicación de Einstein de las profundas conexiones entre las fuerzas le abrió los ojos a las asombrosas posibilidades de la física teórica fundamental. Posteriormente, Schrödinger no veía límites al tipo de problemas que podía abordar, incluidas cuestiones cósmicas mucho más amplias que las mediciones de la radiación atmosférica en las que se había centrado.

En aquella época, Schrödinger era uno de los pocos científicos que apreciaba todo el alcance de la ambición de Einstein de unificar las fuerzas naturales. «La concepción que propuso Einstein —escribiría más tarde—, abarcaba desde el principio (y no solo por los numerosos intentos posteriores de generalizarla) todo tipo de interacción dinámica, no solo la gravitación».[4]

Paralelamente a sus ambiciones más amplias en física, Schrödinger pronto empezaría a leer mucha filosofía. Sus ojos se centraron en los signos de unidad en la naturaleza. La búsqueda subsiguiente de principios unificadores le conduciría a la obra del filósofo alemán del siglo XIX Arthur Schopenhauer, a los místicos orientales y a otros que trataban de explicar los mecanismos del universo.

Ciertamente, Schrödinger podía relacionarse bien con el interés de Einstein por la filosofía de Mach, que estaba enfermo y retirado desde hacía tiempo, pero seguía interesado activamente en la ciencia. Einstein reformuló la crítica de Mach al concepto newtoniano de los marcos de inercia (velocidades constantes relativas al «espacio absoluto») y desarrolló su vaga idea alternativa: que las atracciones lejanas de las estrellas causan inercia mediante una conexión específica entre masa e inercia. En la interpretación de Einstein de Mach, la masa colectiva de todos los cuerpos del universo ejerce una influencia sobre los objetos y hace que se muevan de forma natural en línea recta a velocidades constantes. De ahí que la inercia sea un efecto agregado de la distribución de la masa en el universo, algo así como la tenue neblina nocturna que es la influencia combinada de las farolas de una ciudad. Cuando la conferencia no estaba en sesión, Einstein visitaba a Mach en su apartamento de Viena y discutía intereses científicos mutuos con el anciano filósofo de barba gris.

En la parte más técnica de su charla, Einstein procedió a esbozar sus ideas, desarrolladas matemáticamente con Grossmann, sobre cómo conectar la distribución de la masa en el espacio con su geometría cuatridimensional y, finalmente, con los movimientos locales de los objetos que percibimos como aceleración gravitatoria. Señaló que su teoría se basa en la idea de que la masa inercial (la forma en que un objeto se acelera en respuesta a las fuerzas) es precisamente igual a la masa gravitatoria (la forma en que un objeto es atraído por otros a través de la gravedad). Esto conduce a una cancelación en las ecuaciones del movimiento de la masa propia de un objeto, lo que significa que, en un punto concreto del espacio, cualquier objeto masivo mostraría el mismo comportamiento. En consecuencia, la ubicación de un objeto —y la geometría del espacio en ese punto tal y como está conformada por la distribución de la masa en el universo— rige su comportamiento.

La culminación de la charla de Einstein fue una predicción audaz y comprobable sobre la curvatura de la luz estelar por el Sol. Predijo que la presencia masiva del Sol deformaría la geometría a su alrededor, lo que provocaría que todo lo que se encontrara en sus proximidades se moviera en trayectorias curvas (desde nuestra perspectiva) en lugar de en líneas rectas. Incluso la luz emitida por estrellas lejanas se curvaría al acercarse al Sol. Al trazar estos rayos hacia atrás, percibiríamos que estas estrellas se desplazan a posiciones diferentes de las que ocuparían si no existiera la masa del Sol. Naturalmente, como normalmente no podemos observar las estrellas a la luz del día, no seríamos testigos ordinarios de este efecto de curvatura gravitatoria de la luz. Sin embargo, durante un eclipse solar total, señaló Einstein, la «reubicación» de las estrellas sería eminentemente observable. Sugirió que se midiera esta distorsión, y se cotejara con su teoría, durante un eclipse inminente que tendría lugar sobre Europa del Este en agosto de 1914.

La conferencia de Viena impactó profundamente en la carrera de Schrödinger. Al alejarse de las mediciones experimentales de la radiación, comenzó a moverse en una dirección teórica y a examinar cuestiones fundamentales sobre la física. Sin embargo, antes de que pudiera profundizar en la investigación de la física atómica, la gravedad y los demás temas a los que estuvo expuesto durante la conferencia, intervendría el destino.

El 28 de junio de 1914, el archiduque Francisco Fernando, designado heredero de la corona austrohúngara, se encontraba de visita en Sarajevo, Bosnia, cuando el nacionalista serbio Gavrilo Princip les disparó mortalmente a él y a su esposa. Un mes después comenzó la Primera Guerra Mundial y Schrödinger recibió sus órdenes de marcha. Sirvió lealmente en el frente italiano y desempeñó diversas funciones como la de comandante de una batería. Mientras Alemania se unía a la guerra y luchaba del lado de Austria-Hungría, Einstein se opuso rotundamente al conflicto y se negó a participar.

De regreso a Viena en la primavera de 1917, Schrödinger continuó con sus obligaciones militares al realizar trabajos meteorológicos junto con su amigo Hans Thirring. Lamentablemente, la guerra había retrasado la carrera académica de Schrödinger alrededor de un tercio de década, un tiempo frustrantemente largo para un joven investigador. De vuelta en Viena, estaba ansioso por recuperar el tiempo perdido al reanudar sus esfuerzos teóricos y la enseñanza.

La guerra también retrasaría la comprobación de la predicción de Einstein sobre la flexión de la luz. El astrofísico alemán Erwin Finlay-

Freundlich, alumno de Klein y ferviente seguidor de las teorías de Einstein, montó con entusiasmo una expedición a Crimea, donde el eclipse solar sería prominente, con la esperanza de registrar el fenómeno. Pero, antes de que pudiera realizar la medición, el ejército ruso lo capturó como prisionero de guerra. Habría que esperar otra media década, una vez finalizada la guerra, para que se realizara tal prueba y se confirmara la hipótesis de Einstein. Mientras tanto, Einstein seguiría desarrollando su teoría de la gravitación.

EL PENSAMIENTO MÁS FELIZ

Las raíces de la teoría general de la relatividad se remontan a mucho antes de la conferencia de 1913. En 1907, solo dos años después de publicar su teoría especial, Einstein tuvo lo que más tarde llamó el «pensamiento más feliz de su vida». Como él mismo recordaba: «Estaba sentado en una silla en mi oficina de patentes de Berna. De repente me asaltó un pensamiento: si un hombre cae libremente, no sentirá su peso. Me quedé estupefacto. Este sencillo experimento mental me causó una profunda impresión. Fue lo que me condujo a la teoría de la gravedad».[5]

Einstein había tropezado con el principio de equivalencia: una idea sencilla pero poderosa que se convirtió en la base de la relatividad general. Se deriva de la idea de que, como la masa inercial es igual a la masa gravitatoria, todos los objetos aceleran por igual bajo la gravedad pura. Cuenta la leyenda que Galileo dejó caer una piedra y una pluma desde la Torre Inclinada de Pisa para comprobar si esto era cierto. Es cierto, los objetos en caída libre parecen carecer de peso, pues se aceleran precisamente con la aceleración gravitatoria. Esto se debe a que, si un objeto cayera junto con una balanza directamente debajo de él, ambos se desplazarían a la misma velocidad, por lo que la balanza no sentiría un peso sobre ella. Los aficionados a las montañas rusas notan esa sensación de ingravidez durante los descensos.

Einstein llevó esta idea un paso más allá al afirmar que ningún experimento físico podría distinguir un cuerpo en caída libre de otro que está en reposo (siempre que no interfieran otras fuerzas como la resistencia del aire). Por lo tanto, si una niña que cae en picado hacia abajo en una atracción de caída libre en un parque de atracciones hiciera malabares con bolos, barajara cartas o apilara bloques de construcción, la tarea le resultaría igual de sencilla o desafiante, según el caso, que realizar la misma hazaña en reposo. Eso es porque todo se estaría acelerando hacia abajo junto con ella precisamente al mismo ritmo.

Einstein se dio cuenta brillantemente de que sería posible construir una teoría completa de la gravedad a partir de marcos de referencia en caída libre, al tratar cada uno como si estuviera en reposo. Dentro de cada marco, observó, cada objeto se movería en línea recta a menos que fuera desviado por fuerzas externas. Sin embargo, vistos desde otro marco, esas líneas rectas podrían parecer curvas. Por eso vemos que los cuerpos siguen trayectorias curvas a causa de la gravedad: porque estamos viendo su movimiento desde nuestro marco, no desde el suyo.

Para entender cómo funciona esto, volvamos a la analogía del «pimpón de luz» mencionada en el capítulo 1. Imaginemos que un astronauta hace rebotar un haz de luz en un espejo situado en un lado de su nave espacial transparente mientras su hermana lo observa desde la Tierra utilizando un hipotético telescopio ultrapotente. Supongamos que su nave está en caída libre hacia un planeta. Desde su perspectiva, el rayo de luz recorrería su nave en línea perfectamente recta. Si transmitiera la luz horizontalmente a través de la nave desde una altura de un metro, chocaría también con el espejo a una altura de un metro. Sin embargo, desde el punto de vista de su hermana, la nave estaría cayendo y la luz se curvaría hacia abajo. Para cuando la luz llegara al espejo, la nave y el espejo estarían mucho más abajo. Así, la luz tomaría un camino curvo: desde un punto de partida alto hasta un rebote mucho más bajo en el espejo.

Este fenómeno llevó a Einstein a hacer su predicción sobre la curvatura de la luz de las estrellas cerca del Sol durante un eclipse, incluso antes de tener las habilidades matemáticas para reforzar su teoría con un marco geométrico sólido. Al principio intentó retoques más moderados de la teoría especial, incluida la idea de hacer que la velocidad de la luz variara de un punto a otro. Sin embargo, no consiguió que las matemáticas funcionaran como deseaba. Empezó a pensar en métodos matemáticos más sofisticados, como cambiar la métrica —los componentes de la fórmula para calcular distancias—, pero aún no tenía los conocimientos necesarios para completar su esquema.

En algún momento a finales de 1912, Einstein tuvo conocimiento de un conjunto de resultados experimentales publicados por el físico húngaro barón Loránd (Roland) von Eötvös sobre la equivalencia de la masa inercial y gravitatoria. El propio Einstein había sugerido tal experimento antes de conocer los amplios estudios de Eötvös. A lo largo de muchas décadas, Eötvös había perfeccionado un instrumento llamado balanza de torsión, diseñado para captar incluso las diferencias más sutiles entre los valores inerciales y gravitatorios de la masa. En varias versiones del experimento, alcanzó una precisión cada vez mayor y siguió sin encontrar ninguna discrepancia. Para Einstein, el trabajo de Eötvös demostraba que el principio inspirado por su «pensamiento más feliz» no era solo una abstracción, sino una verdad profunda y empírica sobre la naturaleza. El Viejo —como Einstein personificaba a menudo su noción de una deidad desarrolladora de ecuaciones— había dejado una pista vital, y era su trabajo resolver el acertijo de la gravedad.

Sacado del atolladero

En julio de 1912, después de trabajar durante aproximadamente un año en la Universidad de Zúrich y algo más de un año en la Universidad de Praga, Einstein regresó para obtener un puesto en su alma máter, la ETH. Uno de los principales atractivos, además de estar en su querida Suiza, era trabajar con su amigo Grossmann, que era profesor de Matemáticas. El nuevo puesto resultó ser fortuito para el desarrollo de la relatividad general. Einstein se estaba hundiendo rápidamente en las arenas movedizas de la confusión sobre las matemáticas superiores y necesitaba un fuerte asidero que lo devolviera a un lugar seguro. El mismo antiguo compañero de clase que lo había ayudado con las matemáticas en la universidad resultó indispensable en su búsqueda de la comprensión geométrica de la gravedad.

Grossmann tenía poco interés por la física pero se apasionó por el proyecto de Einstein. Impartió a Einstein un curso intensivo de las obras de Riemann, incluido el modo de manipular los tensores que describen las propiedades de las variedades no euclidianas de dimensiones superiores. (Recordemos que los tensores son objetos matemáticos que se transforman de una determinada manera y que las variedades son superficies que pueden tener cualquier número de dimensiones). También dio a conocer a Einstein los trabajos del matemático alemán Elwin B. Christoffel, del matemático italiano Gregorio Ricci-Curbastro y del alumno de Ricci-Curbastro, Tullio Levi-Civita, cada uno de los cuales había contribuido al cálculo diferencial de las geometrías curvas.

La amplia ayuda de Grossmann infundió a Einstein un nuevo optimismo respecto a la superación de sus dificultades para expresar matemáticamente sus ideas. Einstein trabajó en la teoría con una intensidad febril y abandonó temporalmente todos sus demás intereses científicos. Cuando Sommerfeld lo invitó a Múnich para dar una charla sobre la teoría cuántica, declinó la invitación y le respondió por escrito: «Ahora estoy ocupado exclusivamente con el problema gravitatorio, y creo que puedo superar todas las dificultades con la ayuda de un amigo matemático local. Pero, una cosa es cierta, ¡nunca antes en mi vida me había preocupado tanto por algo, y eso que he ganado un gran respeto por las matemáticas, cuyas partes más sutiles consideraba hasta ahora, en mi ignorancia, como puro lujo! Comparada con este problema, la teoría original de la relatividad es infantil».[6]

Einstein acudía tan a menudo por las noches al apartamento de Grossmann que su anciana criada se cansó de bajar corriendo las escaleras para abrir la puerta principal. La solución de Einstein fue pedirle a Grossmann que «dejara la puerta principal abierta para que la vieja no tuviera que molestarse».[7] Al cabo de un año, Einstein y Grossmann habían elaborado la versión preliminar de la teoría que Einstein presentaría en la conferencia de Viena de 1913. Los historiadores se refieren a esta forma temprana como el *Entwurf* o esbozo (*outline*), por el nombre de un documento que publicaron por aquella época, «Outline of a Generalized Theory of Relativity and Theory of Gravitation». Contenía muchos, pero no todos los elementos de lo que se convirtió en la relatividad general.

En la relatividad especial, los observadores que viajan a velocidades constantes unos respecto a otros experimentan leyes físicas idénticas. Por ejemplo, las ecuaciones de Maxwell parecen las mismas para ambos. Uno de los objetivos clave de Einstein al formular la relatividad general fue ampliar el concepto de leyes universales a los observadores que aceleran uno respecto al otro. A diferencia de la mecánica newtoniana, que favorece los marcos inerciales o de no aceleración, Einstein quería que su teoría fuera única. Una investigadora de un laboratorio que casualmente se encuentra en un tren que se detiene o en un carrusel que gira en círculo debería poder describir su experimento mediante la misma física que una que trabaja en una instalación estacionaria ordinaria. Matemáticamente, eso significa que las ecuaciones deberían tener la misma forma para los sistemas de coordenadas en aceleración —incluyendo aceleración, desaceleración o rotación— que para los sistemas de coordenadas sin aceleración. Einstein llamó a esta condición *covarianza general*.

Por desgracia, Einstein se dio cuenta de que el *Entwurf* no cumplía su objetivo de ser independiente del sistema de coordenadas. No estuvo a la altura de su objetivo machiano de abolir por completo la preferencia por los marcos inerciales y establecer una especie de democracia para todo tipo de movimiento, incluida la aceleración. Más bien, seguía existiendo una élite en la que se favorecían ciertos tipos de sistemas de coordenadas.

Einstein acudió a otro antiguo compañero de clase, Michele Besso, en busca de consejo sobre la validez científica del *Entwurf*. Si la teoría era físicamente correcta, quizá podría vivir con ciertas limitaciones matemáticas, como la falta de covarianza general. Einstein era tenazmente persistente en sus ideas, pero las abandonaría en un santiamén si pudiera ver una forma más económica de avanzar. Intentó persuadirse, durante un tiempo, de que la covarianza general no era necesaria para una teoría completa, siempre que las ecuaciones fueran sencillas y produjeran resultados físicamente válidos.

Besso y Einstein decidieron ver cómo trataba el *Entwurf* un punto de referencia de la astronomía: la velocidad de precesión (avance en el sentido de rotación) del perihelio (punto más cercano al Sol) de Mercurio. Como planeta más interior, Mercurio es el que más influencia recibe de la gravedad del Sol y, por tanto, el más sensible a las pruebas de las teorías gravitatorias. Mientras que la teoría gravitatoria de Newton describe muy bien los movimientos de los demás planetas del sistema solar, no consigue explicar el giro de la órbita elíptica de Mercurio, similar al de un espirógrafo, que avanza lentamente a lo largo de los eones y repite el mismo patrón una vez cada tres millones de años. Einstein esperaba que el *Entwurf* produjera una predicción más exacta. Para su consternación, los cálculos realizados por Besso indicaron que su teoría seguía generando una tasa de precesión inexacta.

Otra predicción que Einstein y Grossmann hicieron en el *Entwurf*, la desviación de la luz de las estrellas debido a la influencia masiva del Sol, habría sido puesta a prueba por Finlay-Freundlich durante el eclipse solar de 1914 si no hubiera sido capturado. Si hubiera podido realizar esa medición, probablemente habría descubierto que el *Entwurf* también ofrecía resultados inexactos para ese valor. La teoría necesitaba claramente una revisión, lo que obligó a Einstein a luchar con las ecuaciones mucho más tiempo de lo que había previsto.

La lucha tendría que proseguir sin Grossmann a su lado y también sin Mileva. Debido a la concentración de Albert en su trabajo, con exclusión de su vida familiar, y a la inmersión de Mileva en una profunda depresión, su matrimonio llevaba tiempo desmoronándose. Un traslado profesional a Alemania fue la gota que colmó el vaso. Recibió una oferta de Max Planck y del físico Walther Nernst para ocupar tres importantes cargos en Berlín: miembro de la prestigiosa Academia Prusiana de Ciencias, profesor de la Universidad de Berlín y director de un Instituto de Física de reciente creación. Una de las ventajas sería que ya no tendría que dar conferencias; podría investigar sus teorías hasta saciarse. Tras seguir a Albert a regañadientes a Berlín en abril de 1914, Mileva permaneció allí miserablemente durante unos meses antes de decidir regresar a Zúrich con los niños. Al cabo de un tiempo, empezaron a tramitar el divorcio, un proceso que duraría años.

Albert, mientras tanto, tenía un nuevo amor: su prima hermana Elsa Löwenthal, con la que acabaría casándose. Ella era mucho más hogareña y cariñosa que Mileva. A menudo lo trataba como a un niño al que había que alimentar, acicalar y, en general, cuidar; por ejemplo, domando su cabello rebelde. También se ocupaba con orgullo de mantener su calendario social y saboreaba cualquier oportunidad para exhibirlo en público. A su vez, él se sentía aliviado de que atendieran sus necesidades básicas sin aspavientos ni discusiones para poder concentrarse en sus cálculos. No soportaba interrupciones en sus incansables esfuerzos hacia una teoría de la gravitación, salvo los dulces acordes del violín durante sus descansos musicales.

La carrera hacia la cumbre

Justo antes de que Einstein alcanzara jadeante la cumbre de sus aspiraciones, intuyó que David Hilbert corría para llegar a la misma meta. En junio de 1915, Einstein expuso ante un público entusiasta en Gotinga, entre los que se encontraba Hilbert, sus progresos hacia la teoría general de la relatividad y los obstáculos que quedaban por superar, incluido el problema de la covarianza general. Intrigado por el desafío de describir un espacio-tiempo no euclidiano conformado por su materia y energía, Hilbert decidió emprender la búsqueda de las ecuaciones de campo de la relatividad general por sí mismo. De repente, Einstein se enfrentó al ardor de la competencia. Le mortificaba que uno de los matemáticos más hábiles del mundo ambicionara el trofeo que llevaba años buscando. La carrera estuvo reñida, pero Einstein plantó primero su bandera. A finales de otoño, había alcanzado alegremente la formulación correcta.

Sin embargo, como una especie de premio de consolación, Hilbert es reconocido como el autor de una formulación alternativa para presentar la relatividad general, llamada formulación lagrangiana. Matemáticamente, un lagrangiano es la diferencia entre la energía cinética (energía de movimiento) y la energía potencial (energía de posición) de un sistema mecánico, escrita como función de sus coordenadas.

Se puede comprender la distinción entre energía potencial y cinética al pensar en una pistola de resorte. Al empujar el muelle hacia atrás, la energía potencial aumenta, lo que indica que tiene mayor capacidad para disparar. Al soltar el muelle, la energía cinética se incrementa, lo que significa que efectivamente dispara. La energía potencial de posición se transforma en energía cinética de movimiento. Si restamos la energía potencial, expresada en términos de la variable de posición, de la energía cinética, expresada en términos de la variable de velocidad, obtendremos un lagrangiano.

Como demostró el brillante matemático y astrónomo irlandés del siglo XIX William Rowan Hamilton, se puede integrar (sumar mediante cálculo) el lagrangiano a lo largo del tiempo para formar una cantidad llamada la acción. Según probó Hamilton, cualquier sistema mecánico evoluciona de tal manera que minimiza la acción (o en algunos casos la maximiza). Esta idea, denominada principio de mínima acción, conduce de forma natural a las ecuaciones del movimiento, denominadas ecuaciones de Euler-Lagrange. Por tanto, en pocas palabras, al conocer el lagrangiano de un sistema se puede determinar cómo evoluciona.

En mecánica clásica, un ejemplo sencillo consiste en un objeto —como una caja de Tang abandonada por los astronautas hace décadas— que se mueve lentamente por el espacio vacío sin ninguna fuerza actuando sobre él. Su energía cinética es solo la mitad de su masa multiplicada por su velocidad al cuadrado. Su energía potencial es cero, debido a la ausencia de fuerzas y a la uniformidad del espacio vacío. Por lo tanto, su lagrangiano equivale únicamente a su energía cinética. El principio de mínima acción demuestra que la trayectoria óptima del objeto es simplemente una línea recta. Al introducir el lagrangiano en las ecuaciones de Euler-Lagrange, el resultado es una ecuación que establece que la velocidad permanece constante. Por tanto, el lagrangiano bastante simple de la caja de Tang la condena a desplazarse a velocidad constante en línea recta indefinidamente.

La contribución de Hilbert, llamada la lagrangiana de Einstein-Hilbert (que conduce a la acción de Einstein-Hilbert), también es bastante directa. Sin embargo, posee la riqueza matemática suficiente como para generar las ecuaciones de campo de Einstein de la relatividad general. Además, si se tiene la disposición de modificar la relatividad general de una forma físicamente razonable, ajustar la lagrangiana ofrece un medio para hacerlo. Veremos que Schrödinger, en sus esfuerzos por extender la relatividad general para abarcar otras fuerzas, terminaría realizando precisamente eso.

Hamilton desarrolló otra manera de describir los sistemas mecánicos, denominada método hamiltoniano. En lugar de restar la energía potencial de la energía cinética, se suman ambas magnitudes. Esta suma, denominada hamiltoniano, puede emplearse entonces con un conjunto de ecuaciones para explorar cómo se vinculan entre sí la posición y los momentos de un sistema. Al igual que el método lagrangiano, el método hamiltoniano también ha llegado a desempeñar un papel crucial en la física moderna, incluida, como veremos, la formulación de Schrödinger de la mecánica cuántica. El conjunto de herramientas hamiltonianas puede aplicarse igualmente a la relatividad general, como probó Einstein cuando finalmente completó su teoría.

UN EDIFICIO GLORIOSO

Einstein estrenó su obra maestra casi en su forma definitiva en una reunión de la Academia Prusiana el 4 de noviembre de 1915. Estaba encantado de presentar las ecuaciones de campo para una teoría completa de la gravitación basada en la geometría del espacio-tiempo. El 18 de noviembre dio otra conferencia al mismo grupo en la que ofreció su solución al viejo problema de la precesión orbital de Mercurio. Dos meses más tarde, después de que los cálculos hubieran verificado de forma concluyente su teoría, escribió a su amigo Paul Ehrenfest: «¿Puede imaginarse mi alegría por la viabilidad de la covarianza general con el resultado de que las ecuaciones del movimiento del perihelio de Mercurio resultan correctas? Me quedé mudo de emoción durante varios días».[8]

Cuando Einstein publicó la versión definitiva de su teoría en la prestigiosa revista *Annalen der Physik* el 20 de marzo de 1916, el físico alemán Karl Schwarzschild, mientras servía como soldado en el frente ruso, ya había encontrado la primera solución exacta. Sorprendentemente, había leído un informe de la presentación del 18 de noviembre, y calculó el caso de la gravedad de un objeto masivo y esférico como una estrella. En medio de la oscuridad de la guerra, la reluciente creación de Einstein iluminó el cielo con más intensidad que un mortero y ofreció esperanza e inspiración al menos a un soldado. Lamentablemente, Schwarzschild desarrolló una enfermedad autoinmune mortal y murió el 11 de mayo de 1916, a la edad de cuarenta y dos años. Muchas décadas después, la solución de Schwarzschild se utilizaría para describir los agujeros negros. Desde entonces, se han descubierto otras numerosas soluciones exactas de las ecuaciones de la relatividad general einsteinianas.

El templo de oro de Einstein se erige sobre una base arenosa: el contenido de materia y energía del universo. Al partir de cualquier distribución de materia y energía, expresada en forma de lo que se llama el tensor de tensión-energía, $T\mu\nu$, las ecuaciones de campo de la relatividad general revelan los componentes de otra entidad matemática, que representa la geometría del espacio-tiempo, llamada el tensor de Einstein, $G\mu\nu$. La ecuación $G\mu\nu = 8\pi T\mu\nu$ (que puede escribirse de varias formas) se considera una de las aportaciones más importantes de Einstein, junto con $E = mc^2$ y la ecuación del efecto fotoeléctrico. Las tres ecuaciones están esculpidas en el monumento a Einstein en Washington, D. C., como testimonio de su brillantez.

Una anécdota relatada en una ocasión por el aclamado físico Richard Feynman ilustra la ubicuidad de las ecuaciones de campo einsteinianas en las discusiones modernas sobre la gravitación. Feynman fue invitado a la primera conferencia estadounidense sobre relatividad general, en Chapel Hill, Carolina del Norte, en 1957. Cuando llegó al aeropuerto y se disponía a tomar un taxi para ir a la conferencia, no sabía si se celebraba en la Universidad de Carolina del Norte o en la Estatal de Carolina del Norte. Así que le preguntó al taxista si había notado a alguien con cara distraída y murmurando «G mu nu, G mu nu».[9]

Lo esencial de las ecuaciones de Einstein es que la geometría de una región, expresada por el tensor de Einstein, está determinada por su contenido de materia y energía, representado por el tensor de tensión-energía. En otras palabras, la masa y la energía deforman el espacio-tiempo y le indican dónde y cómo curvarse. La configuración del espacio-tiempo, a su vez, gobierna cómo se mueven las cosas en su interior. De ahí que las ecuaciones einsteinianas conecten maravillosamente la materia del universo con la estructura del universo.

Cualquier tensor puede escribirse en términos de sus componentes en forma de matriz —algo así como un tablero de ajedrez—. El tensor de Einstein y el tensor tensión-energía pueden expresarse como matrices de 4 por 4 cada uno. Ambas poseen dieciséis componentes cada una, pero no todas las componentes son independientes. Esto se debe a que una regla de simetría exige que, si un componente con un determinado número de fila y columna (la tercera fila y la cuarta columna, por ejemplo) tiene un valor particular, el componente con esos números de fila y columna intercambiados debe ser idéntico (la cuarta fila y la tercera columna). Es como disponer las piezas de una partida de ajedrez de modo que parezca que se reflejan en un espejo a lo largo de la diagonal del tablero. Llamamos simétricos a tales tensores.

Con la regla de simetría establecida, el tensor de Einstein tiene diez componentes independientes. Lo mismo ocurre con el tensor tensión-energía. Por lo tanto, las ecuaciones de Einstein que vinculan los dos tensores conducen a diez relaciones independientes entre componentes. Estas muestran cómo la materia y la energía afectan a diferentes aspectos del espacio y del tiempo. Algunas de las relaciones podrían provocar estiramientos o compresiones. Otras podrían generar torsiones o giros. Cualquier cosa que pueda ocurrirle al espacio y al tiempo, debido a los efectos gravitatorios de la materia y la energía, está ahí, en las ecuaciones.

Si las ecuaciones de Einstein son tan sencillas y elegantes, ¿por qué tardó tanto en desarrollarlas? Como dice el refrán, el diablo está en los detalles. No se puede tomar el tensor de Einstein y deducir directamente los movimientos de objetos astronómicos como planetas o estrellas. La manera en que se mueven las cosas viene determinada por otra entidad matemática más, denominada tensor métrico. Pasar del tensor de Einstein al tensor métrico no es nada obvio y requiere varios pasos distintos.

Supongamos que conoces la distribución masa-energía en una región y deseas establecer cómo se mueven los objetos a través de ella. He aquí los pasos necesarios. Primero se utilizan las ecuaciones de Einstein para obtener el tensor de Einstein a partir del tensor tensión-energía. Tanto el tensor de Einstein como el tensor de curvatura de Riemann relacionado (el primero es una especie de abreviatura del segundo) codifican información sobre la curvatura del espacio-tiempo de punto a punto. A continuación, se emplean los componentes del tensor de Einstein o de Riemann para construir objetos geométricos llamados conexiones afines (también conocidas como conexiones de Christoffel). Estas establecen cómo se transforman los componentes de los vectores (objetos con magnitud y dirección) al moverlos —lo más paralelos a sí mismos que sea posible— de un punto a otro. Luego, se usan las conexiones afines para revelar los componentes del tensor métrico. El tensor métrico entreteje el tejido del espacio-tiempo al especificar cómo medir las distancias entre puntos. A continuación, se ofrece una variación del teorema de Pitágoras para el espacio-tiempo curvo. Por último, se emplea la métrica para identificar las trayectorias más directas que pueden seguir los objetos a través del espacio. Debido a la deformación del espacio-tiempo, estas suelen ser curvas, como las órbitas elípticas de los planetas alrededor del Sol.

Aunque las matemáticas de la relatividad general pueden suponer un desafío incluso para los estudiantes de doctorado, empleemos una analogía para ilustrar sus diferentes capas. Empecemos con un desierto plano y sin límites, que representa el espacio-tiempo vacío. Sobre la arena del desierto dispersamos rocas de diversos tamaños y pesos, que simbolizan la variedad de objetos masivos del universo, como estrellas y planetas. Observamos que las rocas más pesadas presionan sobre la arena mucho más que las más ligeras y producen hendiduras mucho más profundas. Las zonas sin rocas permanecen planas. Por lo tanto, cuanta más masa haya en una región concreta, tal y como registra el tensor de tensión-energía, más se hunde, lo que representa una mayor curvatura registrada por el tensor de Einstein.

Supongamos ahora que en nuestra analogía no se puede caminar sobre la arena o las rocas, pues están demasiado calientes. Por lo tanto, necesitamos construir un toldo resistente sobre ellas, sostenido por una estructura que respete la topografía. Reunimos numerosos postes (ejes de coordenadas locales) y barras (conexiones afines) para crear la estructura. Las barras unen diferentes postes de forma que guían su orientación. Del mismo modo, las conexiones afines especifican cómo varían los ejes de coordenadas en el espacio, en una configuración que depende del ascenso o descenso de la base.

Por último, tejemos un dosel firme diseñado para que se acople perfectamente a la estructura. En algunos lugares necesitamos coser los puntos vecinos más estrechamente entre sí para que el tejido se curve de determinadas maneras. En otros lugares, los puntos vecinos están más separados. El patrón de costura que establece cómo coser el toldo de la forma adecuada para que encaje con el armazón que hay justo debajo (y las elevaciones y depresiones de la arena subyacente) simboliza el tensor métrico. Por lo tanto, vemos cómo el tensor métrico entrelaza el tejido del espacio-tiempo de una manera regulada por las conexiones afines, que a su vez dependen del tensor de Einstein que está constituido por el tensor de tensión-energía. ¿Lo has captado?

Realicemos ahora un paseo por el dosel del espacio-tiempo. Nos esforzamos por tomar la ruta más rápida posible, por lo que apuntamos a una línea recta. Sin embargo, el dosel se inclina donde hay un conjunto masivo de rocas debajo, lo que hace que incluso las líneas más directas se desvíen en varias direcciones. En consecuencia, seguimos una trayectoria curva, bordeamos la zona escarpada y describimos una forma ovalada. Curiosamente, hemos entrado en órbita, como el joven Schrödinger alrededor de su tía cuando jugaban a las rotaciones planetarias.

El universo eterno

Una vez completada su teoría general de la relatividad, Einstein decidió aplicarla al universo en su totalidad. Su objetivo era demostrar que el universo es una colección relativamente estable de estrellas y otros cuerpos. Es cierto que las estrellas se mueven, reconoció, pero lo hacen lentamente. La cosmología propuesta por Einstein ofrecería la permanencia y el marco estable del «espacio absoluto» newtoniano sin recurrir a lo que él —siguiendo a Mach— consideraba ficticio.

Einstein resolvió comenzar su cálculo cosmológico con la suposición básica de que el espacio es isótropo, es decir, uniforme en todas las direcciones. Eligió una geometría simple de cuatro dimensiones llamada hiperesfera para representar la configuración del espacio. Una hiperesfera es una generalización de una esfera a una dimensión extra. Si vives en una hiperesfera y viajas en cualquier dirección, acabarás regresando a tu punto de partida, igual que si rodearas el ecuador terrestre. La ventaja de que el universo tenga un perfil hiperesférico es que sería finito pero carente de fronteras. Solo alguien situado más allá del universo percibiría su «superficie». Dentro del espacio, no habría límites, solo repetición. El escritor argentino Jorge Luis Borges plasmaría maravillosamente este concepto en su imaginativo cuento «La biblioteca de Babel», donde imaginaba el cosmos como una vasta pero finita y repetitiva colección de libros.

Einstein intentó hallar una solución estática a sus ecuaciones de campo, pero pronto descubrió que había un problema. La única solución obtenida era inestable. Si se le daba un pequeño empujón, al modificar ligeramente la distribución de la materia, esta se colapsaría o se expandiría, como un globo que se pincha o se infla. Para reproducir un universo eterno y estable, tal solución desde luego no serviría. El descubrimiento por Edwin Hubble de la expansión cosmológica —lo que ahora llamamos el Big Bang— tendría lugar más de una década después. Por lo tanto, Einstein creía razonablemente que el espacio era estático y consideraba los modelos en expansión como poco físicos.

Para remediar la situación, tomó la medida bastante drástica de incorporar un término extra a la parte geométrica de sus ecuaciones para obtener lo que él juzgaba soluciones creíbles. Conocido como la «constante cosmológica» y simbolizado por la letra griega lambda (Λ), el término actúa como una protección contra la inestabilidad gravitatoria al estirar la geometría del espacio en la dirección opuesta. No atribuyó a la constante cosmológica ningún significado físico, pero en su momento la estimó esencial para la integridad de su teoría.

En nuestra analogía del dosel del desierto, imaginemos que toda la estructura que habíamos construido se hundía lentamente en la arena. En lugar de reedificar el armazón desde cero, podríamos optar por instalar dispositivos mecánicos alrededor de la periferia que sujetaran la lona y la tensaran hacia fuera. No ganaríamos ningún premio de arquitectura por nuestro diseño, pero cumpliría su propósito. Del mismo modo, el término constante cosmológica, aunque poco elegante, cumplió la tarea que Einstein se propuso: preservar la estabilidad cósmica.

En 1917, Einstein publicó su modelo de universo estático, incorporando la constante cosmológica como parte de sus ecuaciones de campo. Sin embargo, no podía sostener con razón que su solución fuera única. El matemático holandés Willem de Sitter probó ingeniosamente que, en ausencia de materia, las ecuaciones de campo einsteinianas producían soluciones que explotarían exponencialmente, impulsadas cada vez más hacia el exterior por la constante cosmológica. El modelo de De Sitter reveló que mientras exista la constante cosmológica, el vacío es inestable. Dado que agregó el término de constante cosmológica como un parche, en lugar de basarse en la observación científica, Einstein no valoró muy en serio el modelo de De Sitter. Admitió, sin embargo, que el progreso en la comprensión de la dinámica del universo requeriría muchas más mediciones astronómicas. Afortunadamente, Hubble realizaría precisamente eso, con su gigantesco telescopio reflector del monte Wilson, en el sur de California, al desvelar finalmente un cosmos en expansión y no estático.

ANTICIPACIONES DE LA ENERGÍA OSCURA

Se podría argumentar que Ernst Mach, fallecido en 1916, habría rechazado la idea de añadir un término a las ecuaciones de la relatividad general que no tuviera nada que ver con las experiencias sensoriales. Al igual que Newton introdujo el espacio absoluto solo para definir la inercia, la inclusión por parte de Einstein de un término cosmológico fue decididamente poco machiana. Hizo falta otro seguidor de Mach —Schrödinger— para proponer una alternativa más tangible.

Schrödinger conoció por primera vez las ecuaciones de campo completas de la relatividad general de Einstein a finales de 1916, cuando comandaba una batería en Prosecco durante la guerra.[10] Cuando regresó a Viena en la primavera de 1917, descubrió que muchos de sus colegas de la universidad, incluido Thirring, estaban ocupados buscando formas de interpretar y aplicar la teoría einsteiniana. Por ejemplo, junto con el físico austriaco Josef Lense, Thirring demostró cómo los objetos en rotación afectan al espacio-tiempo circundante, un resultado conocido como «arrastre del marco» o efecto Lense-Thirring.

En noviembre de 1917, Schrödinger envió dos artículos a la revista alemana *Physikalische Zeitschrift* en los que exploraba diversos aspectos de la relatividad general. El primero abordaba la cuestión de definir la energía y el momento gravitatorios de un punto a otro de forma independiente de la elección del sistema de coordenadas. Analizó la solución de Schwarzschild y reveló que una manera de encuadrar la energía gravitatoria producía el sorprendente resultado de que el objeto no poseía energía alguna. Notablemente, la cuestión que planteó Schrödinger anticipó décadas de debate sobre cómo definir la energía de forma coherente en la relatividad general.

El segundo trabajo de Schrödinger, «Concerning a System of Solutions to the Generally Covariant Equations for Gravitation», enfrentaba directamente la cuestión de la fisicalidad de la constante cosmológica. Objetó la colocación de un término extra en el lado geométrico (tensor de Einstein) de las ecuaciones einsteinianas y sostuvo que el mismo efecto podría lograrse mediante una modificación del lado material (tensor de tensión-energía) en su lugar. Como indicó Schrödinger: «El sistema de soluciones completamente análogo existe en su forma original sin los términos agregados por Einstein. La diferencia es superficial y leve: los potenciales permanecen inalterados, solo el tensor de energía de la materia adopta una configuración diferente».[11]

El término extra de «tensión» (estiramiento) que Schrödinger postuló servía para contrarrestar el efecto gravitatorio de la materia al incorporar una especie de energía negativa y lograr que la densidad de masa fuera efectivamente cero. Con una densidad de masa nula en todo el espacio, el universo ya no se vería forzado a experimentar el colapso gravitatorio y preservaría así su estabilidad. Fundamentó la masa cero con el argumento machiano de que la masa solo es perceptible cuando es excesiva. El argumento es análogo a decir que en general percibimos los tonos blancos y negros solo cuando contrastan con otros colores. Podríamos referirnos a un cielo perfectamente negro o blanco como carente de color.

Einstein no tardó en publicar una réplica al artículo sobre cosmología de Schrödinger, el inicio de un diálogo científico que experimentaría muchos giros y vueltas a lo largo de varias décadas. Observó que la hipótesis de Schrödinger admitía dos opciones: un nuevo término constante o un nuevo tipo de energía con densidad negativa que fluctuaba de un punto a otro. El primer caso, sostenía Einstein, era equivalente al término constante cosmológico, solo que al otro lado de las ecuaciones. El segundo, en cambio, resultaría poco físico (porque tendría una densidad de energía negativa) y difícil de mapear. Como escribió Einstein: «No solo hay que partir de la hipótesis de la existencia de una densidad negativa no observable en los espacios interestelares, sino que también hay que postular una ley hipotética sobre la distribución espaciotemporal de esta densidad de masa. El camino tomado por Herr Schrödinger no me parece viable porque conduce demasiado profundamente a la espesura de las hipótesis».[12]

Notablemente, el concepto de una sustancia con densidad de energía negativa —o, alternativamente, presión negativa— ha emergido en los últimos años como posible solución a un enigma cosmológico. En 1998, dos equipos de astrónomos ampliaron el descubrimiento de Hubble con su propio hallazgo sobre el crecimiento cósmico. Revelaron que no solo el universo se está expandiendo, sino que el ritmo de expansión se está acelerando. Algún agente desconocido está impulsando la aceleración del universo. El cosmólogo de la Universidad de Chicago Michael Turner bautizó a esa entidad «energía oscura».

Significativamente, la propuesta hecha por Schrödinger y analizada por Einstein sobre una sustancia que contrarrestara la gravedad cumpliría muy bien el trabajo. Por ese motivo, el historiador de la ciencia Alex Harvey ha planteado recientemente que Einstein anticipó el concepto de energía oscura.[13] Vislumbró quizá sea una expresión más apropiada, dado que no existía una motivación física real en aquel momento. Más precisamente, en 1917 concibió que tal sustancia de energía negativa entraba en el ámbito de lo posible, sin imaginar que el universo se estaba acelerando realmente debido a alguna causa desconocida. No obstante, es fascinante que las bases de tal noción se establecieran tan tempranamente.

FAMA MUNDIAL

Cuando la Primera Guerra Mundial llegó a su fin el 11 de noviembre de 1918, dejó tras de sí una Europa apenas reconocible. Los imperios se derrumbaron, las fronteras se redibujaron, emergieron nuevos líderes y comenzaron a gestarse las condiciones que sentarían las bases para otra conflagración mundial. El Imperio austrohúngaro fue reemplazado por una serie de estados más pequeños, entre ellos Austria (originalmente llamada República de Austria Alemana), Hungría y Checoslovaquia. Una República de Weimar democrática pero muy debilitada controlaba gran parte de lo que antes había sido el Imperio alemán. Las potencias aliadas victoriosas estaban resueltas a que Alemania pagara el precio de la sangrienta guerra de desgaste. Se vio forzada a ceder parte de su territorio, a limitar el tamaño de su ejército y a pagar cuantiosas indemnizaciones, lo que desencadenó un gran resentimiento y una depresión económica que contribuiría al ascenso de los nazis.

Durante la guerra, Einstein tuvo pocas oportunidades de verificar su hipótesis sobre la curvatura gravitatoria de la luz estelar por el Sol. La incapacidad de Finlay-Freundlich para completar su expedición supuso una gran frustración para él. Einstein inició una correspondencia discreta con un astrónomo británico, Arthur Eddington, que estaba muy interesado en comprobar la teoría einsteiniana. Según varias historias ampliamente difundidas, Eddington era conocido en aquella época como una de las pocas personas que comprendía realmente la relatividad general.[14] Cuáquero y pacifista, Eddington, al igual que Einstein, se oponía a la guerra y favorecía la cooperación científica internacional. Naturalmente, durante el sangriento conflicto, la colaboración abierta entre científicos británicos y alemanes era casi imposible. El armisticio brindó una gran oportunidad para que Eddington contribuyera a probar la teoría de Einstein y restaurara así la confianza entre los científicos de sus respectivas naciones.

Eddington y Frank Watson Dyson, astrónomo real de Gran Bretaña, advirtieron que una oportunidad ideal para medir la curvatura gravitatoria de la luz aparecería el 29 de mayo de 1919. Ese día ocurriría un eclipse solar sobre parte del hemisferio sur justo cuando el Sol pasaba por delante del cúmulo estelar de las Híades, una formación especialmente brillante. Dyson designó a Eddington organizador de un proyecto para observar el eclipse, una medida que protegió a este último del internamiento como objetor de conciencia.[15]

En enero de 1919, para establecer una línea de base para la observación, Eddington registró cuidadosamente las posiciones inalteradas de las estrellas de las Híades. Después dispuso dos expediciones para documentar sus posiciones en el cielo durante el eclipse. El primer equipo, encabezado por el propio Eddington, viajó a Príncipe, una isla del golfo de Guinea situada frente a la costa occidental africana. Como contingencia en caso de inclemencias meteorológicas, un segundo grupo fue despachado a Sobral, Brasil. Los dos equipos capturaron cuidadosamente las nuevas posiciones estelares y transportaron sus datos de vuelta a Gran Bretaña para realizar una comparación detallada con los resultados originales. Al concluir su análisis el 6 de noviembre, Eddington se mostró jubiloso al anunciar que las desviaciones angulares, con una media de 1,61 segundos de arco para Príncipe y 1,98 segundos de arco para Sobral, se aproximaban a la predicción relativista general einsteiniana de 1,75 segundos de arco y superaban ampliamente una estimación basada en la teoría newtoniana de la mitad de esa cantidad.

En una reunión de la Royal Society presidida por Dyson, un auditorio repleto aclamó los resultados y los consideró, junto con los hallazgos sobre la precesión de Mercurio, como una evidencia crucial de la relatividad general. En una época de revolución política, los resultados del eclipse revelaron que también la ciencia se había visto sacudida por cambios colosales. Que un grupo de científicos británicos admitiera un año después del final de la guerra que un físico alemán había destronado a Newton fue realmente extraordinario. Como proclamó Thomson: «No se trata de resultados aislados. No es el descubrimiento de una isla periférica, sino de todo un continente de nuevas ideas científicas de la mayor importancia para algunas de las cuestiones más fundamentales concernientes a la física. Es el hallazgo más significativo en relación con la gravitación desde que Newton enunció ese principio».[16]

Es sintomático de lo poco que se conocía internacionalmente a Einstein antes del anuncio que un artículo del *New York Times* sobre el descubrimiento se refiriera a él simplemente como «Dr. Einstein, profesor de Física en la Universidad de Praga».[17] El artículo no solo omitía su nombre de pila, sino que también erraba en su filiación, ya que hacía más de siete años que había abandonado su puesto en Praga.

En un instante, Einstein se transformó en una figura mundialmente célebre. Al destronar a Newton, se había convertido en una celebridad por derecho propio. La fama en el siglo XX era algo mucho más amplio de lo que había sido en la época newtoniana. Las noticias se propagaban mucho más velozmente en la era de la radio que en la de la imprenta manual. Los periódicos de todo el mundo difundieron el mensaje del impresionante titular de tres líneas del *Times* de Londres: «Revolución en la ciencia/Nueva teoría del universo/Ideas newtonianas derrocadas».[18]

LAS ELEVADAS NUBES DE LA GEOMETRÍA PURA

Apenas se había secado la pintura de la obra maestra de Einstein cuando empezó a percibir sus imperfecciones. Mientras contemplaba su logro, los dos lados de sus ecuaciones de campo parecían desequilibrados. En el lado izquierdo había una delicada representación de los patrones geométricos de la gravedad. En el lado derecho, todos los tipos de materia y energía, incluidos los efectos energéticos de los campos electromagnéticos, estaban toscamente agrupados en el tensor tensión-energía. Einstein sentía el máximo respeto por las ecuaciones del electromagnetismo de Maxwell y no le gustaba que desempeñaran un papel secundario. Llegó a creer que los campos electromagnéticos debían representarse a través de la geometría del mismo modo que la gravedad, en lugar de figurar simplemente en el tensor tensión-energía. Los recuerdos del manual de Geometría de su juventud y el amor que había cultivado por esta disciplina a través de sus encuentros con Grossmann lo impulsaron a escribir todas las leyes de la naturaleza mediante principios geométricos.

Al extender la secuencia de la relatividad especial y general, Einstein consideraba que sería necesario un tercer avance para completar la transformación de la ley natural y fusionar el electromagnetismo con la gravedad. Las ecuaciones de Maxwell y la teoría gravitatoria serían entonces casos especiales de una teoría del campo unificado completa, construida íntegramente mediante relaciones geométricas.

Schrödinger llegaría a coincidir con la opinión de Einstein de que la relatividad general permanecía incompleta mientras se omitiera el electromagnetismo del lado geométrico. «Tenemos una necesidad patente de leyes de campo para el campo electromagnético —escribiría Schrödinger—, leyes que uno concebiría también como restricciones puramente geométricas sobre la estructura del espacio-tiempo. La teoría de 1915 no proporciona estas leyes, excepto en el caso simple de la interacción puramente gravitatoria».[19]

A medida que Einstein empezó a abrazar la geometría pura —en lugar de la geometría guiada por efectos materiales—, su interés por la experimentación empezó a menguar. Mientras que sus artículos y conferencias sobre la relatividad general destacaban fuertemente la necesidad de la verificación experimental —a través de la precesión de Mercurio, la curvatura de la luz y otro efecto llamado corrimiento al rojo gravitatorio—, su avance hacia una teoría del campo unificado lo llevó a cambiar su retórica hacia argumentos más abstractos.

Irónicamente, el estudiante universitario que disfrutaba de las prácticas de laboratorio y prefería saltarse las clases de Matemáticas porque le parecían irrelevantes se había convertido en un defensor del uso de la belleza matemática y el puro razonamiento para guiar sus teorías. Como declararía en la conferencia «On the Method of Theoretical Physics»: «La experiencia sigue siendo, por supuesto, el único criterio de la utilidad física de una construcción matemática. Pero el principio creador reside en las matemáticas. En cierto sentido, por tanto, sostengo que el pensamiento puro puede captar la realidad, como soñaban los antiguos».[20]

Los investigadores vinculados a la escuela de pensamiento de Gotinga, que enfatizaba el razonamiento geométrico puro, contribuyeron a moldear el creciente interés de Einstein por las construcciones matemáticas más abstractas. Por ejemplo, Ehrenfest, un amigo y confidente que se hizo tan cercano a Einstein que eran como hermanos, fue una influencia clave. Ehrenfest había estudiado en Gotinga y cursado asignaturas con Klein. Él y su esposa, Tatyana, a la que había conocido en una de las clases de Klein, estaban muy interesados en la relación entre la geometría y la física. Ofrecieron su casa de Leiden, Holanda, como refugio donde Einstein podía escapar de Berlín, reflexionar sobre dilemas teóricos y relajarse interpretando música de cámara (Einstein al violín, Ehrenfest al piano). Hábil para formular preguntas penetrantes que revelaban la esencia de los problemas, Ehrenfest escuchó atentamente mientras Einstein batallaba por incorporar el electromagnetismo a la relatividad general.

El propio Klein, aunque retirado, se interesó por el tratamiento de la energía y el momento gravitatorios en la relatividad general. Al igual que Schrödinger en su primer artículo de noviembre de 1917, Klein sostenía que estas magnitudes debían definirse de un modo que no dependiera de los sistemas de coordenadas. Todos los observadores, argumentaba, deberían medir los mismos valores de energía y momento gravitatorios. Klein mantuvo correspondencia con Einstein en 1918 sobre esta cuestión. Aunque Einstein no cedió en su definición, los comentarios de Klein probablemente le incentivaron aún más para situar la gravedad y el electromagnetismo en pie de igualdad. Mantener definiciones diferentes de energía y momento para las dos fuerzas era un remiendo rápido y en ningún modo una solución satisfactoria a largo plazo.

Hilbert, el elegido por Klein para el premio y posiblemente el mayor sistematizador de la geometría desde Euclides, ejerció sin duda una profunda influencia en Einstein.[21] Einstein observó que la formulación de Hilbert de la relatividad general intentaba unificar lo gravitatorio y el electromagnetismo siguiendo la sugerencia del físico alemán Gustav Mie de que el electrón es una especie de burbuja estable dentro del campo electromagnético. Siguiendo a Mie, Hilbert planteó que la materia no existía de forma independiente, sino que era el resultado de la aglomeración dentro de campos de energía. Estos campos, a su vez, podían describirse geométricamente. Einstein no aceptó inicialmente los argumentos de Hilbert, pero gradualmente llegó a creer que la geometría era más fundamental que la materia.

Considerar los electrones y otras partículas de la materia como productos de la geometría es comparable a explicar los nudos de las cuerdas al comprender cómo se enredan. Imagina a una niña que encuentra un nudo de forma curiosa en un ovillo y piensa que es algo separado del hilo. Le pide a su madre una caja de nudos para jugar. Su madre, que resulta ser profesora en Gotinga, le explica pacientemente que los nudos no son cosas separadas y le muestra cómo se puede retorcer el hilo para crear más. El hilo es fundamental; los nudos, no. Del mismo modo, Hilbert y Mie concibieron un orden natural en el que la geometría de los campos es lo primordial y las torsiones se manifiestan como partículas.

Uno de los discípulos más talentosos de Hilbert fue el matemático alemán Hermann Weyl (conocido por sus amigos como Peter), que se doctoró en Gotinga en 1908. Tras obtener su habilitación en 1913, Weyl fue asignado al ETH de Zúrich, donde él y Einstein fueron colegas durante un tiempo. En 1918 Weyl publicó un tratado épico de la relatividad general y sus posibilidades titulado *Space, Time, Matter*, que revisaría varias veces en ediciones posteriores a medida que evolucionaban sus ideas. Envió un primer ejemplar a Einstein, que lo describió como «obra maestra sinfónica».[22]

Alentado por los elogios de Einstein a su libro, Weyl esperaba que su último artículo, «Gravitation and Electricity», provocara la misma reacción entusiasta. El artículo proponía una forma de modificar la relatividad general para incorporar como consecuencia las ecuaciones de Maxwell. Envió a Einstein el manuscrito, esperando que fuera recomendado para su publicación.

Aunque inicialmente Einstein se alegró de que Weyl pareciera haber hallado una forma de introducir el electromagnetismo en el teatro de la gravitación, se echó atrás cuando percibió hasta qué punto la intrusión alteraría el espectáculo. La idea de Weyl consistía en modificar el comportamiento de los vectores en un proceso llamado transporte paralelo (desplazamiento paralelo a sí mismos de un punto a otro). En la relatividad general estándar, las conexiones afines que muestran cómo se transforman los componentes vectoriales y el tensor métrico que determina cómo se miden los intervalos del espacio-tiempo (distancias cuatridimensionales) mantienen entre sí una relación matemática directa. En nuestra analogía del dosel del desierto, se trata de un vínculo directo entre el armazón y la lona. Weyl modificó ese vínculo al incorporar un factor extra, al que llamó *gálibo*. Al igual que los ferrocarriles de diferentes países (como Rusia y Polonia) poseen diferentes gálibos (en ese sentido, la distancia entre los raíles), Weyl propuso cambiar el estándar de distancia cuatridimensional de un punto a otro en el espacio. La ventaja era que la inclusión del factor de gálibo producía un efecto equivalente al del campo electromagnético. Sin embargo, Einstein juzgaba que cambiar la norma de distancia no era físico, y no podía aprobar un cambio tan radical en su teoría. Weyl se sintió muy desilusionado de que Einstein desestimara su idea.

Aunque nunca se incorporó a la relatividad general, la idea del gálibo de Weyl se aplicó más tarde a un campo diferente, la física de partículas, donde alcanzó gran éxito. En el concepto moderno, en lugar del espacio real, el factor gálibo pertenece a una especie de espacio abstracto. El interés contemporáneo por el bosón de Higgs —esencial para explicar la masa en reposo de ciertas partículas— debe mucho al concepto gálibo de Weyl.

AVENTURAS EN LA QUINTA DIMENSIÓN

Otro graduado de Gotinga, el físico finlandés Gunnar Nordström, había propuesto su propia teoría unificada en 1914. Era notable porque constituía la primera teoría que incluía una quinta dimensión, que complementaba las tres dimensiones del espacio y la dimensión del tiempo. Nordström descubrió que la incorporación de la dimensión extra ofrecía el espacio adicional en la teoría necesario para incluir las ecuaciones de Maxwell del electromagnetismo junto con la gravedad. Sin embargo, la teoría no se basaba en la relatividad general, lo que llevó al propio Nordström a abandonar la idea dos años después tras reconocer la superioridad del enfoque einsteiniano. Aunque no hay indicios de que Einstein prestara atención a la noción de Nordström para la unificación, otra idea de cinco dimensiones dejó una huella indeleble en él.

En abril de 1919, Einstein recibió una carta de Theodor Kaluza, un *Privatdozent* poco conocido de la Universidad de Königsberg. (En el sistema académico alemán, un *Privatdozent* es un instructor que se gana la vida cobrando directamente a los estudiantes por sus clases, en lugar de recibir un salario de la universidad). Con ese bajo rango, que conservó durante veinte años, Kaluza apenas ganaba lo suficiente para mantener a su familia. Consciente, quizá, de los modestos comienzos de su propia carrera, Einstein dedicó toda su atención a la misiva a pesar de la humilde condición de su remitente.

Aunque en aquella época estaba muy alejado de la comunidad académica principal, Kaluza había experimentado en una ocasión la atmósfera estimulante de Gotinga. Había pasado allí un año en 1908 durante su época de estudiante, al empaparse a fondo de las visiones geométricas de Klein, Hilbert y Minkowski. También conoció al futuro compañero unificador Weyl.[23] En el cerebro de Kaluza se sembró la semilla de un enfoque único de la unificación que germinaría once años después.

La carta de Kaluza delineaba una idea que le había llegado como una especie de revelación. Un día, cuando estaba sentado en su estudio, se le había ocurrido que, al agregar una dimensión extra y componentes adicionales a los tensores de la relatividad general, la ma-

94

quinaria de las ecuaciones de Einstein produciría una versión de las ecuaciones de Maxwell además de los factores gravitatorios. En lugar de ser una matriz de 4 por 4, el tensor de Einstein se transformaría en una matriz de 5 por 5. En lugar de poseer dieciséis componentes, con diez de ellos independientes por razones de simetría, tendría veinticinco, de los cuales quince serían independientes. Eso significa que habría cinco componentes independientes adicionales, cuatro de los cuales podrían emplearse para describir el electromagnetismo; el quinto se desestimaba básicamente. Un simple cambio en el número de dimensiones parecía proporcionar espacio suficiente para la unificación. Como recuerda su hijo (que estaba en la habitación con él en ese momento), Kaluza estaba tan exultante que se quedó paralizado en el sitio durante unos segundos, luego se levantó de un salto y empezó a tararear una melodía de *Las bodas de Fígaro*.[24]

Tanto el esquema de Nordström como el de Kaluza, derivados independientemente, se fundamentaban en la idea de ampliar el espacio-tiempo con una dimensión extra. Para los matemáticos o físicos matemáticos acostumbrados a respirar el aire intelectual de Gotinga, imaginar dimensiones superiores era tan sencillo como contar. Una dimensión es para las líneas, dos para los cuadrados y tres para los cubos. Añade una dimensión espacial más y obtendrás los hipercubos. Igual que un cubo es un objeto tridimensional delimitado por seis cuadrados, un hipercubo es un objeto tetradimensional delimitado por ocho cubos. Agrega la dimensión del tiempo y obtendrás una entidad de cinco dimensiones, en la que el tiempo suele considerarse la cuarta dimensión y la dimensión espacial adicional la quinta.

Sin embargo, para un físico experimental de la corriente predominante de aquella época, el concepto de una quinta dimensión habría parecido algo sacado de las páginas de H. G. Wells o de una revista *pulp* más que ciencia genuina. Aparte del tiempo, no había pruebas visuales directas de ninguna dimensión más allá de la longitud, la anchura y la altura. Una teoría que empleara cinco dimensiones sería similar a postular una forma de atravesar las paredes o crear oro de la nada.

Kaluza se anticipó a los detractores al establecer una «condición de cilindro» en su teoría que haría imposible la observación directa de la quinta dimensión. Al igual que un hámster que hace girar una rueda bajo sus pies y no llega a ninguna parte, en la teoría de Kaluza, todas las magnitudes observables permanecen fijas con respecto a los cambios en la quinta dimensión. Por mucho que la quinta dimensión gire, no hay ningún efecto perceptible, salvo su acción indirecta al integrar el electromagnetismo en la relatividad general. El torbellino permanece a salvo entre bastidores, al prevenir cualquier objeción de los experimentalistas.

La primera reacción de Einstein fue elogiar el trabajo de Kaluza por ser muy superior al de Weyl. A diferencia de la teoría de Weyl, no parecía alterar hechos conocidos sobre el universo como las magnitudes de los intervalos espaciotemporales. Sin embargo, tras realizar algunos cálculos basados en la teoría de Kaluza, el entusiasmo de Einstein se evaporó. Al intentar describir cómo se mueven los electrones bajo la influencia combinada del electromagnetismo y la gravedad, no pudo hallar una solución razonable. En su lugar, tropezó con la barrera matemática conocida como singularidad, un lugar en el que una o más cantidades explotan y se vuelven infinitas. De alguna manera, como un diente dolorido, había que eliminar el punto problemático.

Al señalar la deficiencia de la teoría de Kaluza, Einstein destacó un nuevo impulso para intentar expandir la relatividad general: desarrollar una teoría de cómo se mueven los electrones por el espacio. El modelo atómico de Bohr se ajustaba a las principales líneas espectrales de elementos simples como el hidrógeno al mostrar cómo la cuantización del momento angular y la energía restringe a los electrones a órbitas particulares. Sin embargo, no brindaba una teoría completa de cómo se comportan los electrones de otro modo, por ejemplo, cuando se desplazan por los tubos de rayos catódicos. Cuando empezó a explorar las ramificaciones de varios enfoques unificados, Einstein empleó el dilema de los electrones como piedra de toque.

Eddington concordó plenamente con Einstein en la importancia del problema de los electrones. Al tomar la teoría de Weyl como punto de partida, Eddington propuso una teoría unificada alternativa basada en la modificación de la conexión afín y el establecimiento de una geometría cuatridimensional distinta de la riemanniana. Aun así, no estaba seguro de que su teoría explicara adecuadamente el movimiento electrónico. Como escribió Eddington: «Al pasar más allá de la geometría euclidiana, la gravitación hace su aparición; al pasar más allá de la geometría riemanniana, aparece la fuerza electromagnética; ¿qué queda por ganar con una mayor generalización? Evidentemente, las fuerzas de enlace no maxwellianas que mantienen unido a un electrón. Pero el problema del electrón debe ser difícil, y no puedo decir si la presente generalización logra proporcionar el material para su solución».[25]

Al iniciar el camino hacia la unificación, la cuestión para Einstein se convirtió en cómo elegir entre las teorías de Weyl, Kaluza y Eddington. Aunque ninguna de las teorías le resultaba satisfactoria, se inspiraría en ellas para construir sus propios modelos. Todo el tiempo mantendría la vista fija en el premio de describir el electrón mediante una versión modificada de la relatividad general.

Cuando 1919 llegaba a su fin y comenzaban los turbulentos años veinte, la vida de Einstein cambió radicalmente. Ahora tenía cuarenta años, mucho más allá de la edad típica de los grandes logros en física teórica. Sin embargo, su ferviente pasión por culminar su teoría general de la relatividad con una descripción unificada de las fuerzas y la materia no había hecho más que intensificarse. Finalmente obtuvo el divorcio de Mileva (irónicamente el Día de San Valentín) con la condición de que, si alguna vez ganaba el Premio Nobel, le cedería el dinero a ella. Nada podría compensarla por sus esperanzas truncadas, pero el dinero del Nobel al menos le brindaría la oportunidad de disfrutar de las comodidades básicas.

Después de que su divorcio fuera definitivo, Albert se casó con Elsa el 2 de junio. Meses después, tras el anuncio del eclipse de Eddington, ella comprendió que había intercambiado votos con el científico más célebre del mundo. Elsa disfrutaba acompañando a su marido en sus viajes por todo el mundo, sus encuentros con celebridades y la sucesión de honores que recibía.

La sagaz petición de Mileva daría resultado. Einstein fue galardonado con el Premio Nobel de Física en 1921, aunque recogió el premio al año siguiente. Mientras su exmarido acaparaba la atención mundial, ella y sus dos hijos se apartaron de la vida pública y subsistieron gracias al dinero del Nobel. Seguro en su posición académica, bañado de fama y al delegar todas las preocupaciones domésticas en Elsa, Einstein era tan libre como un águila para elevarse hacia las sublimes cumbres de la unificación.

Capítulo 3

ONDAS DE MATERIA Y SALTOS CUÁNTICOS

Si hay que tener estos malditos saltos cuánticos,
ojalá nunca hubiera empezado a trabajar en
la teoría atómica.

Erwin Schrödinger
(según relató Werner Heisenberg)

Por favor, no me malinterprete. Soy un científico,
no un profesor de moral.

Erwin Schrödinger, *Mente y materia*

S i carecer de libre albedrío es como estar en prisión, la relatividad general es el carcelero definitivo. Al fusionar el tiempo con el espacio, funde el pasado, el presente y el futuro en un bloque sólido. El paisaje temporal está tan congelado como un gulag siberiano. Toda la historia permanece encerrada para siempre; solo que aún no hemos cumplido nuestra condena.

Expandir la relatividad general para incluir otras fuerzas cimentaría aún más nuestro destino. Una teoría unificada que explicara la electricidad junto con la gravedad podría, en principio, mapear las conexiones neuronales de todos los que han vivido o vivirán. Estaríamos condenados a albergar pensamientos y realizar acciones que han sido predeterminados para siempre. Una vez establecidas las ecuaciones de la eternidad, nuestros destinos estarían sellados. Como se dice en el *Rubaiyat*, de Omar Khayyam: «El dedo que se mueve escribe y, una vez escrito, sigue adelante: ni toda tu piedad ni todo tu ingenio le harán retroceder para cancelar media línea. Ni todas tus lágrimas borrarán una palabra de él».[1]

El destino puede ser cruel. Tras el final de la Primera Guerra Mundial, muchos de los soldados que regresaron necesitaban sanar sus almas. Mientras que Schrödinger tuvo la fortuna de llegar sano y salvo a casa, su querido profesor Fritz Hasenöhrl había sido alcanzado por una granada. Schrödinger y la comunidad académica vienesa quedaron consternados.

A finales de 1919, falleció el padre de Schrödinger. Poco después, la economía austriaca se vio devastada por una fuerte inflación que arrasó con los ahorros de muchas familias, incluida la suya. Los tiempos no podían ser más adversos. Schrödinger se replegó en sí mismo y empezó a reflexionar sobre el rumbo de su propia vida.

Schrödinger hallaba mucho consuelo emocional en la compañía femenina. Llevaba un diario de las mujeres con las que mantenía relaciones. En ese diario registró que conoció a Annemarie «Anny» Bertel, una mujer jovial y sin pretensiones de Salzburgo, en algún momento de 1919. Aunque no era una intelectual, respetaba sus intereses académicos.

A diferencia de las parejas que encajan como un guante, Erwin y Anny eran en cierto modo incompatibles. Por ejemplo, reñían por la música: a ella le encantaba tocar el piano, pero él no lo soportaba. Aunque en última instancia ninguno de los dos consideraría su relación como exclusiva, siempre gozaron de la compañía del otro. Así pues, era una relación basada en la familiaridad y la comodidad. Pronto se comprometieron y organizaron dos bodas —una católica y otra protestante— para respetar las diferentes confesiones de sus familias. Ambas ceremonias se celebraron en la primavera de 1920.

Durante su malestar de posguerra, Schrödinger se sumergió en la filosofía y se obsesionó con los escritos de Schopenhauer. En detallados cuadernos, Schrödinger plasmaba sus comentarios e impresiones sobre todo lo que leía y calificaba a Schopenhauer como el «mayor sabio de Occidente».[2]

Estimulado por las numerosas referencias de Schopenhauer a la filosofía oriental, Schrödinger también se adentró en los escritos védicos del hinduismo (a los que se refería con el término sánscrito *vedanta*) y en otros clásicos del pensamiento oriental. Consideró brevemente cambiar su carrera por la filosofía, pero optó por seguir en la física y dedicarse a este tema como actividad secundaria. A lo largo de los años, redactó varios libros en los que expresaba sus propios puntos de vista filosóficos, entre ellos *Mi concepción del mundo*, basado en parte en un tratado que finalizó en 1925 titulado «Quest for the Path».

A Schrödinger le fascinaba especialmente la explicación de Schopenhauer sobre la pasión y el deseo frente a un universo mecanicista. Al observar su alrededor tras la Gran Guerra, Schrödinger no percibía más que contrastes. Mientras que la ciencia y la tecnología habían ascendido a cotas sin precedentes, la cultura, tal y como él la concebía, se había hundido en profundidades dantescas, lo que él denominó una «decadencia de las artes». «Nuestra condición —señaló Schrödinger— tiene un parecido aterrador con la etapa final del mundo antiguo».[3]

Por supuesto, dado que él y Anny mantendrían una relación abierta durante toda su vida matrimonial, Schrödinger difícilmente era un puritano. Pero, cuando se miraba en el espejo, observaba al equivalente moderno de Platón o Aristóteles —un polímata y hombre del Renacimiento—, atrapado en una época licenciosa de decadencia y violencia.

En *El mundo como voluntad y representación*, Schopenhauer brindó una explicación de la fuerza motriz de las emociones que puede conducir a la calamidad. Al fundamentarse en la noción hindú del karma y en el concepto budista del sufrimiento, describió cómo la «voluntad» es una fuerza universal que impulsa a las personas a realizar tareas. Es el deseo que genera la acción que desencadena lo inevitable. Al igual que otras fuerzas naturales, conduce a resultados previsibles. Sin embargo, los agentes que experimentan esa compulsión creen plenamente que es su propia voluntad la que produce los resultados. Neuróticamente, pueden verse sumergidos en sus propios anhelos y experimentar constante insatisfacción, porque cada vez que se alcanza una meta emerge un nuevo deseo. Por lo tanto, como señaló Buda, el deseo es sufrimiento. Un antídoto es renunciar a todas las metas y emociones y vivir una existencia ascética, similar a la de un monje. Otra posibilidad es canalizar su deseo en búsquedas estéticas como el arte o la música. En lugar de un anhelo infructuoso, componga una pieza conmovedora. Pero, si sucumbe al deseo, no debe ser ni condenado ni alabado, porque solo está respondiendo a una fuerza universal.

Así, si te enamoras de alguien, no es que hayas elegido a esa persona, sino que tu amor es el agente que lleva a cabo el procedimiento de reunirte a ti y a la otra persona según vuestros destinos mutuos. Desde ese punto de vista, decir que Erwin y Anny se eligieron mutuamente tiene tanto significado como decir que la Tierra resolvió atraer a la Luna a su alrededor el mes pasado debido a la ferviente atracción que sentían el uno por el otro. Por lo tanto, no percibía ninguna razón moral para adherirse a las normas tradicionales del matrimonio ni para justificar sus decisiones impulsivas en general.

A partir de ese momento, Schrödinger incorporó motivos filosóficos en sus discusiones conceptuales sobre física. El sentido de la totalidad que extrajo de los escritos de Schopenhauer y de la filosofía védica subyacente a esas obras lo llevaría a rechazar las descripciones fragmentarias e incompletas de la naturaleza en favor de las que poseían continuidad, y la imprecisión en favor de la certeza. En última instancia, sostenía Schrödinger, todo en la naturaleza debe estar interconectado y fluir de un momento a otro en una corriente continua. (Obsérvese que exploró la posibilidad de la acausalidad en algunos de sus escritos, pero el impulso principal de su trabajo favoreció las conexiones causales). Tales consideraciones terminarían ejerciendo un papel importante en su actitud hacia las ambigüedades de la mecánica cuántica.

LA BIBLIA DEL HEREJE

Existía un solapamiento considerable —aunque con énfasis diferentes— entre los intereses filosóficos de Schrödinger y los de Einstein. Aunque Einstein también leyó a Schopenhauer, estuvo mucho más fuertemente influido por un filósofo anterior, Baruch Spinoza. Spinoza sería su guía en la búsqueda de una explicación unificada y sin fisuras del universo, una en la que el azar no desempeñara ningún papel fundamental. Dado que Spinoza fue una de las influencias clave de Schopenhauer, Schrödinger también estudió profundamente a Spinoza.

Spinoza nació en 1632 en el seno de una familia judía sefardí de Ámsterdam. Tras una infancia ortodoxa en la que estudió las escrituras, desarrolló una reinterpretación radical del papel de Dios en el universo. La comunidad sefardí consideró su noción de la deidad tan herética que resolvió excomulgarlo, un hecho extremadamente raro en el judaísmo.

En las religiones monoteístas tradicionales, Dios desempeña un papel activo a lo largo de la historia, iniciado con la creación del mundo y la aparición de la vida. Como creador, Dios está separado del mundo, pero puede optar por intervenir cuando lo desee. Sin embargo, no toma todas las decisiones. Concedió a los seres humanos libre albedrío, para que puedan tomar sus propias determinaciones.

Existen, por supuesto, muchas diferencias teológicas en cuanto a la frecuencia con la que Dios interviene y a la naturaleza del libre albedrío humano. En las creencias que propugnan la predestinación, los destinos de los humanos están sellados y sus elecciones están prefijadas. Por lo tanto, una persona malvada está condenada a tomar malas decisiones, lo que transforma el libre albedrío en un ejercicio para demostrar por qué ese individuo es realmente indigno. En una visión así, los juicios y las intervenciones divinas están grabados en piedra desde hace mucho tiempo (quizá para siempre), de modo que cualquier cosa que ocurra estaba destinada a suceder.

En otras creencias, las elecciones son completamente libres, pero una mala opción puede conducir al castigo después de la muerte o quizá al infortunio más adelante en la vida. Una buena decisión puede hacer que uno se sienta más cerca de Dios y probablemente sería recompensado (aunque la forma depende de la fe concreta). Un Dios personal contempla lo que hace la gente y reacciona en consecuencia.

A partir del siglo XVII emergió en Europa una noción más limitada de la intervención divina, en la que el papel de Dios se restringe a crear el universo, modelar sus leyes e intervenir solo cuando es necesario para hacer ajustes. De ese modo, Dios se comporta como una especie de relojero que elabora sus obras maestras y las retoca o reajusta solo cuando es necesario (el Diluvio Universal es un ejemplo de reajuste de la historia). Newton se adhirió a tal visión, al imaginar a Dios forjando la ley de la gravedad y otros principios naturales, ubicando los planetas en su lugar y observando cómo su hermosa creación avanzaba por sí misma —pero reservándose el derecho de intervenir cuando fuera necesario para mantenerla funcionando a la perfección—. La noción moderna de *milagro* implica la suposición de que, aunque los sucesos se derivan de principios naturales, a veces Dios los sortea para hacer el bien.

La concepción de Spinoza sobre Dios y el universo era muy inusual para su época. Rechazaba la noción de un Dios personal y la idea de que Dios pudiera intervenir selectivamente en los asuntos humanos o en el mundo natural. Las plegarias, sostenía, eran un ejercicio fútil porque nadie escucha. Más bien, Dios es la sustancia que colma el universo mismo, una entidad infinita que lo permea todo. Todas las personas y las cosas son facetas resplandecientes de un diamante glorioso e indestructible.

Dado que, según Spinoza, Dios es infinito y perfecto, su naturaleza es inmutable. Él no tiene alternativa alguna sobre cómo toma forma el universo, porque sus propiedades simplemente emanan de sus atributos. Todos los acontecimientos se despliegan a partir de leyes divinas diseñadas de forma ideal. En consecuencia, la historia del universo se despliega como una alfombra que ha sido tejida con un patrón intemporal. Como escribió Spinoza en su *Ética:* «En la naturaleza no hay nada contingente, sino que todas las cosas están determinadas por la necesidad de la naturaleza divina de existir y actuar de una manera específica».[4]

A medida que Einstein se distanciaba de lo tangible y se aproximaba a lo etéreo —apartándose de las teorías basadas en cuestiones experimentales y orientándose hacia las conformadas por principios abstractos y preocupaciones estéticas— empezó a invocar cada vez más el nombre de Dios en sus afirmaciones sobre la física. Sin embargo, este Dios no era la figura paternal de la Biblia, activamente implicada en los desarrollos humanos y mundanos. Era más bien la deidad spinozista, la entidad perfecta e intemporal de la que han brotado las leyes de la naturaleza. Como Einstein respondió una vez a la pregunta de un rabino sobre si creía en Dios: «Creo en el Dios de Spinoza que se revela en la armonía ordenada de lo que existe, no en un Dios que se preocupa por los destinos y las acciones de los seres humanos».[5]

En un artículo muy debatido que apareció en el *New York Times Magazine* el 9 de noviembre de 1930, Einstein designaría a Demócrito, san Francisco de Asís y Spinoza como los tres mayores contribuyentes de la historia a un «sentido religioso cósmico»: un sentimiento de asombro sobre el funcionamiento del universo basado en la investigación científica.[6] El señalamiento de Demócrito mostraba la creencia de Einstein en la importancia del atomismo. En el caso de san Francisco, Einstein se identificó con sus preocupaciones humanitarias. Sin embargo, de los tres, Spinoza era el inconformista y la elección más controvertida. La revelación de sus puntos de vista por parte de Einstein desencadenaría un gran debate entre los eruditos religiosos y el clero sobre la validez de la «religión cósmica».

La creencia de Einstein en el concepto de orden cósmico de Spinoza, quizá junto con su formación newtoniana tradicional en física, le llevó a adoptar un determinismo estricto en sus teorías y a rechazar cualquier papel fundamental de la probabilidad. Después de todo, ¿cómo podría el desenvolvimiento de la perfección divina suceder de múltiples maneras? Cada efecto debe tener una causa clara, que a su vez se deriva de una causa anterior, y así sucesivamente: un rastro de fichas de dominó caídas que en última instancia se puede seguir hasta una causa suprema. Su rechazo del azar en la física cuántica y su búsqueda durante décadas de una teoría del campo unificado sin fisuras serían claras ramificaciones de su férrea adhesión a las ideas spinozistas.

Una diferencia crítica entre las convicciones de Einstein y Schrödinger era la devoción de este último por el pensamiento oriental. Ninguna de las figuras que Einstein mencionó en su artículo sobre la religión procedía de la tradición oriental (solo aludió brevemente al budismo). Mostraba escaso interés en cualquier forma de misticismo o espiritualidad. Schrödinger, en cambio, poseía un profundo sentido de que las personas comparten un alma común y de que todo en la naturaleza es en realidad una sola entidad. Diferenció esta creencia vedántica en una especie de conciencia universal de la perspectiva de

Spinoza de que los humanos son facetas de lo divino. La diferencia, subrayó Schrödinger, es que cada uno de nosotros no es una parte, sino el todo: «no un trozo de un ser eterno e infinito, un aspecto o modificación del mismo, como en el panteísmo de Spinoza. Pues tendríamos la misma pregunta desconcertante: ¿qué parte, qué aspecto eres? ¿Qué es lo que, objetivamente, te distingue de los demás? No, sino que, por inconcebible que le parezca a la razón ordinaria, tú —y todos los demás seres conscientes como tales— eres todo en todos».[7]

Tanto Einstein como Schrödinger estaban motivados por la búsqueda de la unidad en la ciencia, pero tenían impulsos diferentes. Para Einstein era la búsqueda de los principios divinos subyacentes a la naturaleza, es decir, el conjunto de ecuaciones más simple y elegante. Para Schrödinger, era la búsqueda de lo común en todas las cosas —una sangre vital fluyendo por las venas de todo en el cosmos. Como la convicción de Einstein era más rígida, nunca aceptaría elementos aleatorios como fundamentales. Schrödinger mantendría una mentalidad mucho más abierta respecto a la aleatoriedad, percibiendo la suerte y el azar como posibles manifestaciones de la voluntad universal. Irónicamente, debido al poder de la voluntad, un acontecimiento aparentemente fortuito podría conducir a alguien por un camino que estaba destinado a recorrer. Además, como aprendió de su estudio de Boltzmann, las leyes de la termodinámica derivan de promedios estadísticos del comportamiento esporádico de miríadas de átomos. Miles de millones de gotas dispersas pueden generar un cambio radical.

Junto con la búsqueda de la unidad, un elemento crítico común en las filosofías científicas de Einstein y Schrödinger era la creencia en la continuidad. Tal concepción estaba fundamentada en la física clásica con la que se formaron, como la mecánica de fluidos, y reforzada por su sentido compartido —común tanto a la filosofía de Spinoza como a la filosofía védica— de que los acontecimientos fluyen como un río de un momento a otro. Algo no podía simplemente esfumarse y reaparecer en otro lugar o ejercer una influencia invisible instantánea a distancia. El tejido de la naturaleza debe estar hilvanado con hilos apretados, tanto en el tiempo como en el espacio, para que no se desintegre en un montón de jirones como un manto apolillado.

La discontinuidad era un sello distintivo del modelo atómico planetario de Bohr, que tanto Einstein como Schrödinger consideraban una gran debilidad en una teoría que, por lo demás, representaba un paso adelante clave. ¿Por qué deberían los electrones brincar instantáneamente de una órbita a otra en un átomo cuando eso nunca ocurre con los planetas del sistema solar? «No puedo imaginar que un electrón salte como una pulga», se sabía que decía Schrödinger.[8]

Además, si los electrones saltan en los átomos, ¿por qué se comportan como una corriente continua en el espacio libre, en el interior vacío de los tubos de rayos catódicos, por ejemplo? Estimulado por las propuestas de unificación de Weyl, Kaluza y, más tarde, Eddington, a principios de la década de 1920, Einstein había empezado a contemplar formas de explicar el comportamiento electrónico mediante una extensión de la relatividad general que abarcara el electromagnetismo además de la gravedad. Los saltos, conjeturó Einstein, debían de ser artefactos matemáticos de una teoría continua por lo demás determinista. Incentivado por las discusiones con Einstein, Schrödinger desarrollaría de forma independiente su propia concepción de la continuidad de los electrones, que culminaría en su revolucionaria teoría de la mecánica ondulatoria.

Sin embargo, no todos en la comunidad de físicos percibían la discontinuidad como un defecto. Mientras los rudimentos de la mecánica ondulatoria tomaban forma, un joven físico pionero de Múnich, Werner Heisenberg, propuso una teoría matemática abstracta llamada mecánica matricial en la que los saltos instantáneos de un estado a otro eran obligatorios. ¿Dónde más podía plantearse una teoría tan abstracta que en el enrarecido entorno de Gotinga? Heisenberg se inspiró en un notable conjunto de conferencias pronunciadas en esa ciudad por Bohr.

LA BÚSQUEDA DEL EXPLORADOR

En junio de 1922, Hilbert y otros profesores de la Universidad de Gotinga, entre ellos Max Born, un joven y brillante físico, invitaron a Bohr a dar una serie de conferencias sobre la teoría atómica. Al aceptar con entusiasmo la oferta, Bohr rompió un boicot informal contra las instituciones académicas alemanas que había estado vigente desde la Primera Guerra Mundial. Aparte de Einstein, cuya imagen fue divulgada internacionalmente, la reputación científica de los alemanes había sufrido mucho a causa del conflicto. Las espantosas repercusiones del desarrollo alemán del gas venenoso (por el químico Fritz Haber, colega de Einstein) y de la guerra aérea dejaron profundas heridas psicológicas entre los supervivientes. Las presentaciones de Bohr —bautizadas como el «Festival Bohr», después de un reciente «Festival Handel» celebrado en la misma ciudad— ayudaron a abrir la puerta a una renovada cooperación en ciencia entre Alemania y otras naciones europeas.

Habían transcurrido casi nueve años desde que Bohr formuló por primera vez su teoría. En los años intermedios, su propuesta se había visto muy enriquecida por las aportaciones de Arnold Sommerfeld en Múnich. En concreto, Sommerfeld complementó la enumeración de Bohr de los niveles de energía con dos números cuánticos adicionales: el momento angular total y el componente del momento angular a lo largo de uno de los ejes de coordenadas (que suele tomarse como el eje z). Esto permitió que electrones con la misma energía orbitaran en configuraciones y direcciones diferentes. La situación en la que dos estados con números cuánticos diferentes poseen la misma energía se denomina degeneración.

La degeneración es algo así como lanzar un montón de herraduras a una estaca y que todas ellas aterricen de forma que estén apoyadas directamente sobre ella, pero en ángulos distintos. Como todas ellas estarían tocando la estaca, se contarían como iguales, a pesar de la variación en cómo está inclinada cada herradura. Del mismo modo, los electrones en estados degenerados presentan energías iguales pero inclinaciones y configuraciones diferentes en sus órbitas.

En 1916, Sommerfeld, junto con el físico químico holandés Peter Debye, demostró que su versión perfeccionada del modelo de Bohr, conocida como modelo Bohr-Sommerfeld, podía explicar un enigma llamado efecto Zeeman. Observado por primera vez por el físico holandés Pieter Zeeman en 1897, el efecto consiste en colocar un gas de átomos idénticos en un campo magnético y observar las líneas espectrales producidas. Al activar el imán, algunas de las líneas espectrales se bifurcan. En lugar de una línea en una frecuencia determinada, de repente surgen tres, cinco o incluso más en torno a esa frecuencia. Es como sintonizar una emisora específica de radio que domina su gama de frecuencias, buscar nuevas emisoras y hallar inesperadamente dos más con frecuencias cercanas (pero no exactamente iguales).

Sommerfeld estableció que el efecto Zeeman era el resultado de las interacciones entre el campo magnético aplicado y el momento angular de los electrones que orbitan alrededor del núcleo atómico. Estos tirones del campo magnético ocasionan que las órbitas con momentos angulares diversos, en lugar de ser degeneradas y poseer la misma energía, exhiban energías ligeramente diferentes. Dado que los diversos niveles de energía dan lugar a variadas frecuencias de la luz emitida cuando los electrones saltan de un estado a otro, la separación de energías provoca la divergencia en las líneas espectrales.

Sommerfeld tuvo la fortuna de contar con dos brillantes estudiantes de Física que llegarían a dejar huella en la teoría cuántica. Uno de ellos fue Wolfgang Pauli, el ahijado vienés de Mach. Era un auténtico niño prodigio, que deslumbraba a los físicos de más edad con sus ideas precoces. A la tierna edad de veinte años, cuando solo llevaba dos como estudiante universitario, Sommerfeld solicitó a Pauli redactar un artículo de revisión sobre la relatividad para una enciclopedia de ciencias matemáticas que él editaba. Pauli aceptó y elaboró un magistral resumen del tema. Pauli se hizo célebre no solo por su erudición y su rapidez para abordar los temas, sino también por su brutal franqueza. Se sentía compelido a expresar a sus colegas su opinión sincera sobre ellos y sus investigaciones, aunque a veces sus comentarios se hundieran como un cuchillo. Denominó, por ejemplo, *atomística* a las teorías numéricas de Sommerfeld sobre los átomos.

El otro virtuoso cuántico formado por Sommerfeld a principios de la década de 1920 fue Heisenberg. Heisenberg era un joven fornido, que se hallaba igual de cómodo con el lápiz y el papel que recorriendo escarpados senderos de montaña. Se incorporó al grupo de Sommerfeld como miembro de los Pathfinders, un equivalente alemán de los Boy Scouts que poseía, en aquella época, fuertes elementos nacionalistas.

Heisenberg profesaba un profundo respeto por Einstein y estaba cautivado por la relatividad. Se sentía maravillado y encantado cada vez que Sommerfeld leía una de las cartas einsteinianas en voz alta durante la clase. Sin embargo, Pauli contribuyó a disuadir a Heisenberg de continuar explorando esa área. Tras concluir su artículo en la enciclopedia, Pauli estaba convencido de que aún no existían muchos problemas básicos por resolver en la relatividad que pudieran verificarse fácilmente mediante experimentos. Por tanto, la relatividad, tal y como la percibía Pauli en aquel momento, no estaba madura para el progreso. La verdadera área candente, aconsejó a Heisenberg, era la física atómica y la teoría cuántica.

«En física atómica todavía poseemos una gran cantidad de resultados experimentales sin interpretar —le explicó Pauli a Heisenberg—. Las pruebas de la naturaleza en un lugar parecen contradecirse en otro, y hasta ahora no ha sido posible esbozar una imagen ni siquiera medianamente coherente de la relación existente. Es cierto que Niels Bohr ha logrado asociar la extraña estabilidad de los átomos con la hipótesis cuántica de Planck… pero por mi vida que no comprendo cómo ha podido hacerlo, considerando que él tampoco es capaz de liberarse de las contradicciones que he mencionado. En otras palabras, todo el mundo sigue tanteando en medio de una espesa niebla, y probablemente transcurrirán algunos años antes de que se disipe».[9]

En el verano de 1922, Einstein fue invitado a dar una conferencia en Leipzig sobre la relatividad general. Sommerfeld urgió encarecidamente a Heisenberg a asistir y se ofreció a presentarle a Einstein. Heisenberg estaba exultante. Sin embargo, las amenazas antisemitas contra Einstein provocaron que cancelara su asistencia y delegara en Max von Laue. Sin saber que Einstein no estaba allí, Heisenberg se desplazó de todos modos al salón de actos de Leipzig. Se conmocionó al ver a los alumnos de un Premio Nobel de Física, Philipp Lenard, de pie frente al salón distribuyendo panfletos rojos que condenaban a Einstein y la relatividad, proclamando que era «ciencia judía». Lenard había emprendido una campaña antisemita para erradicar cualquier forma de ciencia que no fuera «puramente alemana». Poco imaginaba Heisenberg entonces que el credo de Lenard se transformaría, en menos de una década y media, en política nacional bajo el régimen nazi.

Otro conferenciante al que Sommerfeld exhortó a Heisenberg a presenciar fue Bohr. Resolvieron ir juntos al acto bohriano. Asistir al Festival Bohr fue una especie de regreso al hogar para Sommerfeld, que se había doctorado en Gotinga. Para entonces, Pauli también residía en esa universidad, desempeñándose como ayudante de investigación de Born en un puesto postdoctoral. Tras un agradable trayecto a Gotinga, Sommerfeld y Heisenberg ocuparon sus lugares en la colmada sala de conferencias para oír hablar a Bohr.

Era una época espléndida para que Gotinga extendiera su alfombra de bienvenida a la comunidad científica internacional. El hermoso y soleado tiempo estival realzaba el encanto de la ciudad, con sus edificios medievales, sus puestos de mercado y sus tranvías. Hermosas flores bordeaban los senderos que conducían al auditorio. La jovialidad y el entusiasmo impregnaron la sala cuando se inició el Festival Bohr.

El estilo de las exposiciones de Bohr no era para oídos casuales. Hablaba en voz muy baja y a menudo empleaba un lenguaje abstruso y enigmático. Sin embargo, en cierto modo estas dificultades incrementaban su mística como una especie de sumo sacerdote de la teoría cuántica. Al igual que el oráculo de Delfos, que hablaba crípticamente, el estilo inescrutable de las disertaciones bohrianas permitía a los miembros del público elaborar sus propias interpretaciones. Por ejemplo, aunque Bohr nunca explicó explícitamente los principios físicos que subyacían a su regla de cuantización del momento angular, muchos físicos asumieron que debía tener un origen lógico y que él disponía de algún método para justificarla a través de la mecánica clásica.

Sin embargo, Heisenberg no se satisfizo tan fácilmente. Mientras escuchaba atentamente la exposición, empezó a sospechar que Bohr no había desarrollado su teoría por completo. Cuando llegó el momento del turno de preguntas, asombró a muchos de los profesores del público al confrontar a Bohr sobre las diferencias entre la concepción clásica y cuántica de las frecuencias orbitales. En el modelo bohriano, señaló Heisenberg, las frecuencias de los electrones no guardan relación con sus velocidades orbitales. ¿Podría Bohr justificar eso? Además, Heisenberg cuestionaba si Bohr había avanzado al estudiar átomos con múltiples electrones. ¿Su teoría permanecía siendo solo aplicable a los átomos de hidrógeno y a los iones de un solo electrón?

El público, sin duda, quedó estupefacto ante los comentarios de Heisenberg. En aquella época, era casi inconcebible que un estudiante planteara preguntas en una charla pública sobre la teoría de un profesor, y mucho menos que retara al internacionalmente renombrado Bohr. Bohr recibió los comentarios con calma e invitó a Heisenberg a dar un extenso paseo con él por las colinas cercanas para abordar la cuestión. Bohr le reveló durante el paseo que algunos aspectos de sus teorías se fundamentaban en ideas intuitivas más que en principios físicos. Heisenberg se sintió complacido de que un pensador tan eminente le brindara su amistad tan afectuosamente. Sería el primero de los incontables paseos que compartirían para reflexionar sobre la filosofía de lo cuántico.

La matriz de la realidad

Las interacciones de Heisenberg con Bohr le ayudaron a inspirarse para desarrollar su propia teoría de las transiciones atómicas. Después de todo, si Bohr no tenía todas las respuestas, el campo estaba maduro para una visión más completa del átomo. Al trabajar sin prejuicios, Heisenberg no tuvo miedo de dejar de lado creencias ampliamente aceptadas, como la noción de que los números cuánticos deben ser números enteros.

Al utilizar datos espectrales que había obtenido de Sommerfeld, Heisenberg había creado antes un sistema llamado *modelo del núcleo*, que empleaba números cuánticos semienteros además de enteros. Los semienteros ayudaban a explicar los dobletes: líneas espectrales que aparecían por parejas. Sommerfeld había rechazado bruscamente la hipótesis de Heisenberg y le advirtió que los números cuánticos 1/2, 3/2, etc., eran «absolutamente imposibles». Bohr había desestimado la idea de forma similar. Sin embargo, las ideas de Heisenberg resonarían en Born, con quien tendría la oportunidad de colaborar.

Como miembro joven de la facultad de una universidad conocida por desafiar las convenciones, Born estaba abierto a sugerencias radicales. Él mismo había estado experimentando con alternativas al modelo Bohr-Sommerfeld. El destino quiso que, durante el curso académico 1922-1923, Sommerfeld se tomara un permiso para viajar a Estados Unidos y enseñar en la Universidad de Wisconsin. Durante su ausencia, envió a Heisenberg a Gotinga para trabajar con Born. Para completar lo que se había convertido en un triángulo cuántico de Múnich, Gotinga y Copenhague, Pauli se trasladó al norte para convertirse en ayudante de Bohr.

Cuando Heisenberg llegó en octubre de 1922, Born le aconsejó que se centrara en variaciones de la teoría de Bohr basadas en principios de la astronomía y la mecánica orbital. Colaboraron intentando hacer coincidir los modelos planetarios con las líneas espectrales del helio ionizado (helio con un solo electrón), el sistema más simple más allá del hidrógeno.

En mayo de 1923, Heisenberg regresó a Múnich para completar su programa de doctorado y su defensa oral final. A pesar de las excelentes aportaciones teóricas de Sommerfeld, allí se seguía enfatizando el lado práctico de la física. A diferencia de Schrödinger, Heisenberg tenía poca experiencia o inclinación hacia la experimentación y acabó fracasando estrepitosamente en esa parte de la defensa. Sus notas en las secciones teórica y experimental fueron de media algo así como una C. No obstante, Sommerfeld celebró una fiesta de doctorado en su honor. Avergonzado por la mediocre puntuación, Heisenberg abandonó la celebración temprano, se dirigió a la estación de tren y tomó el tren de medianoche a Gotinga para reanudar su colaboración con Born, esta vez como asistente de investigación remunerado.

Heisenberg tenía mucho que hacer. Le llegaban nuevos datos sobre las líneas espectrales, con patrones curiosos que sugerían estructuras cada vez más intrincadas, lo que requería modificar constantemente los modelos existentes. Heisenberg intentó en vano adaptar su modelo central a los nuevos datos.

A principios de 1924, Born empezó a comprender que sus esfuerzos por aplicar una analogía planetaria a los electrones habían fracasado. La mecánica orbital tradicional, combinada con energías y momentos angulares cuantizados, simplemente no podía explicar cómo se comportaban los electrones en el helio ionizado. Si el helio, un sistema relativamente simple, no podía modelizarse, ¿qué esperanza había de comprender todos los átomos complejos que conformaban la tabla periódica? Al abandonar la mecánica clásica en lo que se refería a los átomos, Born proclamó la necesidad de una «mecánica cuántica» totalmente novedosa. La diferencia clave era que la mecánica cuántica sería discreta en lugar de continua, al funcionar sobre la base de saltos instantáneos, en lugar de transiciones suaves. De este modo, rastrear el comportamiento de los electrones exigiría tratar el átomo como una caja negra con un funcionamiento interno oculto, en lugar de como un sistema físico clásico.

El planteamiento de Born no tenía precedentes en la historia de la física. Desde la época de Newton, los físicos habían considerado las leyes del movimiento como sacrosantas. La teoría especial de la relatividad de Einstein había modificado las definiciones de momento y energía pero no había cambiado la premisa básica de que estas cantidades se conservan estrictamente (al incluir la masa relativista como otra forma de energía) y que nada desaparece simplemente en algún lugar y reaparece en otro. En la física newtoniana, cada instante de tiempo debe ser contabilizado; los momentos ocultos ocurren experimentalmente pero no teóricamente. Born bien podría haber afirmado que no comprendemos el mecanismo de los saltos de los electrones debido a los límites observacionales o al ruido creado por la interferencia de procesos complejos. En su lugar, eliminó quirúrgicamente cualquier conexión causal entre la situación de un electrón antes y después de un salto. Todo lo que podía conocerse eran reglas de transición.

Si la mecánica clásica era algo así como un avaro que vigila cada céntimo de sus ahorros en cada momento, la mecánica cuántica se presentaba como un cliente de fondos de inversión que solo se preocupa por las perspectivas de crecimiento de su dinero. Si se molestara en preguntar por su inversión, le dirían: «No pregunte; simplemente ocurre». Del mismo modo, en la mecánica cuántica no existe un mecanismo directo para los saltos de los electrones; simplemente siguen un reglamento que involucra estados iniciales y finales.

Igualmente frustrado por las limitaciones de la mecánica clásica, Heisenberg estaba preparado para un enfoque totalmente nuevo. A lo largo de 1924 y principios de 1925 —parte de ese tiempo lo pasó como visitante en el Instituto de Bohr en Copenhague— exploró varias formas de hacer coincidir el comportamiento orbital de los electrones con espectros complejos. Tras consultar con Pauli, Bohr y otros, Heisenberg decidió abandonar la idea de describir las órbitas de los electrones. En lugar de intentar visualizar las trayectorias que siguen los electrones, consideró que sería más productivo centrarse únicamente en las cantidades que podían medirse directamente, conocidas como observables.

Un gran avance se produjo en junio de 1925, cuando Heisenberg pasó dos semanas de pensamiento ininterrumpido en la isla de Heligoland, en el mar del Norte. Una fuerte fiebre del heno le había llevado a ese refugio; el aire marino le proporcionó alivio contra los síntomas. Allí desarrolló un sistema para calcular las amplitudes (relacionadas con la probabilidad) de los saltos entre estados de electrones que producirían frecuencias particulares de luz emitida o absorbida. Creó una especie de hoja de cálculo que contabilizaba estas amplitudes para todas las transiciones atómicas posibles. También mostró cómo podían emplearse operaciones matemáticas basadas en estas tablas para determinar las probabilidades de que los electrones poseyeran determinadas posiciones, momentos, energías y otras cantidades observables. Por lo tanto, dichas cantidades físicas se conocerían no exactamente sino de forma probabilística, como las probabilidades de obtener veintiuno cuando se reparte una mano de cartas en el juego del *blackjack*.

De regreso a Gotinga, Heisenberg presentó su tabla de amplitudes a Born, que pronto reconoció que se trataba de un tipo de matriz: una entidad matemática con números dispuestos en filas y columnas. Born reclutó a uno de sus estudiantes de doctorado, Pascual Jordan, para que colaborara con Heisenberg y con él en la exploración de las implicaciones matemáticas de lo que se conoció como «mecánica matricial».

Born conocía bien la propiedad de las matrices de que al multiplicar dos de ellas entre sí se obtienen respuestas diferentes dependiendo de su orden. A diferencia de la multiplicación estándar, en la que 2×3 es lo mismo que 3×2, en la multiplicación matricial $A \times B$

no suele ser lo mismo que B × A. Si el orden no importa, se dice que las cantidades *conmutan*; las que dependen del orden se llaman *no conmutativas*. Dado que en el sistema de Heisenberg las matrices no conmutativas se usan para determinar propiedades físicas como la posición y el momento, el orden de operación importa para tales mediciones. Así, si se mide primero la posición de un estado y después su momento, el resultado es diferente que si se evalúa primero el momento y después la posición.

Heisenberg demostraría más tarde que esta no conmutatividad conduce a un «principio de incertidumbre» que hace imposible la medición simultánea exacta de ciertas magnitudes emparejadas. Por ejemplo, la posición y el momento de un electrón no pueden conocerse con precisión a la vez. Si uno se conoce con precisión, el otro debe ser impreciso. Es como una fotografía en la que el primer plano o el fondo pueden estar perfectamente enfocados, pero no ambos. Si el fotógrafo intenta enfocar una imagen en primer plano, el fondo se desenfoca; lo contrario también es cierto. Del mismo modo, si un físico construye un experimento diseñado para revelar la ubicación exacta de un electrón, su momento se vuelve borroso en una gama infinita de valores; es decir, no podría conocerse en absoluto.

La abstracción de la mecánica matricial no le granjeó el favor de la comunidad de físicos experimentales, con su inclinación hacia lo tangible. Solo después de que surgiera su teoría hermana de la mecánica ondulatoria y se probara que ambas eran equivalentes, la teoría unida de la mecánica cuántica fue ampliamente aceptada.

La creencia de Einstein en la deidad reloj de Spinoza le hizo retroceder ante una de las sorprendentes implicaciones de la teoría de Heisenberg: si la posición y el momento nunca pueden medirse de forma simultánea y precisa, entonces es imposible mapear las ubicaciones y velocidades de todas las cosas del universo y predecir su evolución futura. Tal omisión no perturbó a Heisenberg y Born, que se habían sentido cómodos con una mecánica probabilística en lugar de una mecánica clásica exacta. Einstein combatió con vehemencia contra el abandono de un determinismo tan estricto en favor de una especie de ruleta de partículas.

Contando fotones

Resulta curioso que Einstein, uno de los padres de la teoría cuántica, huyera de su propia creación. Sin embargo, debemos distinguir la idea original de un cuanto, que significa simplemente una unidad discreta de energía u otra entidad física, de la mecánica cuántica propiamente dicha, un sistema que sustituye a la mecánica clásica determinista a escala atómica. En el efecto fotoeléctrico de Einstein, por ejemplo, un electrón absorbe una cantidad discreta de energía en forma de fotón, pero luego utiliza el impulso para escapar de la superficie de un metal y moverse de forma continua (y determinista) por el espacio. Einstein se opuso a la idea contrastada de que un electrón absorbiera un fotón y luego saltara instantáneamente a un lugar completamente distinto. Los saltos aparentemente discretos y aleatorios deben tener una explicación continua y causal a través de una teoría más profunda, conjeturó Einstein.

Einstein no veía ningún problema en la aleatoriedad como herramienta y no como aspecto fundamental de la naturaleza. La mecánica estadística, sabía Einstein, necesitaba la aleatoriedad como forma de dar cuenta del comportamiento agregado de miríadas de átomos que interactúan entre sí y con su entorno. La mecánica clásica maneja hábilmente las interacciones simples entre pares de objetos, pero resulta insuficiente a la hora de abordar sistemas complejos con un gran número de componentes. Ahí es donde entra en juego el azar, creía Einstein, no como elemento básico sino como forma de representar una mezcolanza de movimientos.

La última gran aportación de Einstein a la teoría cuántica antes de cambiar de bando y convertirse en su crítico más conocido fue una teoría estadística cuántica de los gases ideales. Un gas ideal es un gran conjunto de moléculas, generalmente contenidas en un recipiente, que por simplicidad se supone que no interactúan entre sí. En la mecánica estadística clásica, desarrollada por Boltzmann y otros, la suposición de movimiento aleatorio conduce a una relación simple entre presión, volumen y temperatura, llamada ley del gas ideal. Einstein actualizó la mecánica estadística estándar para incorporar la noción de que la energía está cuantizada.

El catalizador para la última incursión de Einstein en el reino cuántico fue un notable documento que recibió del físico indio Satyendra Bose que derivaba la ley de radiación del cuerpo negro de Planck a partir de principios estadísticos cuánticos. Einstein tradujo el trabajo al alemán y lo publicó en el número de agosto de 1924 de la prestigiosa revista *Zeitschrift für Physik*. Bose concebía los fotones como algo parecido a pelotas de pimpón idénticas en un recipiente, portadoras de energías discretas que (siguiendo la ley de Planck) dependen de sus frecuencias. Einstein extendió la idea de Bose a los gases monoatómicos (los que contienen un solo tipo de átomo). Por ello, la estadística cuántica de ciertos tipos de partículas idénticas, incluidos los fotones, se conoce como estadística de Bose-Einstein. (De ahí proviene el término *bosón*, aplicado recientemente a la partícula de Higgs).

En septiembre de 1924 se celebró en la bella ciudad alpina de Innsbruck, Austria, una de las conferencias científicas más importantes de los años de entreguerras, la «Naturforscherversammlung». Aunque Einstein no presentó ninguna ponencia en la reunión, asistió a sus sesiones y tuvo la oportunidad de debatir informalmente sus ideas sobre la estadística cuántica con varios participantes, entre ellos Planck.

Schrödinger también acudió a la conferencia. Le brindó la oportunidad de conocer a Einstein y Planck, dos de los físicos que más respetaba y, por supuesto, dos de los físicos más célebres del mundo. Había visto a Einstein dar una conferencia en la reunión de Viena de 1913 y había intercambiado artículos con él sobre la relatividad general, pero hasta ese momento no había conversado con él, al menos no en profundidad.

El encuentro de Einstein y Schrödinger en Innsbruck resultaría no solo el inicio de su larga y fructífera amistad (que comenzó formalmente pero se fue estrechando con el tiempo), sino también una coyuntura clave en la historia de la física moderna. Los valiosos esfuerzos de Einstein en el área de la estadística cuántica, tratados en la reunión, inspirarían a Schrödinger a mantener correspondencia con él y, finalmente, a conocer a través de él la noción del físico francés Louis de Broglie sobre las ondas de materia. Esa pista, a su vez, motivaría a Schrödinger a construir su propia ecuación de onda, uno de los pilares clave de la mecánica cuántica.

En Innsbruck, Schrödinger también valoró la oportunidad de ponerse al día con sus colegas austriacos —ya que entonces trabajaba en Suiza— y respirar el aire puro de la montaña. Esto último era importante porque tres años antes había desarrollado problemas pulmonares debido a un grave ataque de bronquitis seguido de un caso de tuberculosis. También fumaba mucho, lo que no favorecía su respiración.

Los últimos años habían sido turbulentos para Schrödinger en general. Después de casarse con Anny se había convertido en un académico itinerante. Aunque le ofrecieron un puesto en la Universidad de Viena, decidió trasladarse sucesivamente a las ciudades alemanas de Jena, Stuttgart y Breslavia (esta última es ahora la ciudad polaca de Wrocław) para ocupar breves puestos académicos en cada una de ellas desde finales de 1920 hasta finales de 1921. El salario era una gran preocupación para él, ya que la inflación empezaba a causar estragos en Alemania. Vio con horror cómo su madre viuda, en otro tiempo orgullosamente de clase media, perdía su casa y vivía en la miseria tras la muerte de su padre. Ella murió de cáncer en septiembre de 1921. Erwin estaba decidido a conseguir el puesto académico más lucrativo y seguro que pudiera encontrar, con la esperanza de ofrecer a Anny un estilo de vida cómodo y protegerla de cualquier posibilidad de caer en la pobreza.

Tal oportunidad apareció a finales de ese año, cuando se abrió un puesto en la Universidad de Zúrich. Suiza proporcionaba a Erwin y Anny un entorno estable y tranquilo, libre de los problemas económicos y los disturbios a los que se enfrentaban Alemania y Austria. Una vez instalado en el puesto, y tras superar los mencionados ataques de bronquitis y tuberculosis, comenzó a publicar artículos que ampliaban las ideas clásicas de Boltzmann al ámbito cuántico.

Una cuestión que ocupó a Schrödinger durante sus primeros años en Zúrich fue definir en términos cuánticos la entropía, o cantidad de desorden, de un gas ideal. Boltzmann había establecido la entropía en términos del número de microestados (disposiciones de partículas) únicos para cada macroestado. Sin embargo, si las partículas son indistinguibles, como en un gas cuántico, hay menos estados únicos. Es como contar el número de disposiciones de un conjunto de monedas de un céntimo, cada una acuñada en un año diferente.

Si las diferencias por sus fechas, tienen muchas más configuraciones únicas que si las consideras idénticas. Por lo tanto, las estimaciones cuánticas de la entropía difieren de las medidas clásicas.

Antes de que Bose presentara su artículo seminal sobre los fotones y Einstein expandiera su tratamiento para incluir los gases ideales, muchos físicos estaban perplejos sobre qué factores incluir para expresar la entropía de los sistemas cuánticos. Una conocida ecuación para la entropía contenía un controvertido término de corrección que nadie, hasta Bose, pudo explicar completamente. El término de corrección se añadió para rectificar los problemas de la fórmula de Boltzmann aplicada a los gases cuánticos. Pero no todo el mundo creía en su validez. Schrödinger publicó un artículo en 1924 que omitía el término de corrección y producía lo que resultó ser una expresión errónea de la entropía.

Dados los nuevos métodos de Einstein, el encuentro de Schrödinger con él en Innsbruck y su correspondencia posterior le abrieron los ojos. Las ideas einsteinianas inspiraron a Schrödinger a repensar la estadística cuántica de una forma totalmente nueva, al abandonar su idea errónea clásica de que reordenar las partículas siempre conduce a microestados diferentes. Sin embargo, tardó un poco en asimilar las implicaciones. Al principio, Schrödinger creyó que debía de haber un error en los cálculos de Einstein, porque discrepaban de los métodos de Boltzmann. Su carta inicial a Einstein, en febrero de 1925, señalaba el supuesto error. Einstein respondió pacientemente al aclarar la idea de Bose de que los fotones pueden compartir estados cuánticos idénticos. Schrödinger reformuló su definición de entropía basándose en la nueva estadística y sometió su trabajo a la Academia Prusiana de Ciencias en julio de 1925.

Un teórico no puede prever qué sección de un artículo de investigación puede resultar más estimulante. A veces, incluso una mención tangencial puede disparar la imaginación y desencadenar una cascada de ideas fructíferas. Una referencia en uno de los artículos de estadística cuántica de Einstein al trabajo de De Broglie impulsaría a Schrödinger a desarrollar su mayor contribución a la ciencia: la ecuación de la mecánica ondulatoria. Como señaló el físico Peter Freund, «sin el respaldo de Einstein al trabajo de De Broglie, la ecuación de Schrödinger podría haberse descubierto bastante más tarde».[10]

Ondas de materia

Una partícula y una onda parecen ser cosas totalmente distintas. Una está concentrada, y la otra, dispersa. Una rebota en las paredes y la otra se desliza por las esquinas. Una parece ser una parte diminuta de la materia y la otra se presenta como ondulaciones a través del espacio. ¿Qué podrían tener en común?

Los fotones, como demostró por primera vez Einstein, representan un híbrido de ambos. Como las partículas, transportan paquetes de energía e impulso, que pueden repartir en colisiones. Como las ondas, tienen picos y valles, que pueden alinearse entre sí en las imágenes rayadas llamadas patrones de interferencia.

En su tesis doctoral de 1924, basada en cálculos realizados el año anterior, De Broglie aplicó imaginativamente esa dualidad a todo. No solo los fotones, hipotetizó, sino todo tipo de sustancias tienen aspectos tanto de partículas como de ondas. En particular, un electrón se retuerce con una longitud de onda que es la constante de Planck dividida por su momento.

La belleza del concepto de De Broglie es que conduce de forma natural a la cuantización del momento angular de Bohr (y a una generalización de Sommerfeld llamada las reglas de cuantización Bohr-Sommerfeld), la clave de las órbitas estables. De Broglie imaginó la órbita de un electrón en un átomo como una cuerda de guitarra pulsada, solo que circular. Al igual que una cuerda de guitarra puede vibrar en diferentes modos, con varios números de picos y valles, una onda de electrones en un átomo puede ondular de forma similar con varias longitudes de onda. Como el momento, en la fórmula de De Broglie, es inversamente proporcional a la longitud de onda, y el momento angular es el momento por el radio, eso conduce a una regla que confina el momento angular a valores discretos. Así, un simple cálculo produce la restricción crítica sobre los electrones que Bohr no pudo explicar adecuadamente por sí mismo, pero que es de suma importancia para su teoría.

En uno de sus trabajos sobre la estadística cuántica de los gases monoatómicos, Einstein recurrió a la idea de onda de materia de De Broglie como explicación de cómo, en un gas a baja temperatura, los átomos se mueven al unísono, lo que los hace más ordenados y disminuye su cantidad de entropía. La noción de que los átomos, como los fotones, podían comportarse como ondas estableció una conexión vital entre el gas atómico de Einstein y el gas fotónico de Bose, en el que Einstein basó su teoría. Einstein también elogió a De Broglie por su innovadora solución al problema de la cuantización del momento angular, que había sido una laguna embarazosa en el modelo de Bohr. Cuando Schrödinger hojeó el documento de Einstein y encontró la referencia a la tesis de De Broglie, sintió deseos de ponerle las manos encima lo antes posible. Irónicamente, no se dio cuenta de que sus principales resultados ya habían sido publicados y estaban disponibles desde hacía tiempo en la biblioteca de la Universidad de Zúrich, delante de sus narices. En su lugar, escribió a París y obtuvo la tesis propiamente dicha. Motivado por su lectura de Schopenhauer y Spinoza a buscar principios unificadores, Schrödinger encontró su imaginación estimulada por la brillantez del pensamiento de De Broglie sobre los aspectos comunes de la materia y la luz. De repente, el modelo Bohr-Sommerfeld del átomo pasó de ser una analogía defectuosa del sistema solar a un corazón pulsante y palpitante de la materia, al latir según patrones naturales que determinaban sus propiedades. El 3 de noviembre de 1925, Schrödinger escribió a Einstein: «Hace unos días leí con el mayor interés la ingeniosa tesis de Louis de Broglie, que por fin ha llegado a mis manos».[11]

Alentado por Debye, que entonces estaba en la ETH, Schrödinger ofreció un coloquio sobre las ondas de materia de De Broglie. El seminario expuso maravillosamente las implicaciones revolucionarias de la idea. Al final de la charla, Debye sugirió a Schrödinger que investigara qué tipo de ecuación podría modelar dichas ondas, al mostrar cómo se desarrollaban en el tiempo y el espacio. Al igual que las ondas electromagnéticas se explican mediante las ecuaciones de Maxwell, ¿podría existir un mecanismo para producir ondas de materia que se ajustaran a las limitaciones físicas de cualquier situación dada? Por ejemplo, ¿cómo se comportarían los electrones cuando están sometidos al campo electromagnético creado por los protones en los núcleos atómicos? ¿Cómo se comportarían fuera de los átomos al moverse por el espacio vacío?

Schrödinger pasó los meses siguientes en un frenesí tratando de hallar la ecuación correcta que generara ondas de materia y explicara el comportamiento de los electrones, tanto dentro como fuera de los átomos. Frustró sus primeros esfuerzos una propiedad intrínseca de los electrones que aún no había sido reconocida, llamada *espín*. Identificado por primera vez en 1926 por dos alumnos de Ehrenfest, Samuel Goudsmit y George Uhlenbeck, el espín es un número cuántico que expresa el comportamiento de una partícula en un campo magnético externo. Espín «arriba» significa que la partícula se alinea en la misma dirección que el campo, y espín «abajo» significa que se sitúa en la dirección opuesta. Muchos tipos de partículas, incluidos los electrones, poseen valores de espín que son cantidades semienteras, como ½ o -½. Estas partículas de espín medio entero no obedecen a la estadística de Bose-Einstein, porque no pueden compartir el mismo estado cuántico. Más bien, como propuso Pauli, los electrones y otras partículas de espín medio entero deben obedecer un «principio de exclusión» que obliga a que cada una ocupe su propio estado cuántico. Las partículas de ese tipo, ahora llamadas fermiones, no pueden amontonarse, como los asistentes a un concierto en un pogo. Más bien, cada una tiene su propio asiento.

El término *fermiones* deriva de la estadística Fermi-Dirac: la descripción adecuada para el comportamiento colectivo de partículas de espín medio entero. Llamada así por el físico italiano Enrico Fermi y el físico británico Paul Dirac, que contribuyeron cada uno a la teoría, contabiliza los estados de las partículas de forma diferente a como lo hacía la estadística de Bose-Einstein. Dirac descubriría más tarde la ecuación relativista correcta para los fermiones, llamada ecuación de Dirac. Requeriría un nuevo tipo de notación que implicaba números complejos.

Schrödinger comenzó sus cálculos sin saber todo esto, y pronto desarrolló una ecuación para las ondas de materia que hacía uso de la relatividad especial. Era una ecuación sólida e importante, redescubierta más tarde por el físico sueco Oskar Klein y el físico alemán Walter Gordon y llamada «ecuación de Klein-Gordon». El problema era que no se aplicaba del todo a los electrones y otros fermiones, debido a su espín medio entero. (Funcionaría para bosones sin espín, pero él intentaba describir electrones, no bosones). Para su gran decepción, cuando intentó modelizar el átomo de Bohr-Sommerfeld, sus predicciones no dieron en el blanco.

Tras batallar infructuosamente durante algún tiempo, Schrödinger decidió que necesitaba un descanso. Se acercaban las vacaciones de Navidad y sería el momento perfecto para alejarse y reflexionar profundamente sobre las ondas de la materia. Le hizo saber a Anny que se iría a una villa en el pintoresco pueblo alpino de Arosa, en Suiza. El pueblo le resultaba familiar porque había convalecido allí tras su infección pulmonar. Mientras tanto, escribió a una de sus ex novias de Viena (cuyo nombre desconoce la historia, ya que su diario de ese año ha desaparecido) y la invitó a acompañarle. Anny se quedaría en Zúrich.

MILAGRO DE NAVIDAD

En su ensayo personal y filosófico *Quest for the Path*, terminado en 1925, Schrödinger se identificó con la idea de Schopenhauer de la voluntad como una fuerza compartida que impulsa a todas las personas y cosas hacia sus destinos. Utilizó la analogía de una escultura para mostrar que, si bien el producto final es sólido, bello y atemporal, para producirlo hacen falta miles de diminutos, aparentemente azarosos y destructivos golpes a una piedra. «A cada paso tenemos que cambiar, superar, destruir la forma que hemos tenido hasta ahora —escribió Schrödinger—. La resistencia de nuestros deseos primitivos, que encontramos a cada paso, me parece que tiene su correlato físico en la resistencia de la forma existente al cincel modelador».[12]

Schrödinger era orgullosamente impulsivo y sentía que los riesgos eran esenciales para el crecimiento. Cuando el mundo se despidió de 1925, se instaló con su antigua novia en Villa Herwig, rodeado de un hermoso paisaje montañoso, al prepararse para un intenso periodo de cálculos. Todo lo que hizo allí pareció funcionar, ya que las dos semanas de vacaciones marcarían el inicio del periodo más productivo de su vida, al generar un enfoque totalmente nuevo de la física que le valdría el Premio Nobel. Como Hermann Weyl, que conocía bien a los Schrödinger y al parecer tenía información privilegiada sobre el encuentro, describió el periodo al historiador científico Abraham Pais: «Schrödinger hizo su gran obra durante un arrebato erótico tardío de su vida».[13]

Con *tardío* se refiere al hecho de que Schrödinger tenía treinta y ocho años en el momento de su prolífico intervalo, mucho mayor que los niños genio Heisenberg y Pauli, que comandaban el otro flanco cuántico. Es triste decirlo, pero pocos teóricos (al menos en los tiempos modernos) hacen contribuciones importantes con treinta años o más. Einstein ofrece otra excepción a la regla; completó la relatividad general a los treinta y seis años y sus contribuciones a la estadística cuántica a los cuarenta y cinco. Sin embargo, a diferencia de Schrödinger, su mención Nobel fue por un trabajo completado a los veinte años (el efecto fotoeléctrico), no a los treinta.

Impulsado por un inesperado estallido de energía juvenil, Schrödinger se lanzó hacia su destino. Tras seguir experimentando con una ecuación de onda relativista, decidió cambiar a una versión no relativista. En lugar de $E = mc^2$, invocó la antigua fórmula newtoniana para la energía. Al combinar la expresión clásica de la energía cinética (energía de movimiento) con la de la energía potencial (energía de posición), las reescribió ingeniosamente como una función matemática llamada operador hamiltoniano (similar a la formulación de Hamilton mencionada anteriormente, pero expresada en términos de derivadas y otras funciones). En lo que ahora es una ecuación famosa, Schrödinger aplicó el hamiltoniano a una entidad llamada función de onda (también conocida como función psi) y demostró cómo el primero transformaba a la segunda.

Una función de onda, según la concepción de Schrödinger, representa cómo se distribuyen por el espacio la carga y la materia de una partícula elemental. Para encontrar los estados estacionarios de una partícula con energía fija —por ejemplo, los estados estables de los electrones de un átomo— basta con buscar todas las funciones de onda para las que la aplicación del hamiltoniano produzca un número multiplicado por la función de onda. Cada número para el que esa ecuación es cierta representa un nivel de energía, y cada función de onda representa el estado estacionario correspondiente a ese nivel de energía.

Empleemos una analogía básica para entender cómo funciona el método de Schrödinger. Supón que eres un banquero que vive en un país donde hay muchos billetes falsos. Desarrollas un escáner que busca los billetes auténticos buscando en una de sus esquinas un número que indica su verdadero valor. Si un billete no tiene ese número, se declara falso y sin valor. En cambio, si el escáner sí detecta el número, se enciende un indicador con el valor del billete y este se coloca en uno de varios montones según ese valor. Piensa en el hamiltoniano, pues, como un escáner que procesa las funciones de onda y en algunos casos lee su valor energético y las conserva, mientras que en otros casos las descarta. Los términos matemáticos para los resultados de tal proceso de clasificación se denominan *eigenvalues* («valores propios») y *eigenstates* (estados propios). El hamiltoniano aplicado a un *eigenestado* (la función de onda del estado estacionario) produce un *eigenvalor* (la energía) multiplicado por ese *eigenestado*.

Schrödinger estaba, por supuesto, ansioso por resolver el problema del átomo de hidrógeno con su nuevo método. Observó que el campo eléctrico de un núcleo atómico irradiaba hacia fuera en todas direcciones, lo que confería al problema una especie de simetría esférica. Al explotar esa simetría, produjo un conjunto de soluciones que podían clasificarse por tres números cuánticos diferentes —precisamente los propuestos por Bohr y Sommerfeld. Para su deleite, su fórmula revisada, que ahora figura en todos los libros de texto de física moderna como la ecuación de Schrödinger, arrojó los resultados correctos, al reproducir maravillosamente el átomo de Bohr-Sommerfeld.

A finales de enero de 1926, el primer artículo de Schrödinger sobre el tema, «Quantization as an Eigenvalue Problem», estaba terminado. Completar un avance tan importante en solo un par de meses fue una hazaña prácticamente sin precedentes. Envió una copia a Sommerfeld, que quedó deslumbrado por su brillante logro. Sommerfeld le contestó que el artículo le había golpeado «como un trueno».[14]

Dado el gran respeto que sentía por Planck y Einstein, Schrödinger también aguardó con impaciencia sus reacciones. Afortunadamente, estas fueron en gran medida positivas. Como recordaba Anny: «Planck y Einstein se mostraron muy, muy entusiastas desde el principio. Planck dijo: "Lo estoy leyendo como un niño lee un tebeo"».[15]

Schrödinger agradeció a Einstein en una nota personal. «Su aprobación y la de Planck son más valiosas para mí que la de medio mundo. Además, todo esto posiblemente nunca habría existido (al menos no para mí) si su trabajo no me hubiera hecho evidente la importancia de las ideas de De Broglie».[16]

Para entonces, ya se habían publicado varios trabajos de Heisenberg, Born y Jordan en los que se esbozaba la teoría de la mecánica matricial. Dirac también había desarrollado una ingeniosa taquigrafía matemática para describir las reglas cuánticas utilizando símbolos de corchetes que volvían la mecánica matricial mucho más elegante y sencilla. Surgió la pregunta natural sobre la conexión entre la mecánica ondulatoria y la mecánica matricial, dado que cada una de ellas abordaba hábilmente la cuestión del átomo de hidrógeno pero de forma diferente. Schrödinger se cuidó de subrayar que su teoría había sido desarrollada de forma independiente y no se basaba en absoluto en el trabajo de Heisenberg.

A pesar de los orígenes independientes de su teoría y la de Heisenberg y de su preferencia natural por la primera, Schrödinger comprendió la importancia de demostrar su equivalencia. Sommerfeld intuyó enseguida que las teorías eran compatibles, pero que esa compatibilidad debía demostrarse matemáticamente. Schrödinger no tardó en aportar la prueba, que fue respaldada por una aún más rigurosa de Pauli. Una vez establecido que ambas teorías eran igualmente válidas, Schrödinger comenzó a argumentar que la suya era más tangible y físicamente razonable. Después de todo, describía cómo se comportan los electrones en el espacio y el tiempo, en lugar de cómo se transforman en un mundo abstracto de matrices.

EN EL REINO DE LOS FANTASMAS

Born reflexionó mucho sobre las implicaciones de ambas teorías y empezó a ver grietas en cada una de ellas, incluso en la que él había ayudado a desarrollar. Era muy consciente de las críticas de que la mecánica matricial era demasiado abstracta. El enfoque ondulatorio era, en efecto, más concreto y visualizable. Modelizaba bien procesos que ocurrían en el espacio físico real, como las colisiones. Born tuvo que reconocer su elegancia, claridad y valor.

Por otro lado, la mecánica ondulatoria ofrecía una visión insostenible de electrones distribuidos por regiones enteras del espacio.

Tal imagen no coincidía con las observaciones experimentales que mostraban que se comportaban a veces como partículas puntuales. Por muy vívida que pareciera la imagen de un electrón oscilando en el espacio, no había pruebas observacionales de que su materia y su energía estuvieran realmente repartidas.

Para conciliar los dos enfoques, Born propuso una tercera vía: imaginar la función de onda como un «campo fantasma» que guía al electrón verdadero. La función de onda no poseería características físicas propias, ni energía ni momento. Residiría en un espacio abstracto (ahora llamado espacio de Hilbert) en lugar de en un espacio real, al dar a conocer su presencia solo indirectamente cuando se observasen los electrones al proporcionar información sobre la probabilidad de ciertos resultados. En otras palabras, serviría de forma similar a la matriz de estados de Heisenberg como depósito de datos sobre probabilidades.

Born demostró cómo podían determinarse distintas cantidades observables utilizando la función de onda en su papel fantasmal, «entre bastidores». Cada vez que se realizaba una medición, las probabilidades de los diferentes resultados dependían de los eigenestados de un operador particular (función matemática) aplicado a esa función de onda. Por ejemplo, para medir la ubicación más probable de un electrón, encuentra los eigenestados del operador de posición y utilízalos para calcular las probabilidades de cada posición posible. Para hallar su momento más probable, haz lo mismo con el operador de momento y los eigenestados de momento. Una medición precisa de la posición o del momento significaba que la función de onda del electrón coincidía con uno de los eigenestados de posición o de momento, respectivamente. Lo extraño era que, como los eigenestados de posición y de momento formaban conjuntos diferentes, nunca se podía medir la posición y el momento simultáneamente. Había que elegir un orden: o bien la posición primero o bien el momento primero. Al igual que con la mecánica matricial, el orden de las operaciones producía resultados diferentes.

También podías emplear las funciones de onda, en la interpretación de Born, para determinar la probabilidad de que un electrón pasara de un estado cuántico a otro; por ejemplo, que saltara repentinamente entre dos niveles de energía de un átomo. Tal «salto cuántico» sería instantáneo e impredecible, salvo por sus probabilidades de producirse. La única forma de ver el salto sería observar el impacto en el espectro del átomo, ya sea la liberación o la absorción de un fotón. En realidad no se observaría el movimiento del electrón a través del espacio.

En resumen, el enfoque de Born transformó las funciones de onda de Schrödinger de ondas físicas en ondas de probabilidad. En su papel actualizado solo podían decirte cuán probable sería que los electrones tuvieran ciertas posiciones o momentos y cuáles eran las probabilidades de que estos valores cambiaran; nunca podrías precisar ambos valores al mismo tiempo. Puesto que nunca sabrías en un momento dado tanto dónde está una partícula como cómo se mueve, nunca podrías predecir exactamente dónde estaría en el instante siguiente. Así, Born convirtió la descripción determinista de Schrödinger en una serie probabilística e indeterminada de saltos cuánticos de un estado a otro.

Heisenberg estaba totalmente de acuerdo con Born en que los electrones no podían ser literalmente ondas dispersas por el espacio. El único sentido que le veía a la mecánica ondulatoria era proporcionar un medio alternativo de calcular los componentes matriciales de su propia teoría. Imaginar a los electrones como una especie de manchas ondulantes que rodean los núcleos atómicos le parecía ridículo. Ningún experimento cuántico mostraba a los electrones como objetos distendidos. Por tanto, recibió con satisfacción la interpretación de Born como una forma de destilar los resultados útiles de los cálculos de Schrödinger al tiempo que descartaba la fantasía de los electrones extendidos.

LA CASA DE BOHR

Las cosas llegaron a un punto crítico en octubre de 1926 cuando Schrödinger visitó Copenhague, invitado por Bohr, para presentar sus resultados. El Instituto de Física Teórica de Bohr se había convertido en un templo sagrado de la pontificación cuántica, con Bohr como pontificador principal. Alrededor de Bohr había un entusiasta grupo que incluía (por aquel entonces) a Heisenberg, Dirac y Oskar Klein.

Klein estaba especialmente interesado en la mecánica ondulatoria, ya que había desarrollado su propia visión del tema. Él también había leído a De Broglie y quería construir una ecuación de onda basada en la idea de las ondas de materia. Al probar varios enfoques diferentes, desarrolló de forma independiente una forma de la ecuación de Schrödinger a finales de 1925 pero, debido a una enfermedad, nunca tuvo la oportunidad de presentarla para su publicación. Cuando se recuperó, ya había aparecido el primer artículo de Schrödinger. Sin embargo, Klein obtuvo el crédito, junto con Gordon, por la versión relativista de la ecuación.

Klein también reprodujo de forma independiente la teoría de Kaluza de ampliar la relatividad general con una dimensión extra con el objetivo de poner el electromagnetismo y la gravedad bajo la misma bandera. Al igual que su predecesor, Klein esperaba desarrollar una teoría unificada de la naturaleza que explicara cómo se mueven los electrones por el espacio bajo una combinación de fuerzas.

Sin embargo, a diferencia de la teoría de Kaluza, la de Klein se basaba en principios cuánticos. Utilizaba la noción de ondas estacionarias de De Broglie, pero las trataba de forma algo diferente. En lugar de estar envueltas dentro de un átomo, las ondas se enroscaban alrededor de una quinta dimensión invisible. Klein equiparó el momento de la quinta dimensión con la carga eléctrica. Al utilizar la idea de De Broglie de que la longitud de onda está inversamente relacionada con el momento, relacionó el tamaño máximo de la dimensión extra con su cantidad mínima de momento, y relacionó esta última, a su vez, con la carga eléctrica mínima. La diminuta magnitud de la carga de un electrón, descubrió, conducía naturalmente a un tamaño minúsculo para la quinta dimensión. En consecuencia, la quinta dimensión sería demasiado pequeña para ser detectada.

La indetectabilidad de la quinta dimensión de Klein es como estar de pie en una escalera alta y observar una aguja en el suelo que está envuelta fuertemente con hilo. Desde ese punto de vista elevado, el grosor del hilo no sería aparente y la aguja parecería una simple línea recta. Del mismo modo, como la quinta dimensión estaría enrollada tan apretadamente, sería inobservable.

Tras completar su trabajo, Klein se sorprendió al enterarse por Pauli de la idea similar de Kaluza para la unificación. Pauli era uno de los pocos que podía estar al tanto de todos los avances y teorías de la relatividad general y la física cuántica, y servía de fuente de información para los demás. A pesar de su decepción por no haber sido el primero en considerar la unificación en cinco dimensiones, Klein decidió que su teoría era lo suficientemente única como para publicarla. En modelos de unificación posteriores, incluidas algunas de las aventuras de Einstein, la noción de Klein de una quinta dimensión diminuta y envuelta resultaría ser un componente vital. Como resultado, los esquemas de dimensiones superiores para unificar las fuerzas naturales se denominan a menudo teorías Kaluza-Klein.

Sin embargo, el planteamiento de Klein tuvo poco impacto en la comunidad de Copenhague de la época. Bohr dirigió al grupo hacia la forja de un consenso sobre la naturaleza del átomo y de lo cuántico. Ese terreno común incluía la aceptación del átomo como un mecanismo probabilístico. Ni la idea de cinco dimensiones de Klein ni la interpretación de Schrödinger de las ondas como distribuciones de carga incluían la noción de saltos cuánticos repentinos, por lo que fueron excluidas de la visión canónica emergente.

La visita de Schrödinger en octubre fue, pues, como la de un seminarista de una fe que habla ante una asamblea de devotos partidarios de otra e intenta defender su credo minoritario. Aunque sus puntos de vista a menudo resultaban ser fluidos, el orgulloso y testarudo físico vienés no se apresuraba a ceder. Cambiaba de opinión en sus propios términos, no mediante halagos. Schrödinger llegó en tren a primeros de mes. Tras el largo viaje, se reunió con Bohr en la estación y fue inmediatamente bombardeado a preguntas. El interrogatorio no cesó hasta que dio su charla y emprendió el viaje de vuelta a casa. Incluso cuando se resfrió durante su visita y estuvo enfermo en cama, Bohr siguió sondeando sus puntos de vista. Se alojaba en casa de Bohr, así que realmente no tenía elección.

A pesar del aluvión de preguntas, todo el mundo en Copenhague era amable y gentil, especialmente la esposa de Bohr, Margrethe, que siempre se aseguraba de que los invitados se sintieran bienvenidos. Acurrucado en el cálido y acogedor hogar, Schrödinger se vio sometido a intensas presiones por parte de Bohr, Heisenberg y otros para que aceptara la interpretación de Born y descartara la idea de las ondas físicas. Schrödinger se resistió con toda su fuerza intelectual. No quería que su visionaria teoría se convirtiera en un simple ábaco que los partidarios de la matriz pudieran utilizar para realizar sus cálculos.

El núcleo de la refutación de Schrödinger fue declarar que los saltos cuánticos aleatorios simplemente no eran físicos. En su lugar, defendió una explicación continua y determinista. Se trataba de una especie de giro, dado que en su discurso inaugural para el nombramiento de Zúrich —haciéndose eco de las ideas expresadas por su mentor Franz Exner— Schrödinger había hecho hincapié en el papel del azar en la naturaleza y había descartado la necesidad de causalidad en la ciencia. Schrödinger también había escrito a Bohr al aplaudir cómo una teoría de la radiación que había ayudado a desarrollar, llamada teoría BKS (Bohr-Kramers-Slater), había eludido la causalidad.[17]

Einstein se había opuesto vehementemente a la teoría BKS, precisamente por su carácter aleatorio. En ese asunto, él y Schrödinger habían estado en lados opuestos del debate. Pero eso fue en 1924, antes de que Schrödinger tuviera su propia ecuación causal, continua y determinista que defender. El azar quiso que, a finales de 1926, la oposición mutua a la noción de saltos cuánticos aleatorios los llevara a unirse en el mismo bando anti-Copenhague. La alianza se forjaría cuando se dieron cuenta de que eran de los pocos críticos declarados de la reinterpretación de Born de la ecuación de onda.

Tras regresar a Zúrich desde Copenhague, Schrödinger siguió defendiendo su desdén por los saltos cuánticos basándose en que la física atómica debía ser visualizable y lógicamente coherente. Bohr mantenía la esperanza de que Schrödinger se pasara a la opinión consensuada, simplemente porque la mecánica ondulatoria, en su forma probabilística, encajaba tan bien con la mecánica matricial. En ese momento, la teoría cuántica aún estaba consolidándose, por lo que las interpretaciones divergentes no obstaculizaban su progreso. Un problema mayor para el objetivo de Bohr de lograr la armonía era la oposición mucho más vehemente y ruidosa de Einstein.

¿Juega Dios a los dados?

A finales de 1926, Einstein había trazado una dura línea de demarcación entre él y la teoría cuántica. Irritado por la falta de atención prestada a la noción de continuidad, que veía como una parte lógica de la naturaleza, empezó a recurrir a la imaginería religiosa para exponer sus argumentos. ¿Por qué la religión? Einstein había crecido en un hogar judío laico y ciertamente no era devoto. Sin embargo, a menudo le recordaban su judaísmo de forma negativa los ataques antisemitas a su obra por parte de los nacionalistas alemanes de derechas y de forma positiva el movimiento por una patria judía en Palestina, al que había prestado su apoyo.

A pesar de las diferencias filosóficas de Einstein con Born, ambos eran amigos íntimos. Disfrutaban juntos de discusiones intelectuales y tocando música de cámara, y mantuvieron una correspondencia constante. Born procedía de un entorno judío secular similar. Dados sus puntos en común, quizá no sorprenda que Einstein apelara a Born, al intentar convencerle de que la física cuántica requería ecuaciones deterministas, no reglas probabilísticas.

«La mecánica cuántica arroja muchos resultados dignos de consideración —escribió Einstein a Born—. Pero una voz interior me dice que aún no es el camino correcto. La teoría… apenas nos acerca a los secretos del Viejo. Yo, en cualquier caso, estoy convencido de que Él no juega a los dados».[18]

Como hemos visto, el Viejo era una de las expresiones abreviadas de Einstein para referirse a Dios, no al Dios de la Biblia, sino al Dios de Spinoza. Esa no fue la última vez que Einstein haría esta observación. Durante el resto de su vida, en sus explicaciones de por qué no creía en la incertidumbre cuántica, reiteraría una y otra vez, como un mantra, que Dios no tira los dados.

El tono casi religioso de su afirmación era una apelación a la razón y al sentido común, más que una llamada a sustituir la ciencia por la fe. Bien podría haber dicho «Mi sentido del orden natural me informa de que las leyes de la física no son aleatorias», pero optó por la afirmación más dramática. De hecho, el dicho «Dios no juega a los dados» ha perdurado de una forma que «Las leyes naturales no son aleatorias» no lo habría hecho.

El dramatismo de su pronunciamiento apuntaba a una creciente confianza en la importancia de sus afirmaciones. Había empezado a acostumbrarse a que sus palabras fueran recogidas por la prensa y difundidas al público. Quizá por eso, incluso en una carta privada, se mostró teatral en su alegato.

Como otra forma de intentar rebatir la interpretación de Born, el 5 de mayo de 1927, Einstein pronunció una conferencia en la Academia Prusiana en la que pretendía demostrar que la ecuación de ondas de Schrödinger implicaba un comportamiento definitivo de las partículas, no solo el lanzamiento de dados. A la semana siguiente, escribió a Born con una sensación de triunfo: «La semana pasada presenté un breve trabajo a la Academia en el que demostraba que se pueden atribuir movimientos totalmente determinados a la mecánica ondulatoria de Schrödinger sin ninguna interpretación estadística. Aparecerá pronto».[19] Einstein presentó el trabajo a una prestigiosa revista. Sin embargo, quizá porque no estaba seguro de sus resultados, Einstein se retractó solo unos días después, y nunca llegó a publicarse. Solo se ha conservado para la historia la primera página de su prueba abortada.

A pesar de su prestigio, las súplicas de Einstein tuvieron poco impacto en los fieles cuánticos. Experimento tras experimento demostró que la mecánica cuántica era una teoría muy precisa del comportamiento atómico. Acertaba predicción tras predicción sin fallo. Los jóvenes investigadores, no instruidos en (o al menos indiferentes ante) las consideraciones filosóficas que motivaron a Einstein y Schrödinger, fueron testigos de las comprobaciones empíricas y vieron en la mecánica cuántica el único camino a seguir. Se resistían a discutir con el éxito experimental.

Imperturbable ante los argumentos de Einstein, Born siguió defendiendo su interpretación probabilística. Le repelía la idea de que todo en la naturaleza estuviera predeterminado. ¿Por qué acoger un mundo sin elección ni azar?

Mientras tanto, Heisenberg empezó a codificar la indeterminación en el proceso cuántico de medición con un influyente artículo que envió a Pauli en febrero de 1927 y que publicó ese mismo año, «On the Perceptible Content of Quantum Theoretical Kinematics and Mechanics». El título y el tema del artículo reflejaban el deseo de Heisenberg de combatir el ardiente llamamiento de Schrödinger a la «visualizabilidad» con su propio análisis de lo que podía y no podía observarse en la naturaleza.

El artículo de Heisenberg es notable por su introducción de lo que él denominó el «principio de indeterminación», ahora normalmente llamado «principio de incertidumbre», en referencia a la incapacidad de medir ciertos pares de observables simultáneamente. La posición y el momento forman uno de esos pares; el tiempo y la energía constituyen otro. En cada par, cuanto más precisa sea la medición de una cantidad, más imprecisa será la de la otra. Aunque el razonamiento matemático que subyace a esta idea se desarrolló con anterioridad (el hecho de que el orden de las operaciones importa para las matrices que representan las magnitudes emparejadas), fue en el artículo de 1927 donde Heisenberg intentó explicar por primera vez lo que ocurría físicamente.

Heisenberg demostró que si se quería medir la posición de un electrón, sería necesario observarlo con luz. La cantidad mínima de luz necesaria sería un solo fotón. Sin embargo, ese fotón solitario, dirigido hacia el electrón, chocaría con él, lo perturbaría y le transmitiría un impulso adicional. Así, en el instante en que se conociera la ubicación del electrón, su impulso se vería alterado en una cantidad desconocida.

Heisenberg también describió el proceso que se conoció como «colapso de la función de onda». Antes de que se realice una medición de cualquier cantidad, como la posición, la función de onda consiste en una superposición (suma ponderada) de eigenestados. En cuanto se produce la lectura, la función de onda se transforma inmediatamente en uno de los eigenestados componentes, al deshacerse de todas las demás posibilidades. Su posición (o cualquier otra cantidad) se fija entonces en el eigenvalor particular correspondiente a ese eigenestado.

Podemos pensar en el proceso de colapso al imaginar un delicado castillo de naipes colocado de forma que cada uno de sus lados esté orientado hacia una dirección diferente de la brújula. Se tambalea en una superposición de norte, sur, este y oeste. Ahora imagina una fuerte brisa que viene de una dirección totalmente aleatoria. Al tocar la estructura, en cierto sentido está tomando una medida. El castillo de naipes se derrumba en una de las direcciones, al colapsar en uno de sus eigenestados constituyentes. El proceso de medición ha provocado un colapso de la superposición en una posición única.

El matemático húngaro John von Neumann demostraría más tarde que todos los procesos cuánticos obedecían a uno de dos tipos de dinámica: la evolución continua y determinista regida por una ecuación de onda (ya sea la ecuación de Schrödinger o una versión relativista como la ecuación de Dirac) y el reposicionamiento discreto y probabilístico asociado al colapso de la función de onda. El propio Schrödinger seguiría creyendo en el primer proceso y argumentaría vehementemente en contra del segundo.

Aunque en gran medida aliado de Heisenberg en la batalla por la interpretación de los procesos atómicos, Bohr discrepó con él al principio sobre el principio de incertidumbre. No creía que fuera útil enmarcar la filosofía cuántica en los errores de medición, sino que era necesario un análisis más profundo. Empezó a defender una forma de reunir todos los diferentes aspectos de la teoría cuántica en una especie de enfoque yin-yang llamado «complementariedad», que consideraba que los electrones y otros objetos subatómicos tenían propiedades tanto de partícula como de onda, cada una de las cuales se pone de manifiesto a través de diferentes tipos de mediciones. La complementariedad de Bohr consideraba el diseño del experimento de un observador. Si un investigador sondeaba propiedades ondulatorias, como los patrones de interferencia, vería claramente esas rayas de cebra. Por otro lado, si estaba registrando una propiedad de las partículas, como la posición, esa cualidad se vería a través de algo parecido a un punto en una pantalla. Tales contradicciones, llegó a creer Bohr, eran una parte fundamental de la naturaleza.

Pronto, sin embargo, Bohr y Heisenberg acordaron presentar un frente unido sobre la medición cuántica, siendo la complementariedad y la incertidumbre formas alternativas de ver la misma cosa. Sus puntos de vista combinados, incluida la idea del colapso de la función de onda provocado por la experimentación, acabaron por conocerse como la «interpretación de Copenhague de la mecánica cuántica».

Su unidad se puso a prueba en la Quinta Conferencia Solvay sobre Electrones y Fotones, celebrada en Bruselas en octubre de 1927, cuando Einstein sobresaltó a Bohr y a sus partidarios con su feroz antipatía hacia sus puntos de vista. Ehrenfest, que era amigo tanto de Bohr como de Einstein, reprendió al padre de la relatividad por ser demasiado cerrado de mente ante otra revolución de la física. Acusó a Einstein de oponerse a la mecánica cuántica del mismo modo que los críticos ortodoxos atacaban los aspectos novedosos de la relatividad. Sin embargo, Einstein no cedería terreno.

Los debates en la conferencia sobre filosofía cuántica entre Einstein y Bohr fueron en gran medida informales, y tuvieron lugar principalmente durante el desayuno y no durante las propias sesiones. Cada mañana, Einstein ponía sobre la mesa una situación hipotética en la que pudiera evitarse la indeterminación cuántica. Bohr lo meditaría durante un rato, construiría una refutación cuidadosa e informaría a Einstein. Al día siguiente, el proceso se repetiría. Al final, Bohr había defendido con éxito la teoría cuántica contra todas las objeciones de Einstein.

Einstein regresó a Berlín como una figura mucho más aislada en la comunidad científica. Mientras su fama mundial seguía creciendo, su reputación entre la generación más joven de físicos empezó a deteriorarse, ya que se burlaban de sus objeciones a la mecánica cuántica. Con los hallazgos experimentales que seguían apoyando la imagen cuántica unificada defendida por Bohr, Heisenberg, Born, Dirac y otros, el rechazo de Einstein a sus puntos de vista parecía mezquino e ilógico.

Schrödinger fue uno de los pocos que simpatizó con las dudas de Einstein. Mantuvieron una conversación sobre las formas de ampliar la mecánica cuántica para hacerla más completa. Einstein se quejaba con él del dogmatismo de la comunidad cuántica dominante. Por ejemplo, escribió a Schrödinger en mayo de 1928: «La filosofía tranquilizadora —¿o religión?— de los nacidos en Heisenberg es tan deliberadamente artificiosa que, por el momento, proporciona al verdadero creyente una suave almohada de la que no es muy fácil despertarle. Así pues, que se tumbe ahí. Pero esta religión tiene... un efecto condenadamente pequeño en mí».[20]

En su retiro, Einstein se esforzó por desarrollar una teoría del campo unificado que sustituyera a la mecánica cuántica. Dado el éxito de las ecuaciones cuánticas, pocos físicos se interesaron por los intentos de Einstein. Los trabajos de Einstein pronto tuvieron más repercusión en la prensa que en la propia comunidad de físicos.

En retrospectiva, las contribuciones de Einstein después de Solvay tuvieron poco impacto en la ciencia. Fueron en gran medida ejercicios matemáticos de exploración de distintas posibilidades de unificación. Al observar que Einstein no desarrolló ninguna teoría importante después de 1925, Pais bromeó: «En los treinta años restantes de su vida… su fama no habría disminuido, si no aumentado, si en lugar de eso se hubiera ido a pescar».[21]

Aunque la comunidad de físicos se reubicó en el reino de la realidad cuántica probabilística, al dejar a Einstein como el solitario ocupante de un aislado castillo de determinismo, la prensa le siguió bañando en gloria. Era el genio de pelo salvaje, el científico célebre, el hacedor de milagros que había predicho la curvatura de la luz de las estrellas. Era algo así como un rey ceremonial que hacía tiempo que había perdido su influencia sobre el curso de los acontecimientos; los medios de comunicación estaban más interesados en él que en los trabajadores menos conocidos que realmente cambiaban la ciencia. La prensa seguía informando de cada una de sus proclamas, aunque sus colegas las ignoraban en gran medida.

La percepción de que Einstein aún tenía trucos en la manga persistió durante el resto de su vida. Sus teorías sobre la unificación desarrolladas en Berlín a finales de los años veinte contribuyeron a mantenerle constantemente en el punto de mira de la opinión pública. Rechazado por la comunidad física dominante, que cada vez le veía más como una reliquia, siguió siendo el niño mimado de los medios de comunicación internacionales.

Capítulo 4

LA BÚSQUEDA DE LA UNIFICACIÓN

> *Este Einstein ha resultado ser un gran consuelo*
> *para nosotros que siempre supimos que no sa-*
> *bíamos mucho. Nos ha demostrado que los tipos*
> *que creíamos inteligentes son tan tontos como*
> *nosotros. Creo que este holandés [sic] está rién-*
> *dose tranquilamente a costa del mundo.*
>
> Will Rogers, «Will Rogers Takes a Look
> at the Einstein Theory»

Einstein trabajaba en Berlín rodeado de actividad constante. La ciudad no solo era un importante centro de ciencia y tecnología, sino también un paraíso para las artes. Unter den Linden, la principal arteria del centro berlinés, ofrecía a finales de los años veinte uno de los núcleos culturales más concentrados del mundo. Esta avenida se extendía desde la famosa Puerta de Brandeburgo hasta la catedral, el palacio de la ciudad y la Isla de los Museos, repleta de estatuas. En ella se encontraban la biblioteca estatal, la ópera y los principales edificios de la Universidad de Berlín.

Aunque la inflación había asolado Alemania, Berlín tenía muchos motivos para presumir. La ciudad en expansión se jactaba de ser la mayor en superficie del mundo. Por todas partes surgían nuevos barrios vibrantes, repletos de grandes almacenes, restaurantes, clubes

139

de jazz y otros locales. Las compañías de opereta prosperaban y arrebataban a Viena el título de mejor escenario de ópera ligera. Bertolt Brecht y Kurt Weill mezclaron hábilmente la ópera con el lenguaje callejero y el jazz en su obra maestra, *La ópera de los tres centavos*, estrenada en el Theater am Schiffbauerdamm en agosto de 1928.

A finales de 1927, Planck se retiró de la Universidad de Berlín. Con la participación de Einstein, se invitó a Schrödinger a ocupar la prestigiosa cátedra. Aunque Zúrich tenía muchos atractivos, sobre todo su proximidad a las montañas, aceptó encantado la oferta. De vuelta en suelo alemán, él y Anny se trasladaron felices a la bulliciosa capital.

Anny recuerda la emoción de aquellos tiempos: «Berlín era el ambiente más maravilloso y absolutamente único para todos los científicos. Lo sabían todo y lo apreciaban todo. El teatro estaba en su apogeo, la música también y la ciencia con todos los institutos científicos, la industria. Y el coloquio más famoso. A mi marido le gustó mucho»[1].

Establecido en la capital alemana, Schrödinger no solo se convirtió en una figura central de la comunidad científica con fácil acceso a conferencias y debates, sino que también empezó a disfrutar de cierta publicidad internacional. Era solo una pizca de la monumental atención que recibía Einstein, pero aun así le proporcionó el sabor de la fama.

Por ejemplo, en julio de 1928, *Scientific American* publicó un artículo que presentaba la teoría de Schrödinger como el sustituto canónico del modelo de Bohr.[2] El *New York Times* tomó nota e informó a sus lectores de que la teoría de Schrödinger era la nueva moda. El trabajo de Bohr, informaba, estaba tan pasado de moda como «las faldas hasta los tobillos»; los lectores avispados tendrían que familiarizarse en su lugar con la teoría ondulatoria del átomo de Schrödinger.[3]

Mientras Schrödinger empezaba a disfrutar de la publicidad, Einstein comenzaba a detestarla, excepto cuando resultaba útil para las causas benéficas que apoyaba o le reportaba dinero extra gracias a los artículos y libros populares que publicaba. Aunque Einstein consideraba que el público debía estar informado sobre la ciencia, dudaba de que mucha gente pudiera entender realmente sus teorías. Quizá su expresión más contundente de esto fue un desafortunado conjunto de comentarios que hizo justo después de su visita a Estados Unidos en 1921, en los que acusaba a los estadounidenses de ser unos groseros. Sus extrañas especulaciones sobre por qué se interesaban por su trabajo produjeron este titular en el *New York Times*: «Einstein declara que las mujeres mandan aquí. Científico dice que encontró a los hombres estadounidenses los perros de juguete del otro sexo. La gente se aburre colosalmente».

Se citaba a Einstein sugiriendo que las mujeres estadounidenses «hacen todo lo que está de moda y ahora, por casualidad, se han lanzado a la moda Einstein. Es el misterio de lo que no pueden concebir lo que las coloca bajo un hechizo mágico». Los hombres americanos, en cambio, «no se interesan por absolutamente nada».[4]

En general, Elsa veía con buenos ojos la publicidad y consideraba que una de sus funciones era controlar y promocionar la imagen de Einstein. Sin embargo, como descubrió durante un escalofriante encuentro el 31 de enero de 1925, las grandes figuras públicas atraen a menudo la atención indeseada de individuos trastornados. Ese día, una viuda rusa, Marie Dickson, entró por la fuerza en su edificio de apartamentos. Blandiendo un arma —según algunas versiones un revólver cargado, según otras un alfiler de sombrero— amenazó a Elsa y exigió ver al profesor. Al parecer, Dickson tenía la ilusión de que Einstein había sido un agente del zar. Anteriormente había amenazado al embajador soviético en Francia, había pasado tres semanas en la cárcel y luego había sido deportada. Se había dirigido directamente a Berlín para atacar a Einstein.[5]

Sabiendo que su marido estaba levantado en su estudio, Elsa urdió un astuto subterfugio. Fingió que no estaba en casa y se ofreció a llamarle. Dickson se tranquilizó, salió de casa y dijo que volvería más tarde. Una vez que salió, Elsa telefoneó a la policía. Cinco detectives llegaron y esperaban a Dickson cuando regresó. Tras un violento forcejeo la detuvieron y la enviaron a un manicomio. Mientras tanto, Einstein permanecía a salvo en su estudio, inmerso en sus teorías, sin saber hasta después que Elsa podría haberle salvado la vida.[6]

Aunque Einstein podía estar en deuda con su mujer, discutían a menudo. La falta de interés de él por su aspecto la ponía nerviosa. Era famoso su odio a los cortes de pelo, para los que ella tenía que persuadirle, y también su negativa a llevar calcetines. Dado su estatus de élite, ella quería que tuviera un aspecto presentable para los fotógrafos, pero a él no podía importarle menos. Mantener cierta imagen pública no era más que una presión añadida, y prefería estar solo con sus proyectos. A su vez, él se quejaba de la «insensatez» de su ropa cara.[7]

Cuando los Schrödinger llegaron a Berlín, el estrés —mezclado con la falta de ejercicio, el exceso de indulgencia y el hábito de fumar en pipa— había empezado a afectar la salud de Einstein. En marzo de 1928, durante una visita a Suiza, sufrió un colapso y se le diagnosticó un agrandamiento del corazón. Tras regresar a Berlín, se le impuso reposo en cama y una estricta dieta sin sal. Estuvo incapacitado durante muchos meses y aprovechó ese tiempo de tranquilidad para trabajar en una nueva teoría del campo unificado. Ese mes de mayo, Einstein informó emocionado a un amigo: «En la tranquilidad de mi enfermedad, he puesto un huevo maravilloso en el campo de la relatividad general. Si el pájaro que nazca de él será vital y longevo solo lo saben los dioses. De momento, estoy bendiciendo a la enfermedad que me ha dotado de ello».[8]

Secretos del Viejo

El año del jubileo de Einstein, 1929, se celebró tanto en público como en privado. Públicamente, coincidió aproximadamente con el anuncio de su primer intento ampliamente difundido de una teoría del campo unificado, concebido durante su tiempo de incapacidad. Anteriormente había publicado otros intentos de unificación, con poca fanfarria. Cumplir cincuenta años, producir nuevos trabajos y ser Einstein otorgaría a su novedoso enfoque una amplia cobertura en la prensa.

A lo largo de la década de 1920, las teorías de unificación de otros investigadores habían despertado el apetito de Einstein por desentrañar la fórmula secreta del Viejo que describiría cómo se engranaban todas las fuerzas de la naturaleza. La gravitación y el electromagnetismo parecían tener demasiadas similitudes como para ser independientes. Ambas eran fuerzas que se debilitaban con el cuadrado de las distancias entre los objetos. La limitación de la relatividad general era que solo podía acomodar una de las fuerzas, la gravedad. Sus ecuaciones necesitaban términos adicionales en el lado geométrico para hacer sitio a la otra fuerza. Añadir factores adicionales a una teoría exitosa no era un paso que se diera a la ligera. Tenía que haber una justificación clara, si no a través de principios físicos, sí a través del razonamiento matemático. Einstein había experimentado con variaciones de las ideas de Kaluza, Weyl y Eddington, pero no estaba satisfecho con los resultados. Por mucho que lo intentó, no pudo encontrar soluciones físicamente realistas que se parecieran a las partículas. Incluso elaboró un documento similar a la teoría de cinco dimensiones de Klein, solo para darse cuenta de que Klein se le había adelantado. Pauli le había hablado a Einstein de la similitud, lo que le llevó a incluir una incómoda nota al final donde reconocía que su contenido era idéntico al de Klein.

Después, a partir de mediados de 1928 y durante varios años, se volcó en una idea llamada *paralelismo a distancia* (también conocida como *teleparalelismo* y *paralelismo absoluto*). Su nuevo enfoque yuxtaponía la geometría riemanniana a la geometría euclidiana y hacía posible la definición de líneas paralelas entre dos puntos distantes en el espacio. Partiendo del colector espaciotemporal curvo y no euclidiano de la relatividad general, asoció a cada punto una geometría euclidiana adicional denominada tétrada. Dado que las tétradas tienen un sistema de coordenadas cartesianas simple, en forma de caja, Einstein observó que sería muy sencillo ver si las líneas dentro de esas estructuras son paralelas o no. Tales comparaciones de líneas paralelas distantes añadirían información extra que no está presente en la relatividad general estándar y permitirían la descripción geométrica del electromagnetismo junto con la gravedad.

En la relatividad general estándar, debido a la curvatura del espacio-tiempo, cada punto tiene un sistema de coordenadas orientado de forma diferente —inclinado de forma diferente de un lugar a otro. Es como mirar a la Tierra desde el espacio. No esperaríamos que un cohete lanzado desde Australia se dirigiera en la misma dirección que uno lanzado desde Suecia. Del mismo modo, las flechas direccionales en las proximidades de una región del espacio-tiempo serían diferentes de las de otra. En consecuencia, en la relatividad general estándar, no se puede determinar si las líneas distantes son paralelas o no. Se pueden definir las distancias entre líneas, pero no sus direcciones relativas.

El paralelismo distante, con su estructura adicional en forma de caja, permite especificar las direcciones relativas de dos rectas cualesquiera, junto con la distancia entre ellas. Añade un sistema de navegación para el universo que complementa el mapa de carreteras básico suministrado por la relatividad general estándar. Por esa razón, Einstein la consideró más completa.

El objetivo inicial de Einstein con cada una de sus teorías del campo unificado era reproducir las ecuaciones de Maxwell del electromagnetismo de forma geométrica y ponerlas bajo el paraguas de la relatividad general. Se alegró de poder lograrlo con el paralelismo a distancia, al menos en el caso del espacio vacío. Sin embargo, no hizo predicciones experimentales comprobables, como había hecho con la relatividad general, ni identificó soluciones físicas creíbles.

Tampoco logró su objetivo de reproducir las reglas cuánticas. Desde finales de la década de 1920, para cada una de sus propuestas unificadas, esperaba que las ecuaciones estuvieran sobredeterminadas, es decir, que hubiera más ecuaciones que variables independientes. Tal redundancia, esperaba, forzaría a las soluciones a tener tipos discretos de comportamiento, algo así como niveles cuánticos.

Un ejemplo de sobredeterminación sería escribir las ecuaciones para el movimiento de una pelota de béisbol y añadir una condición extra de que su posición vertical debe tener una altura determinada. Mientras que sin la condición la pelota tendría un movimiento continuo y trazaría una trayectoria curva a través del aire, incluir la condición restringiría su posición a solo dos valores discretos. Alcanzaría esa altura una vez al subir y otra al bajar. Así, las ecuaciones continuas, en tándem, producirían valores discontinuos. Del mismo modo, Einstein esperaba que una teoría del campo unificado sobredeterminado forzara a los electrones a entrar en órbitas particulares, similares al modelo Bohr-Sommerfeld y a los eigenestados encontrados mediante la ecuación de Schrödinger. Sin embargo, no pudo lograr ese objetivo.

En general, el paralelismo a distancia no consiguió reproducir ni el comportamiento clásico ni el cuántico de las partículas, por mucho que Einstein lo intentara. Por lo tanto, su propuesta fue en gran medida un ejercicio matemático más que una teoría física rigurosa.

Ni siquiera las matemáticas de su teoría eran novedosas. Como Einstein supo tardíamente, el matemático francés Élie Cartan y el matemático austriaco Roland Weitzenböck ya habían publicado sobre el tema. Cartan recordó a Einstein que una vez habían discutido el paralelismo a distancia en un seminario de 1922, un encuentro que Einstein aparentemente había olvidado. Con el tiempo, Einstein reconocería a Cartan el mérito de las matemáticas subyacentes a su teoría.

Resulta que es relativamente fácil retocar la relatividad general para incluir una versión de las ecuaciones de Maxwell si se manipulan sus reglas sobre longitudes, direcciones, dimensiones y otros parámetros. Einstein pensó en su momento que el paralelismo a distancia ofrecía una modificación razonable. Sus criterios incluían la simplicidad, la lógica y la elegancia matemática. Sin embargo, como le aconsejaron Pauli y otros, descartar las predicciones exitosas de la relatividad general, como la curvatura de la luz de las estrellas, era un movimiento radical que no debía tomarse a la ligera. Para consternación de sus colegas, el creciente interés de Einstein por las nociones abstractas había dejado de lado la necesidad de ajustarse a los datos experimentales.

CAMINAR SOBRE EL AIRE

En enero de 1929, Einstein se preparó para publicar un breve documento en el que describía su nuevo esquema para la unificación. A pesar de la falta de pruebas físicas, emitió un breve comunicado de prensa en el que enfatizaba su importancia científica y destacaba su superioridad sobre la relatividad general estándar.[9] En cuanto la prensa internacional se enteró de la inminente publicación, más de cien periodistas clamaron por una entrevista y lo acosaron para que les diera una simple descripción de su novedosa idea. Sin darse cuenta de lo abstracto y poco físico que era el artículo, intuyeron un gran avance similar a la relatividad. Einstein se negó al principio a ofrecer más comentarios y se escondió de los periodistas.[10] Con el tiempo ofreció explicaciones populares más detalladas, publicadas en el *Times* de Londres, el *New York Times*, *Nature* y otros medios. El artículo de *Nature* le citaba: «Ahora, pero solo ahora, sabemos que la fuerza que mueve los electrones en sus elipses alrededor de los núcleos de los átomos es la misma fuerza que mueve nuestra tierra en su curso anual alrededor del sol, y es la misma fuerza que nos trae los rayos de luz y calor que hacen posible la vida en este planeta».[11]

El anuncio de la teoría desencadenó una avalancha de publicidad, comparable quizá al anuncio del eclipse de 1919. Dada su naturaleza abstrusa e hipotética y su falta de verificación experimental, la cantidad de prensa que recibió fue asombrosa. Casi una docena de artículos sobre la teoría se publicaron solo en el *New York Times*. Se pidió a científicos de todo el mundo que comentaran e interpretaran los resultados de Einstein. El entusiasmo abundaba, a pesar de la escasez de pruebas. Entre las reacciones injustificadamente entusiastas se encontraba la del profesor H. H. Sheldon, director del departamento de Física de la Universidad de Nueva York, que especuló desenfrenadamente que «cosas como mantener los aviones en el aire sin motores ni apoyo material, como salir por una ventana al aire sin miedo a caerse, o hacer un viaje a la Luna [...] son vías de investigación sugeridas por esta teoría».[12]

La teoría también pareció tocar una fibra cultural. Varios miembros del clero comentaron sus implicaciones teológicas. Un pastor, el reverendo Henry Howard, de la iglesia presbiteriana de la Quinta Avenida de Nueva York, comparó su mensaje con los sermones de san Pablo sobre la unidad de la naturaleza.[13] Los humoristas, como el satírico Will Rogers, bromeaban sobre su incomprensibilidad.[14] Otro sugería que la teoría podría utilizarse para probar pelotas de golf.[15]

La atención masiva de los medios de comunicación a un artículo de física teórica era prácticamente inaudita antes de Einstein. Einstein hizo que incluso la teoría más abstracta y lejana pareciera sexy, misteriosa y revolucionaria. El hecho de que su hipótesis ofreciera un conjunto sin vida de ecuaciones carentes de signos vitales experimentales no ahuyentó la cobertura. La mano móvil de Einstein mientras componía cuidadosamente sus arreglos matemáticos proporcionó a la prensa todas las pruebas vitales que necesitaba.

Einstein se encogió ante su estatus de celebridad. Estaba claro que quería que los focos se centraran en sus teorías y sus implicaciones, no en él personalmente. Ni que decir tiene que la prensa se centró en el propio físico, ante lo cual su único recurso fue intentar ocultarse, a menudo sin éxito.

En marcado contraste con el auge del bombo público, la reacción de la comunidad de físicos teóricos fue apenas audible. Por aquel entonces, en gran parte debido a la revolución cuántica, las ideas de Einstein perdían rápidamente relevancia para la comunidad de físicos convencionales. Entre los teóricos cuánticos más activos de la generación más joven, solo Pauli mantuvo un vivo interés por su trabajo. Aunque Einstein seguía siendo respetado personalmente, su rápida producción de propuestas de unificación aparentemente irrelevantes llegó a considerarse una broma. Por ejemplo, los jóvenes físicos de Copenhague se burlaron de sus ideas en una producción humorística de *Fausto* en la que un rey (Einstein) era asediado por pulgas (teorías del campo unificado).

Pauli no era un público fácil de complacer. Fiel a su reputación de franqueza, lanzó un aleccionador chorro de agua helada a Einstein. En su comentario sobre un ensayo publicado sobre el paralelismo a distancia, escribió en una carta al editor: «Es realmente un acto de valentía por parte de los editores aceptar un artículo sobre una nueva teoría de campo de Einstein para los "resultados en las ciencias exactas". Su inagotable don para la invención, su persistente energía en la persecución de un objetivo fijo en los últimos años nos sorprenden con, por término medio, una teoría de este tipo al año. Psicológicamente interesante es que el autor normalmente considera su teoría actual durante un tiempo como la "solución definitiva". De ahí que uno pueda exclamar: "¡La nueva teoría de campo de Einstein ha muerto. Viva la nueva teoría de campo de Einstein!"».[16]

En privado, Pauli le comentó a Pascual Jordan que solo los periodistas estadounidenses serían tan crédulos como para aceptar el paralelismo a distancia de Einstein; ni siquiera los físicos estadounidenses, y mucho menos los investigadores europeos, serían tan ingenuos. Y Pauli apostó con Einstein a que daría marcha atrás en el plazo de un año.

Mientras tanto, en contraste con la publicidad concedida a los resultados de Einstein, apenas se notó el trabajo fundamental de Weyl en Gotinga que demostraba que su vieja idea del gauge podía aplicarse a las funciones de onda de los electrones y explicar la interacción electromagnética de forma natural. La razón es que incluir el factor gauge extra junto con la descripción del electrón requiere matemáticamente la adición de un nuevo «campo gauge» que se propaga por el espacio. Ese campo extra puede identificarse como el campo electromagnético y ofrece una teoría gauge del electromagnetismo. Se puede pensar en el factor gauge como una especie de ventilador que es libre de apuntar en cualquier dirección mientras gira. Para mantenerlo girando se necesita el «viento» de una afluencia de líneas de campo electromagnético. A pesar de la brillantez de la teoría cuántica gauge del electromagnetismo de Weyl, pasarían otras dos décadas antes de que la comunidad de físicos empezara a hacer uso de ella. Pauli, que era muy astuto, sería uno de los primeros en reconocer su importancia.

LA BENDICIÓN DEL RABINO CEBOLLA A LA UNIFICACIÓN

Una vez que dio a conocer al público su esquema de unificación, Einstein se apresuró a cerrar las compuertas y contener la creciente marea de paparazzi. Pronto sería su cumpleaños y necesitaba escapar desesperadamente. Para confusión y consternación de la prensa, el 12 de marzo, dos días antes de cumplir cincuenta años, optó por huir de las celebraciones oficiales y esconderse en un lugar secreto. «Ni siquiera sus amigos más íntimos conocerán su paradero», informó el *New York Times*, que señaló que le habían «vuelto loco» las preguntas sobre su teoría del campo unificado.[17]

De algún modo, un reportero anónimo sí localizó el escondite de Einstein y publicó una historia sobre su celebración privada. El avispado periodista averiguó que el acaudalado amigo de Einstein, Franz Lemm, conocido como el Rey del Betún de Berlín», le prestaba su villa en el boscoso distrito de Gatow para la ocasión. Lejos del bullicio del centro berlinés, Einstein celebraba su cumpleaños tranquilamente con su familia.

Cuando el reportero entró, Einstein miraba absorto a través de un microscopio de regalo y contemplaba con asombro una gota de sangre extraída de su propio dedo. Vestido informalmente con un jersey holgado, pantalones cómodos y zapatillas, se detenía de vez en cuando para dar una calada a su pipa y desprendía una alegría infantil. Tal vez recordaba aquel regalo de su infancia: una brújula. Entre otros obsequios recibió una bata de seda, pipas, tabaco y el boceto de un yate que unos amigos planeaban construir para él.

Quizá el homenaje más insólito fue una muñeca creada por su hijastra Margot que representaba a un rabino con una cebolla en cada mano. La pasión de Margot era la escultura, especialmente las imágenes místicas de clérigos. Modelar la figura del rabino para su querido padrastro fue una labor de amor. Orgullosa de su obra, le leyó un poema sobre ella: «Rabbi Onion» (Rabino Cebolla).[18]

El rabino Cebolla, explicó Margot, era un curandero extraordinario. Las cebollas, según la tradición judía, son buenas para el corazón. Einstein había probado una cura de este tipo durante su recuperación el año anterior. Ella había moldeado al sabio místico con sus cebollas mágicas para bendecirlo con una vida larga y saludable. Así podría componer muchas más teorías del campo unificado. Einstein se estremeció ante la idea de tener que elaborar más y más propuestas de unificación, lo que resultó ser una predicción acertada.

Cuando Einstein regresó a su casa berlinesa, lo esperaba una montaña de regalos. El primero fue una generosa oferta del Gobierno municipal: conseguirle una casa y un terreno cerca del río Havel y sus lagos para que pudiera disfrutar del paisaje sereno y navegar. La ciudad le ofreció el uso gratuito de una mansión en la finca Neu Cladow, recientemente adquirida a un acaudalado caballero. Sin embargo, cuando Elsa fue a inspeccionar la residencia, el antiguo propietario le informó de que su contrato de compraventa incluía el derecho a permanecer allí indefinidamente. Sin rodeos, le pidió que abandonara la propiedad.

Avergonzado por la chapuza del regalo, el Gobierno municipal se apresuró a encontrar una solución. Tras meses de disputas cívicas sobre el plan adecuado para Einstein, el científico decidió tomar cartas en el asunto y comprar su propia propiedad en Caputh, cerca de Potsdam, justo donde se encuentran dos lagos: Schwielow y Templin. Contrató a un joven y ambicioso arquitecto, Konrad Wachsmann, para que diseñara y construyera una acogedora casa de madera para él y su familia, a un paso de senderos boscosos y lagos. Durante la construcción llegó su esperado velero, el *Tümmler* (marsopa). Una vez terminada la casa, Einstein se encontraba verdaderamente en el paraíso.

A ORILLAS DEL LAGO SCHWIELOW

Caputh era el lugar perfecto para que Einstein practicara senderismo o navegara, lo que le permitía perderse en sus pensamientos y olvidar las crecientes exigencias de su tiempo. En aquel retiro silvestre vivía con la máxima informalidad: solía andar descalzo, en pijama o sin camisa, jamás vestido formalmente. Como deliberadamente carecía de teléfono, sus visitantes aparecían sin avisar. En una ocasión, cuando lo visitaba un grupo de dignatarios, Elsa imploró a Albert que se vistiera elegantemente. Él se negó y afirmó que si querían verlo a él, allí estaba, pero si habían venido a ver su ropa, que miraran en el armario.

Entre los visitantes habituales de la casa de campo a quienes no les importaba el ambiente informal estaba Schrödinger, que también detestaba la ropa formal. Aunque las universidades alemanas de la época exigían que los profesores llevaran traje y corbata a clase, Schrödinger casi siempre vestía un jersey. En los días sofocantes del verano, a veces aparecía solo con camisa de manga corta y pantalones. Una vez, un guardia le impidió entrar a la universidad por su aspecto desaliñado. Un estudiante tuvo que rescatarlo y confirmar que efectivamente enseñaba allí.[19] En otro incidente, Dirac recordó que el personal del hotel vaciló antes de permitir a Schrödinger acceder a su lujoso alojamiento para la reunión de Solvay porque parecía un vagabundo.[20]

En julio de 1929, la Academia Prusiana de Ciencias honró a Schrödinger al incorporarlo a sus filas. Como la ceremonia requería etiqueta, Schrödinger se vistió elegantemente. Pronunció una charla muy aplaudida sobre el azar en la física, con una postura equilibrada que ni respaldaba ni condenaba las ideas de Heisenberg. Había aprendido a moverse con cautela en torno a ese tema delicado. Así, invitó a ambos bandos, deterministas y no deterministas, a emplear su ecuación como prefirieran.

Schrödinger se sentía honrado de pertenecer a una institución tan prestigiosa como la Academia Prusiana. Sin embargo, coincidía con Einstein en que la academia era excesivamente formal. Ambos habrían preferido caminar por el bosque o navegar antes que soportar reuniones tediosas. Por eso fue en los senderos y lagos de Caputh donde realmente forjaron su amistad íntima.

Durante sus paseos por el bosque y sus travesías lacustres, Einstein y Schrödinger descubrieron sus numerosos intereses comunes. Quizá solo la indiferencia de Schrödinger hacia la música impidió que su vínculo fuera aún más estrecho; Einstein adoraba tocar música de cámara con sus amigos más queridos. En aquel periodo de sus vidas, ambos compartían una profunda fascinación por las implicaciones filosóficas de la física. Preferían discutir sobre cómo aplicar las ideas de Spinoza o Schopenhauer a la ciencia moderna antes que hablar de los últimos hallazgos experimentales.

No obstante, Einstein se oponía con mucha más firmeza a la interpretación dominante de la mecánica cuántica. La postura de Schrödinger fluctuaba tanto que en una conferencia en un museo de Múnich en mayo de 1930 prácticamente abrazó la interpretación de Heisenberg-Born de la ecuación de onda, aunque se retractaría años después.

Einstein expresó su posición inflexible en una entrevista de marzo de 1931, donde reafirmó su fe en la causalidad y su rechazo a la indeterminación. «Sé perfectamente —declaró con ironía— que mi concepción de la causalidad como parte intrínseca de la naturaleza será vista como signo de senilidad. Aun así, estoy convencido de que el concepto de causalidad es instintivo en las ciencias naturales. Reconozco que la teoría de Schrödinger-Heisenberg representa un gran avance y que esta formulación de las relaciones cuánticas se acerca más a la verdad que cualquier intento previo. Sin embargo, presiento que el carácter fundamentalmente estadístico de esta teoría acabará por desaparecer, pues conduce a descripciones antinaturales».[21]

La divergencia entre ambos amigos sobre causa y efecto apareció en una noticia del *Christian Science Monitor* en noviembre de 1931.[22] El artículo fue probablemente el primero en contrastar las perspectivas de ambos físicos. Al reseñar sendas conferencias sobre mecánica cuántica de aquella época, comparaba la convicción de Einstein de que la ley causal seguía vigente con la postura matizada de Schrödinger, quien creía que los físicos debían permanecer abiertos a alternativas como la acausalidad. La evolución del pensamiento, argumentaba Schrödinger, podría transformar nuestra comprensión del comportamiento natural, incluso volver obsoleta la ley de causalidad.

Aunque ambos compartían el interés por la filosofía, Einstein se inclinaba hacia la visión rígida de Spinoza: las leyes del mundo estaban fijadas desde el principio y podían deducirse lógicamente. Schrödinger, en cambio, favorecía una perspectiva más flexible, influida por las creencias orientales sobre el velo de la ilusión, donde las concepciones cambiantes de la sociedad moldean la verdad. Lo que hoy parece cierto, sostenía Schrödinger, mañana podría revelarse como error. Quizá nunca alcancemos la verdad última.

Además de sus intereses filosóficos y científicos compartidos, ambos físicos enfrentaban problemas domésticos similares. Ninguno disfrutaba de un matrimonio feliz; ambos mantenían múltiples aventuras. Albert, que encontraba a Elsa demasiado controladora, buscaba constantemente formas de escapar. A ella la mortificaba verlo asistir a conciertos y obras de teatro con Toni Mendel, una despampanante heredera que se paseaba ostentosamente en limusina con chófer. También frecuentaba a Margarete Lebach, una rubia belleza austriaca que Elsa detestaba.[23]

Erwin y Anny mantenían una sólida amistad pero carecían de pasión, y nunca tendrían hijos. Habían optado por un matrimonio abierto en lugar del divorcio. La mutua compañía les proporcionaba demasiado consuelo como para separarse definitivamente.

Mientras Einstein lamentaba sus fracasos matrimoniales, Schrödinger idealizaba sus aventuras amorosas y las registraba en un diario. Algunas relaciones durarían años. Se enamoró de Ithi Junger, una joven alumna de matemáticas. La relación resultó en un embarazo no deseado. Aunque él anhelaba ser padre, no quiso abandonar a Anny. Contra los deseos de Schrödinger, Ithi abortó y lo dejó.[24] Mientras esa relación se enfriaba, Schrödinger inició otra con Hildegunde «Hilde» March, la joven esposa de Arthur March, un físico conocido de Innsbruck. Su apasionado vínculo evolucionaría hasta convertirse en una especie de segundo matrimonio.

Einstein y Schrödinger no podían imaginar cuán frágil y preciado resultaría su tiempo compartido en Berlín y Caputh. La alegría, la actitud relajada y la apertura mental de aquellos días se esfumarían sin dejar rastro cuando las botas nazis aplastaran la República de Weimar. Acostumbrados a una vida confortable y célebre, ambos científicos se verían forzados al exilio. Nunca más navegarían juntos por los lagos del Havel.

MALOS VIENTOS Y BRISAS MARINAS

Los primeros años treinta marcaron en Alemania una época de desempleo masivo y agitación social. El Crack de 1929 desató una reacción en cadena que hundió economías tambaleantes en todo el mundo, incluido el frágil motor alemán de posguerra. Mientras el movimiento nazi y otros grupos ultraderechistas avivaban las llamas del nacionalismo, el resentimiento alemán por los términos del armisticio se transformó en sed de venganza. Comunistas y socialistas respondieron con llamamientos al poder obrero que alarmaron a empresarios y conservadores moderados, algunos de los cuales acabaron viendo a los nazis como mal menor y baluarte contra el comunismo. En Berlín, cientos de miles de obreros desempleados y ociosos constituían presa fácil para movimientos políticos de ambos extremos. La policía sofocó una concentración masiva en Alexanderplatz, una de las principales plazas berlinesas, empleando tanques para acorralar a los manifestantes. Derecha e izquierda pugnaban por votos y partidarios mientras los endebles Gobiernos de coalición se sucedían vertiginosamente.

Aunque no militaba en partido alguno, Einstein apoyaba el movimiento socialista progresista y defendía mayores derechos laborales.

Se consideraba internacionalista y percibía el nacionalismo como fuerza peligrosa. Como pacifista, respaldó a la Liga de Resistentes a la Guerra. Fiel a su franqueza habitual, condenó abiertamente a los nazis sin tapujos. Si bien inicialmente consideró su apoyo popular una aberración, pronto comprendió —incluso antes de su ascenso al poder— la terrible amenaza que representaban. Schrödinger, en cambio, carecía de interés político y evitaba sistemáticamente tales discusiones. No tomó en serio el movimiento nazi hasta que fue demasiado tarde. Durante la crisis económica, ambos físicos se inquietaron por sus finanzas y consideraron oportunidades laborales en el extranjero, al menos temporalmente.

La oportunidad de Einstein llegó primero. Recibió con alegría una invitación para viajar a Caltech, en Pasadena, California, durante el invierno de 1931 y visitar el Observatorio del Monte Wilson, donde Hubble había descubierto la expansión universal. El estipendio de 7000 dólares prometido por apenas dos meses resultaba increíblemente generoso: equivalía aproximadamente al salario anual de un catedrático.

Einstein contaba entonces con dos asistentes remuneradas: Helen Dukas, su secretaria, y Walther Mayer, su «calculador» (ayudante matemático). Dukas gestionaba el aluvión de correspondencia y el apretado calendario de conferencias. Mayer ejecutaba las manipulaciones matemáticas rutinarias para las investigaciones de Einstein, especialmente en teorías del campo unificado. Einstein comenzaba a reconocer que Pauli tenía razón: el paralelismo a distancia carecía de viabilidad física. Así pues, inició la búsqueda de nuevas vías hacia la unificación.

Antes de partir hacia la costa oeste estadounidense, Einstein publicó en el *New York Times Magazine* el artículo de opinión mencionado en el capítulo tres, donde exponía sus ideas sobre ciencia y religión y defendía la concepción spinoziana de la deidad. El ensayo desató un acalorado debate y atrajo la atención pública hacia su inminente visita.

Multitudes dignas de recibir a un monarca aclamaron a Einstein y su séquito al arribar al puerto de San Diego el 30 de diciembre de

1930. Del gran trasatlántico *Belgenland* desembarcaron su esposa, Dukas y Mayer. Elsa resultó ser traductora indispensable: dominaba el inglés mucho mejor que Albert. Mayer permanecía siempre disponible cuando Einstein encontraba un momento para sus cálculos. En Caltech, la facultad de física, dirigida por el célebre experimentalista Robert Millikan, tanteó la posibilidad de ofrecerle un puesto permanente. Pero el arraigo de Einstein a Berlín —y particularmente al estilo de vida en Caputh— hizo prematuras tales discusiones. Einstein quedó encantado con el sur de California, especialmente con los espléndidos jardines y el clima benigno de Pasadena. Entre los momentos memorables destacó su encuentro con Hubble y la visita al telescopio del Monte Wilson. Elsa y él también encontraron tiempo para alternar con estrellas hollywoodenses como Charlie Chaplin. Admirador devoto de su cine, Einstein disfrutó el honor de asistir como invitado al estreno mundial de *Luces de la ciudad*.

Al invierno siguiente, Caltech invitó nuevamente a Einstein para otra estancia bimestral. Resurgió el tema del nombramiento permanente. Ante los crecientes problemas alemanes y la aterradora perspectiva de un Gobierno nazi, Einstein comenzó a considerar seriamente la emigración. No obstante, recibía ya otras ofertas, incluida una cátedra en Oxford.

Millikan cometió un error fatal en su cortejo a Einstein: le presentó al educador Abraham Flexner, quien había acudido a Caltech para exponer sus planes de crear un Instituto de Estudios Avanzados en Princeton, financiado por mecenas acaudalados y consagrado a la investigación fundamental. Flexner logró reclutar a Einstein para un puesto inicialmente concebido como parcial, ofreciéndole 15 000 dólares anuales —suma que lo convertiría en uno de los físicos mejor remunerados del país. Einstein exigió como condición que Mayer obtuviera también un puesto permanente para asistirle en los cálculos de teoría unificada. Aunque la demanda dejó atónito a Flexner, finalmente accedió. Einstein aceptó entonces el nombramiento.

Por esas fechas, Einstein nominó a Schrödinger y Heisenberg, en ese orden, para el Premio Nobel de Física. Su condición de laureado le otorgaba el privilegio de proponer candidatos. Colocó a Schrödinger primero porque juzgaba sus descubrimientos de mayor alcance. Fue generoso al incluir a Heisenberg pese a rechazar sus interpretaciones probabilísticas. Reconocía que muchos físicos los consideraban co-fundadores de la mecánica cuántica a la par. Le pareció, pues, lógico incluir a ambos, dejando constancia de su preferencia personal.

En diciembre de 1932, los Einstein y acompañantes emprendieron su tercera y última travesía hacia el sur californiano. La visita resultó agridulce: Millikan resentía el nuevo compromiso de Einstein, y crecía la certeza de que Adolf Hitler, entonces vicecanciller en coalición conservadora-nazi, pronto dominaría Alemania. Cuentan que al abandonar la casa de Caputh, Albert comentó a Elsa que jamás volverían a verla. Aun así, parte de él albergaba esperanzas de retorno, pues había comunicado a sus colegas berlineses planes para el año siguiente.

Irónicamente, Millikan había comprometido a Einstein a pronunciar un discurso celebrando las relaciones germano-estadounidenses poco después de su llegada, con el fin de impresionar a un donante potencial. Para no defraudar a su anfitrión, Einstein leyó el discurso en inglés, traducido de su propio texto. Aprovechó para promover la tolerancia hacia opiniones políticas y creencias religiosas divergentes, tanto en Estados Unidos como en Alemania.

La referencia estadounidense aludía a las protestas de la Corporación de Mujeres Patriotas, grupo derechista que objetaba la entrada al país de un «revolucionario» notorio como Einstein. Aunque la denuncia no prosperó, el FBI abrió un expediente que durante décadas acumularía cuestionamientos similares sobre su patriotismo.

En dramático contraste con el mensaje tolerante de Einstein, aproximadamente una semana después, el 30 de enero de 1933, Paul von Hindenburg, presidente alemán, nombró canciller a Hitler. Con un racista y antisemita declarado al mando del Estado, respaldado por cientos de miles de paramilitares camisas pardas —las *Sturmabteilung* (SA) o «tropas de asalto»—, la oposición se preparó para enfrentar, como mínimo, una retórica cáustica. Muchos se preguntaban: ¿materializaría Hitler sus discursos de odio, o eran meras poses políticas para cautivar hordas de *hooligans*?

Fuego en el Reichstag

La volatilidad política de principios de los años treinta llevó a muchos expertos a considerar efímera la cancillería de Hitler. Los conservadores moderados confiaban silenciosamente en que, tras neutralizar el apoyo laborista a los comunistas, viraría hacia el centro. La recuperación económica alimentaba la esperanza de que el electorado recobraría la cordura, elegiría políticos sensatos y abandonaría los extremismos. Incluso tras la toma de posesión de Hitler, Einstein mantenía esperanzas de retorno a Berlín. Schrödinger, pese a despreciar la intolerancia nazi, permaneció inicialmente despreocupado.

El 27 de febrero sobrevino un vuelco imprevisto: pirómanos incendiaron el Reichstag, sede del Parlamento alemán. Aunque los historiadores atribuyen el ataque a las SA, Hitler culpó inmediatamente a los comunistas. El Parlamento suspendió los derechos civiles y autorizó detenciones indefinidas. Políticos comunistas y militantes izquierdistas fueron arrestados en masa y deportados a campos de concentración. Las elecciones del 5 de marzo convirtieron a los nazis en la primera fuerza parlamentaria.

El incendio del Reichstag convenció a Einstein de que no podría regresar mientras los nazis gobernaran. Comunicó a Margarete Lebach la cancelación de su conferencia en la Academia Prusiana: temía pisar suelo alemán. Al abandonar Pasadena rumbo a Nueva York, lo conmocionaron las noticias del allanamiento nazi a su casa de Caputh. En Manhattan denunció ante múltiples organizaciones el atropello nazi contra las libertades. La prensa alemana difundió estas declaraciones y lo tachó de traidor.

Desde Nueva York, Einstein y su comitiva zarparon en el *Belgenland* hacia Europa. Durante la travesía redactó una carta cortés a la Academia Prusiana: agradecía el apoyo recibido pero solicitaba la rescisión de su membresía por motivos políticos. Al arribar a Amberes, entregó su pasaporte alemán al consulado y cortó todo vínculo con Alemania. Por segunda vez —la primera como estudiante suizo— quedaba apátrida.

Afortunadamente, Einstein contaba con numerosos amigos en Bélgica y Holanda dispuestos a ayudarlo. La reina Isabel, bávara de nacimiento y consorte real belga, le ofreció especial protección. Sus cuentas en Leiden y Nueva York resultaron vitales tras la confiscación nazi de sus depósitos berlineses. Apátrida pero no desamparado, tenía garantizado un futuro allende las fronteras.

Einstein escapó justo a tiempo. La Ley Habilitante del 23 de marzo suprimió toda disidencia y confirió a Hitler poderes absolutos. Los nazis disolvieron velozmente las asambleas provinciales, consolidando su dominio totalitario. Comenzaba la dictadura más brutal de la historia: doce años de terror sin precedentes.

Los Einstein necesitaban alojamiento provisional hasta concretarse el nombramiento en el IAS. Alquilaron una modesta casa en Le Coq sur Mer, frente al mar del Norte. Menos confortable que Caputh, el refugio costero los acogió durante su estancia belga previa al viaje americano.

Fueron meses sombríos para Einstein. Mientras huía forzosamente de su patria, dos seres amados padecieron destinos crueles. Su hijo Eduard, «Tete», brillante estudiante con vocación psiquiátrica, desarrolló esquizofrenia y fue recluido en un sanatorio zuriqués. Einstein había intercambiado con él cartas sobre psicología y Freud, cifrando grandes esperanzas en su futuro profesional; la enfermedad lo devastó. En septiembre de 1933, su entrañable amigo Paul Ehrenfest se quitó la vida. Antes del suicidio, Ehrenfest mató a su hijo Wassik, afectado por síndrome de Down, creyendo en su delirio que así aliviaría a su esposa de sus futuros cuidados.

El gélido Atlántico azul pronto distanciaría a Einstein de Europa y sus pesares. Desde el exilio presenciaría el deterioro incesante de sus antiguos compatriotas. Jamás olvidaría su calvario, ni siquiera establecido definitivamente en el Nuevo Mundo. Aunque nunca retornaría a Europa, su corazón lacerado y su mente atormentada permanecerían eternamente anclados allí.

Capítulo 5

CONEXIONES ESPELUZNANTES Y GATOS ZOMBI

> *Podrían citarse casos en los que la decisión es realmente difícil, grave, dolorosa, desconcertante, cuando nos arrodillamos ante el Todopoderoso para renunciar a ella. Pero en esto Él es inexorable. Debemos decidir. Una cosa debe suceder, sucederá, la vida continúa. No hay función [de onda] en la vida.*

Erwin Schrödinger, «Indeterminism and Free Will»

Schrödinger era un hombre brillante pero no especialmente valiente. Ansiaba ser admirado —por sus compañeros, por el público y por las mujeres de su vida— y a menudo moldeaba sus palabras para ganarse a su público. Como no quería que la política o la religión sirvieran de barrera entre él y los demás, intentaba mantenerse lo más neutral posible en cuestiones delicadas. Aunque sí expresaba opiniones filosóficas en sus ensayos, estas se enmarcaban como reflexiones intelectuales, no como doctrina.

No obstante, el ascenso de los nazis y su culto a la superioridad teutónica masculina era tan contrario al carácter de Schrödinger que le resultaba imposible mantener ocultos sus sentimientos. A diferencia de Heisenberg, por ejemplo, desdeñaba cualquier forma de nacionalismo. Amaba las lenguas extranjeras, la diversidad religiosa y

159

las culturas exóticas. No veía ninguna razón para elevar la tradición y el pueblo germánicos por encima de cualquier otro.

Anny recordaba que la repulsión de Erwin por las prácticas nazis lo llevó una vez a enfrentarse cara a cara con las airadas tropas de asalto. Se dirigía a Wertheim's, uno de los mayores grandes almacenes de Berlín, cuando descubrió que estaba siendo boicoteado por ser propiedad de judíos. Los nazis habían declarado el 31 de marzo de 1933 como el día del boicot nacional a los comerciantes judíos.

Matones con brazaletes de esvásticas impedían a los clientes entrar en la tienda y se peleaban con cualquiera que consideraran judío. Según Anny, Erwin discutió con los matones sin darse cuenta del peligro y estuvo a punto de recibir una paliza. En el último momento, el joven físico Friedrich Möglich, partidario de los nazis, lo reconoció e intervino.[1]

Schrödinger había empezado a evitar las reuniones de la Academia Prusiana, tal vez porque intuía que se vería implicada en la situación política. Efectivamente, así fue. El 1 de abril, en respuesta al anuncio de Einstein de que cortaba lazos con la organización y con Alemania en general, su dirección emitió una dura reprimenda. En un anuncio ampliamente difundido, condenó abiertamente el comportamiento «antialemán» de Einstein. Horrorizado por la acción, Max von Laue, que era miembro activo, pidió una votación para anular la declaración de la academia. Pero ninguno de los otros miembros destacados quiso defender a Einstein, ni siquiera Planck, que había sido un firme partidario. La votación fracasó y la declaración nunca se retiró. Ausente de las discusiones, Schrödinger no se posicionó públicamente.

Einstein nunca perdonaría el acto cobarde de la academia. Aparte de Von Laue, Schrödinger y, hasta cierto punto, Planck (que había expresado su apoyo en privado pero no públicamente), el abandono de los miembros de la academia fue un trago amargo. La negativa de la academia a desafiar a los nazis fue una de las razones por las que no volvería a pisar suelo alemán, ni siquiera después de la guerra.

La censura de la academia a Einstein fue un temblor que señaló un terremoto mucho mayor. El 7 de abril, el Parlamento alemán aprobó la atroz Ley para la Restauración del Servicio Civil de Carrera, que prohibía a los judíos y a los opositores políticos ocupar cargos públicos, incluidos los puestos docentes y académicos. Las únicas excepciones, al principio, eran los veteranos de la Primera Guerra Mundial que habían servido en el frente, los que habían perdido familiares en la guerra y los que habían ocupado sus cargos desde antes de la guerra. Esas excepciones durarían poco.

La universidad más afectada por la prohibición nazi fue Gotinga, que contaba con numerosos profesores judíos. Max Born, uno de los grandes nombres de la física cuántica, fue informado de que tenía que dimitir. Los matemáticos Emmy Noether y Richard Courant fueron igualmente despedidos. El experimentalista James Franck, ganador del Premio Nobel, dimitió antes de que se le pidiera que dejara su puesto. Una vez más, Von Laue intentó recabar el apoyo de sus colegas para condenar la purga, pero fue en vano. Planck, cuya voz habría tenido mucho peso, se negó a protestar abiertamente contra el movimiento nazi, aunque en privado estaba horrorizado por los acontecimientos.

Los reclutadores de universidades de otros países pronto se dieron cuenta de que la pérdida de Alemania bien podía ser su ganancia. El primero en reconocer la oportunidad fue el físico de Oxford Frederick Lindemann, que se propuso captar a algunos profesores notables para reforzar la investigación de su departamento. Gracias a J. J. Thomson, Ernest Rutherford y otros, Cambridge había avanzado muy por delante de Oxford en las ciencias, y Lindemann esperaba hacer que la situación fuera al menos algo más equilibrada. El altivo y muy criticado Lindemann había intentado contratar a Einstein para un puesto permanente, pero Einstein solo se comprometía a breves visitas anuales. La ley antisemita significaba que probablemente otros seguirían el camino de Einstein fuera de Alemania. Quizá, pensó Lindemann, se les podría persuadir para que hicieran de Oxford su nuevo hogar.

Nacido en Alemania y formado en la Universidad de Berlín, Lindemann conocía bien el país y seguía atentamente su política. Al intuir de inmediato que el régimen nazi supondría una amenaza para el mundo, compartió su preocupación con Winston Churchill, uno de sus amigos más íntimos. Durante la Segunda Guerra Mundial, Churchill, como primer ministro, lo nombraría asesor científico jefe y contribuiría a que fuera admitido en la nobleza británica como lord Cherwell. Lindemann resultaría muy influyente en la política militar británica y se haría famoso (o infame, según el punto de vista de cada uno) por abogar por el bombardeo de las viviendas civiles de la clase obrera alemana. Irónicamente, dado su futuro papel en tiempos de guerra, en torno a la Semana Santa de 1933 Lindemann no tuvo muchos problemas para pasear libremente por Alemania en su Rolls Royce con chófer y reunirse con diversos académicos.

A sugerencia de Sommerfeld, Lindemann decidió contactar a Fritz London, un consumado físico cuántico que había desarrollado teorías clave sobre cómo los átomos se unen en moléculas. De visita en casa de Schrödinger, el profesor de Oxford mencionó que pensaba ofrecer un puesto a London. Para sorpresa de Lindemann, Schrödinger le pidió que lo tuviera en cuenta si London decidía no aceptar. Lindemann no había considerado la posibilidad de que académicos no judíos como Schrödinger se plantearan marcharse, pero accedió a plantear el tema con los posibles financiadores de nuevos puestos en Oxford.

Una convocatoria de ayudantes

Schrödinger conocía bien el éxito de Einstein al conseguir puestos en otros países. Dadas sus preocupaciones financieras y su animadversión hacia los nazis, un puesto en Oxford resultaba atractivo. Sin embargo, al igual que Einstein, Schrödinger condicionó su aceptación a la contratación de otra persona que lo ayudara. El equivalente de Mayer para Schrödinger era Arthur March. Preguntó a Lindemann si March podría recibir también un nombramiento en Oxford para poder trabajar juntos.

No obstante, existía una gran diferencia entre las motivaciones de Einstein y las de Schrödinger para solicitar un ayudante. Pasados los cincuenta años, Einstein había perdido paciencia con los detalles matemáticos. Mayer resultaba esencial para su productividad. La situación con March era distinta. Schrödinger mencionó la posibilidad de escribir un libro con él, pero nunca colaboraron realmente. Lo cierto es que junto con Arthur llegó su esposa, Hilde, de quien Erwin estaba profundamente enamorado.

Lindemann regresó a Inglaterra y se apresuró a conseguir financiación para todos los puestos acordados, incluidos los de Schrödinger y March. Mientras tanto, las condiciones en Alemania empeoraron todavía más. Mayo resultó incluso peor que abril. Continuaron los despidos de judíos. En Bebelplatz, frente a la Universidad de Berlín, una quema masiva de libros de autores judíos y otros prohibidos evidenció el deterioro de la vida intelectual. Born partió hacia Italia con la promesa de un puesto en Cambridge.

Para escapar del caos, en parte, los Schrödinger y los March decidieron pasar el verano en Suiza e Italia, visitando a Pauli, Born y Weyl. Weyl había recibido anteriormente un nombramiento para Gotinga, pero como su esposa era judía, decidió renunciar y huir de Alemania. Ocuparía un puesto en el Instituto de Estudios Avanzados de Princeton.

En las montañas del norte de Italia, Erwin convenció a Hilde para emprender juntos un largo viaje en bicicleta, solos los dos. Durante la excursión, su relación se tornó apasionada. Hilde quedó embarazada de Erwin por entonces. En vez de divorciarse de sus cónyuges, optaron por establecer una relación poco convencional: un matrimonio complejo.

Lindemann se reunió nuevamente con Schrödinger en septiembre, en el hermoso pueblo de Malcesine, junto al lago de Garda. Le comunicó entusiasmado que Imperial Chemical Industries, empresa británica, había accedido a financiar varios puestos: uno de dos años para Schrödinger y otro visitante para March. Schrödinger quedaría asociado al prestigioso Magdalen College de Oxford. Aunque los salarios exactos seguían en negociación, Schrödinger carecía de todo deseo de regresar a Berlín y aceptó con entusiasmo. Él, Anny y Hilde se trasladaron a Oxford a principios de noviembre. Arthur necesitaba tramitar una excedencia en Innsbruck, donde tenía plaza, así que volvió allí temporalmente.

La partida de Schrödinger enfureció a los nazis. Era el físico no judío de mayor prestigio que abandonaba Alemania. A Heisenberg, sin ser miembro ni simpatizante nazi, le disgustó ese abandono del país. Según Heisenberg, la lealtad a la patria alemana y al progreso científico germano trascendía la política. Había que esperar el fin del régimen y confiar en un Gobierno más sensato, no simplemente huir. En su favor, no obstante, Heisenberg rechazó firmemente la tesis de Philipp Lenard y Johannes Stark de prohibir toda la «física judía», como los trabajos de Einstein y Born, en favor de la «física alemana» (es decir, la física de alemanes no judíos). Heisenberg mantuvo contactos amistosos con físicos judíos hasta el inicio de la guerra y los reanudó después. Instó a físicos judíos alemanes como Born a permanecer el mayor tiempo posible para preservar la vida científica activa. Por ello consideraba la decisión de Schrödinger una derrota para la comunidad científica alemana.

El Berlín que Schrödinger abandonó apenas recordaba la ciudad que amaba. Menos de un año antes, la capital alemana rebosaba vida artística, científica y política. Su teatro vanguardista y sus operetas captaban la atención internacional. Acogía a personas de todos los credos e ideologías. A finales de 1933, sin embargo, se había transformado en un páramo cultural, receptivo únicamente al arte, la música y el teatro aprobados por el régimen. Las contribuciones de Einstein a la física teórica se habían vuelto tema tabú. La prensa sufría tal control que solo un periódico mencionó la partida de Schrödinger.

Pronto llegaron noticias que abofetearon a los nazis e hincharon el ego ya considerable de Lindemann. Poco después de llegar a Oxford, Schrödinger supo que había ganado el Premio Nobel de Física de 1933 por su ecuación de ondas. Compartiría el galardón con Dirac. Lindemann exhibió su trofeo por Oxford mientras solicitaba a Imperial Chemical un aumento de sueldo.

Todo marchaba bien hasta que meses después Hilde alumbró a Ruth, la hija de Erwin. Oxford hervía con el escándalo: se había destinado dinero para que uno de sus miembros mantuviera una amante. Desde entonces, las esperanzas de que Schrödinger obtuviera una plaza permanente en Oxford se desvanecieron, incluso con su flamante Nobel.

Sutil pero no malicioso

Tras pasar gran parte de 1933 en Bélgica bajo protección de la familia real, Einstein debía despedirse de Europa... para siempre. Albert, Elsa, Helen Dukas y Walther Mayer zarparon por última vez en el *Belgenland* y arribaron a Nueva York el 17 de octubre. Esta vez no hubo multitudes ni periodistas para saludar su llegada. Para evitar posibles sabotajes nazis, después de desembarcar trasladaron a Einstein y su séquito en una pequeña embarcación hasta Nueva Jersey y los llevaron directamente a Princeton.

Los edificios del Instituto de Estudios Avanzados aún no estaban construidos, así que Einstein y otros miembros compartieron espacio con el departamento de Matemáticas en Fine Hall, de la Universidad de Princeton. El edificio tenía una acogedora sala de seminarios con gran chimenea. Sobre la repisa aparecía tallada una frase de Einstein en alemán que, traducida, rezaba: «El Señor es sutil pero no malicioso». Einstein expresaba así su esperanza de que Dios no engañara a los investigadores con teorías falsas sobre la naturaleza, aunque hallar la solución correcta supusiera todo un desafío. Einstein confiaba aún en descubrir la teoría definitiva que unificara todas las fuerzas.

Un problema urgente para Einstein era conseguir ayuda con sus cálculos. Había contratado a Mayer precisamente para eso, pero su «calculador» decidió concentrarse en sus propias investigaciones matemáticas, con gran decepción de Einstein. Para colmo, como el puesto de Mayer era permanente, Flexner rehusó proporcionar otro ayudante a Einstein.

La necesidad obsesiva de Flexner de controlar la agenda de Einstein y mantenerlo centrado en sus obligaciones con el IAS pronto los enfrentó. Einstein descubrió mortificado que Flexner censuraba su correspondencia y declinaba invitaciones sin consultarlo. Flexner llegó a rechazar una invitación para que Einstein visitara a los Roosevelt en la Casa Blanca, aunque Einstein finalmente se enteró y aceptó. Se sentía prisionero en el IAS, aparentemente sin nadie que lo asistiera en sus cálculos.

Por fortuna, el IAS recibía un flujo constante de jóvenes investigadores brillantes, ansiosos por destacar y colaborar con científicos consagrados. Dos de estas mentes prometedoras estaban preparadas para trabajo teórico productivo: el físico ruso Boris Podolsky, recién doctorado en Caltech, y el estadounidense Nathan Rosen, formado en el MIT. Einstein aprovechó la oportunidad e iniciaron una colaboración para examinar críticamente la física cuántica.

Pese a su antipatía hacia Flexner, Einstein comprendía bien los peligros de volver a Europa. El IAS, con su entorno tranquilo y libertad académica, le brindaba la mejor oportunidad para desarrollar una teoría del campo unificado, completar la relatividad general y proseguir otras investigaciones que le importaban. Decidió, pues, quedarse indefinidamente. Princeton tenía la ventaja de su cercanía a zonas costeras donde podía navegar. Compró un velero al que bautizó *Tinef* ('trasto' en alemán coloquial y yidis) y pasó muchos veranos en comunidades del estrecho de Long Island y el lago Saranac, en los montes Adirondack del norte de Nueva York. Como no sabía nadar, cuando volcaba ocasionalmente, debían rescatarlo los jóvenes locales. Sucedió en el verano de 1935 en Old Lyme, Connecticut, lo que originó el titular del *New York Times*: «La marea relativa y los bancos de arena atrapan a Einstein; encalla su velero en Old Lyme».[2]

En otro percance náutico de 1941 en el lago Saranac, un niño salvó probablemente su vida cuando Einstein quedó sumergido bajo el agua con el pie enredado en una red. Don Duso, su rescatador de diez años, relataría décadas después: «Estaba inconsciente. Si yo no hubiera estado cerca, probablemente se habría ahogado».[3]

Convencidos de que residirían largo tiempo en Princeton, Einstein y Elsa buscaron casa propia. Hallaron el lugar perfecto a pocas manzanas de la universidad (y de la sede provisional del IAS), distancia que le permitía llegar a pie o en bicicleta a su despacho. Compraron en agosto de 1935 una casa de tejas en el 112 de Mercer Street. El piso superior se convirtió en su estudio, iluminado por un ventanal nuevo con vistas al arbolado. Las habitaciones inferiores se amueblaron con antigüedades traídas de su antigua residencia berlinesa. Pronto escribió a la reina Isabel de Bélgica que, aunque se sentía distanciado de la vida social, «Princeton es un pequeño lugar maravilloso. He logrado crear un ambiente propicio para el estudio, libre de distracciones».[4]

Residencia de Albert Einstein en la calle Mercer de Princeton,
Nueva Jersey. Foto de Paul Halpern.

Para hacer aún más más acogedor el lugar, adquirieron un terrier llamado Chico y varios gatos. Chico constituía la primera línea de defensa en la protección de la intimidad familiar. Como observó Einstein: «El perro es inteligente. Le doy pena porque recibo mucho correo; por eso intenta morder al cartero».[5]

No obstante, había un corresponsal cuyas cartas Einstein siempre abría con gusto: Schrödinger. Sostuvieron un cálido intercambio epistolar que los acercó filosóficamente aún más en el aislamiento compartido de sus patrias. Einstein mantuvo asimismo correspondencia con Born, cuyas ideas valoraba profundamente pese a sus marcadas divergencias sobre la naturaleza probabilística de la mecánica cuántica. Procuró que Flexner invitara a ambos al IAS, pero fracasó. Flexner había decidido desentenderse completamente de las peticiones de Einstein.

LLÉVESE A MIS ESPOSAS, POR FAVOR

Schrödinger sí tuvo la oportunidad de visitar Princeton, pero a través del departamento de Física de la universidad y no del IAS. La oportunidad surgió gracias a un puesto dotado en la facultad llamado Cátedra Jones, establecida por unos hermanos graduados en Princeton que querían ampliar las oportunidades de investigación en matemáticas y ciencias en la universidad.

La invitación se remontaba a octubre de 1933, cuando un comité del departamento de Física se reunió en secreto para decidir a quién le concedería la cátedra. El presidente del comité, Rudolf Ladenburg, era un físico atómico alemán emigrado que conocía bien el trabajo de Heisenberg y Schrödinger y deseaba invitarlos. Decidieron hacer la oferta completa a Heisenberg pero también utilizar parte de los fondos para invitar a Schrödinger por un periodo de uno a tres meses. Schrödinger aceptó, pero Heisenberg declinó y citó la situación política de Alemania como razón para no aventurarse en el extranjero.

Durante su descanso del puesto en Oxford, Schrödinger visitó Princeton en marzo y principios de abril de 1934. A lo largo de los años, había desarrollado un estilo impresionante y elocuente para dar conferencias, con abundante uso de analogías vívidas. Sus intereses literarios, como la poesía y el teatro, lo ayudaban a dar vida a conceptos científicos difíciles. Sus amplios conocimientos de historia antigua y filosofía enriquecían sus debates sobre temas contemporáneos. Además, hablaba un inglés perfectamente fluido, claro y rotundo, prácticamente sin rastro de acento austriaco. Einstein, por el contrario, en ese momento solo podía dar conferencias en inglés cuando leía el texto a partir de comentarios preparados, y tenía un marcado acento del sur de Alemania. El departamento quedó tan satisfecho con Schrödinger que sugirió al decano de Ciencias, Luther Eisenhart, que lo nombrara catedrático Jones a tiempo completo.

Tras regresar a Oxford, Schrödinger reflexionó largamente sobre la oferta de Princeton, pero finalmente decidió rechazarla. El gran atractivo de Princeton sería volver a trabajar y residir en la misma ciudad que Einstein. Esperaba que Flexner, empujado por Einstein, hiciera también una oferta para el IAS, pero no fue así. Consciente del elevado salario de Einstein y de la generosa ventaja de no tener obligaciones docentes, Schrödinger aspiraba a algo similar y, para su decepción, la oferta de Princeton —aunque generosa desde cualquier perspectiva— no estuvo a la altura. Al desear un puesto similar al de Einstein, Schrödinger no se dio cuenta de lo excepcional que era la situación de Einstein. Einstein ganaba alrededor de un 50 % más de lo que universidades prestigiosas como Princeton pagaban a sus profesores de Física más veteranos. En octubre escribió una carta a Ladenburg en la que se lamentaba principalmente por el salario.

Aparte de las razones económicas para no trasladarse a Princeton, Schrödinger tuvo que considerar su inusual situación familiar. Dado su amor por Hilde y su esperanza de pasar tiempo con la pequeña Ruth —la niña que siempre había anhelado—, desde luego no quería vivir al otro lado del océano. Se preguntaba cómo reaccionaría la sociedad de Princeton si las traía, junto con Anny. ¿Podrían incluso procesarlo por bigamia? Al parecer, había mencionado la situación al presidente de Princeton, John Hibben, y se sintió decepcionado por la reacción negativa de este ante la idea de una familia con «dos esposas» y cuidado compartido de los hijos.[6]

En un universo paralelo, Schrödinger habría aceptado el puesto de Princeton, se habría acercado aún más a Einstein y habría pasado el resto de su vida con comodidad y seguridad. Quizá habría encontrado la forma de que Hilde y Ruth emigraran discretamente. En lugar de eso, optaría por volver a Austria justo antes de que fuera invadida y anexionada por los nazis, acontecimiento que lo pondría en peligro y lo obligaría a escapar. Pero la causalidad depende del pasado, no del futuro, y él disponía de datos incompletos, por lo que su mente, habitualmente aguda, realizó un cálculo muy pobre.

CONEXIONES ESPELUZNANTES

En 1935, muchos teóricos cuánticos, satisfechos de que su visión básica fuera correcta, habían pasado al estudio del núcleo atómico. Con la teoría cuántica considerada asentada, la teoría nuclear era donde estaba la acción. Ese año, el físico japonés Hideki Yukawa propuso un modelo sobre cómo los nucleones (protones y neutrones) interactuaban a través de otras partículas llamadas mesones, en lo que con el tiempo se conoció como la fuerza fuerte. La teoría de Yukawa intentaba explicar cómo se mantienen unidos los núcleos atómicos.

(Ahora sabemos que los gluones, y no los mesones, son los intermediarios). Poco más de un año antes, el físico italiano Enrico Fermi había empezado a trazar el mapa de un proceso llamado desintegración beta, la transformación de neutrones en protones mediante la emisión de electrones y otras partículas. Esa interacción, que explica ciertos tipos de radiactividad, acabó incorporándose a la teoría de la fuerza débil.

Mientras que Schrödinger estaba interesado en estos avances, Einstein los ignoró esencialmente. Prefirió centrarse en componer un popurrí para el dúo de su juventud, la gravedad y el electromagnetismo, en lugar de introducir instrumentos no probados y convertirlo en un trío o un cuarteto. Por ello, a mediados de la década de 1930, sus intentos de teorías del campo unificado ya no podían interpretarse como «teorías del todo», sino que combinaban algunas de las fuerzas naturales, pero no todas.

Mientras tanto, Einstein seguía preocupado por el enfoque cuántico dominante. Su último encuentro con Bohr había sido en la conferencia de Solvay de 1930, donde habían discutido sobre el principio de incertidumbre. Al igual que en la reunión de Solvay de 1927, Einstein había propuesto un experimento mental que pretendía contradecir las nociones cuánticas y que Bohr, tras mucho reflexionar, había refutado.

El dispositivo hipotético de Einstein era una caja llena de radiación, equipada con un temporizador, diseñada para liberar un fotón en un momento preciso. Al pesar la caja antes y después de la liberación, se podía calcular la energía exacta del fotón, argumentó. Por lo tanto, en contradicción con el principio de incertidumbre de Heisenberg, se podían determinar simultáneamente el tiempo de liberación y la energía del fotón.

Sin embargo, como Bohr advirtió inteligentemente, Einstein había olvidado incluir los efectos de la relatividad general. Utilizando la propia teoría de Einstein en su contra, rebatió que el proceso de pesar la caja en una balanza de resorte, por ejemplo, desplazaría ligeramente su posición en el campo gravitatorio de la Tierra. En la relatividad general, la coordenada temporal de un objeto en un campo gravitatorio depende de dónde se encuentre. Por lo tanto, el desplazamiento de posición provocaría un emborronamiento del valor temporal, en consonancia con el principio de incertidumbre. Con la lógica cuántica reivindicada, Bohr burló a Einstein una vez más.

Cinco años más tarde, Einstein ciertamente no había olvidado sus debates con Bohr. En una serie de discusiones, sacó a relucir algunas de sus objeciones cuánticas con Podolsky y Rosen. Para entonces, Einstein ya había admitido que la mecánica cuántica se ajustaba con exactitud a los resultados experimentales sobre las partículas y los átomos. Sin embargo, como señaló a los jóvenes investigadores, no podía ser una descripción completa de la realidad física. La razón era que si magnitudes emparejadas como la posición y el momento eran descripciones reales de la naturaleza, en principio deberían tener valores definidos en todo momento. El desconocimiento de tales valores significaba que la mecánica cuántica no era un modelo completo de la naturaleza. Por otra parte, si cuando se medía la posición el momento se volvía borroso e incognoscible, eso significaría que de alguna manera se desvanecía de la realidad. Por lo tanto, según Einstein, la difuminación del principio de incertidumbre señalaba una limitación de la mecánica cuántica a la hora de ajustar la teoría a la realidad.

Otra cuestión que planteó Einstein fue la no localidad, o «espeluznante acción a distancia». Cualquier influencia remota e instantánea de una partícula sobre otra violaría lo que él llamó el «principio de separación». La causalidad, argumentó, era un proceso local que implicaba interacciones entre entidades adyacentes, propagándose por el espacio de un punto al siguiente a la velocidad de la luz o más despacio. Las cosas distantes deben tratarse como físicamente distintas, no como un sistema vinculado. De lo contrario, podría existir una especie de «telepatía» entre un electrón en la Tierra y otro, por ejemplo, en Marte. ¿Cómo podría cada uno «saber» inmediatamente lo que hace el otro? Para entonces, John von Neumann había formalizado la noción de colapso de la función de onda, sugerida originalmente por Heisenberg. En ese formalismo, la función de onda de una partícula puede expresarse en términos de eigenestados de posición o de eigenestados de momento, pero no de ambos a la vez. Es algo así como rebanar un huevo. Podría cortarlo a lo largo o a lo ancho, pero a menos que quiera cortarlo en dados en lugar de en rodajas, solo haría una cosa o la otra. Del mismo modo, cuando «corta» la función de onda de una partícula, se ve obligado a elegir entre componentes de posición y de momento, dependiendo de cuál de esos factores intente medir. Entonces, al medir la posición o el momento, la función de onda colapsa instantáneamente con una cierta probabilidad en uno de sus eigenestados de posición o momento. Supongamos ahora que la causa de tal colapso es remota. El investigador, sin avisar a la partícula, decide qué cantidad va a medir. ¿Cómo sabe la función de onda de forma instantánea y remota qué conjunto de eigenestados debe elegir en su colapso?

El documento que resultó del diálogo entre Einstein, Podolsky y Rosen, «Can Quantum Mechanical Description of Physical Reality Be Considered Complete?» (comúnmente llamado el artículo EPR), fue escrito y presentado para su publicación exclusivamente por Podolsky. Publicado en *Physical Review* el 15 de mayo de 1935, creó un gran revuelo entre la comunidad cuántica, especialmente en Bohr, que había pensado que el debate había terminado años atrás. Bohr se vio obligado a defender de nuevo la mecánica cuántica, justo cuando había empezado a profundizar en la teoría nuclear.

El artículo describía una situación de partículas emparejadas —como un sistema de dos electrones— que se desplazaban a lugares diferentes, por ejemplo tras una colisión. Aunque estuvieran separadas, la mecánica cuántica nos informa de que una función de onda común describiría el sistema conjunto. Schrödinger denominaría a tal situación *entrelazamiento*.

Supongamos que un investigador midiera la posición de la primera partícula. La función de onda de todo el sistema colapsaría en uno de sus eigenestados de posición, revelando instantáneamente el conocimiento también de la posición de la segunda partícula. Si, por el contrario, se registrara el momento de la primera partícula, el momento de la segunda se haría evidente de repente. Dado que la segunda partícula no podría saber de antemano lo que el investigador planeaba hacer, debe tener preparados ambos eigenestados, tanto el de posición como el de momento. Con sus eigenestados de posición y de momento existiendo a la vez, la segunda partícula se encontraría en una situación prohibida por el principio de incertidumbre. En lugar de una prenda sin costuras, sugiere el documento, la teoría de la medición cuántica es un mosaico de contradicciones.

Schrödinger no tardó en escribir a Einstein para celebrar los resultados: «Me alegró mucho de que usted agarrara abiertamente por el pescuezo a la mecánica cuántica dogmática, algo que ya habíamos discutido tantas veces en Berlín».[7]

Sin embargo, como han señalado los filósofos de la ciencia Arthur Fine y Don Howard, Einstein tuvo cuidado de distinguir sus opiniones personales de los argumentos expresados en el documento EPR. Sorprendentemente para una figura tan consagrada, Einstein nunca revisó el documento antes de su presentación. Por lo tanto, tenía ciertos reparos sobre la forma en que Podolsky construyó su línea de razonamiento. Como respondió a Schrödinger: «[El artículo] fue escrito por Podolsky después de muchas discusiones. Pero no salió tan bien como yo hubiera querido; la esencia quedó enterrada por la erudición».[8]

Einstein no quería que se hiciera hincapié en la verdad o falsedad del principio de incertidumbre. Más bien quería hacer hincapié en la necesidad de leyes naturales que ofrecieran descripciones locales y completas de todas las magnitudes físicas. La mecánica cuántica, defendida por Heisenberg, Von Neumann y otros, parecía tener aspectos no locales y ambiguos que reclamaban una explicación más completa.

«Toda la física describe la *realidad* —le explicó a Schrödinger—. Pero esta descripción puede ser completa o incompleta».[9]

Para elucidar su punto de vista, Einstein describió a Schrödinger una situación en la que una pelota podía estar en una de dos cajas cerradas. Tomada al pie de la letra, la teoría de la probabilidad sugeriría que está la mitad en una y la otra mitad en la otra. Sin embargo, en realidad no podría estar dividida entre ambas; debe estar en una o en la otra. Una descripción completa indicaría sin ambigüedad dónde se encuentra la pelota en cada momento.

173

Incluso antes de que se publicara el artículo, Einstein dio a conocer al mundo su punto de vista. El 4 de mayo de 1935, el *New York Times* ofrecía el estremecedor titular «Einstein ataca la teoría cuántica». El artículo explicaba la opinión de Einstein de que «aunque es *correcta* no es *completa*».[10]

La pólvora de Einstein

Hemos visto cómo, una y otra vez, Einstein ayudó a dar forma a las ideas y a la carrera de Schrödinger, desde su interés por la física teórica hasta su desarrollo de la ecuación de onda, desde su nombramiento en Berlín hasta la concesión del Premio Nobel. Es cierto que Schrödinger tenía una mente brillante y original. Como bien sabe el público actual, desarrolló el ingenioso experimento mental del gato en la caja. Sin embargo, Einstein también lo inspiró.

El experimento EPR de Einstein ayudó a reavivar la antipatía de Schrödinger hacia ciertos aspectos «difusos» de la medición cuántica. Schrödinger encontró un nuevo afán por explorar las inconsistencias de la visión estándar. A cambio, Einstein encontró en Schrödinger un oído ávido para sus reparos.

«En realidad, usted es la única persona con la que me gusta discutir. [...] Usted mira las cosas como es debido, por dentro y por fuera», le escribió Einstein el 8 de agosto.[11] Casi todos los demás, en su opinión, se aferraban al nuevo dogma sin considerar objetivamente sus inquietantes implicaciones. Sin duda, Schrödinger estaba encantado de haberse convertido en el principal confidente de Einstein en cuestiones cuánticas.

En la misma carta, Einstein pasó a describir una situación paradójica relacionada con la pólvora. La experiencia nos dice que la pólvora, suponiendo que sea combustible, o ya ha explotado o aún no lo ha hecho. Pero como señaló Einstein, al aplicar la ecuación de Schrödinger a la función de onda que representa un montón de pólvora, esta podría evolucionar hacia una forma en la que fuera una extraña mezcla de las dos posibilidades. Explotaría y no explotaría al mismo tiempo.[12]

Por lo tanto, en la concepción de Einstein, los sistemas grandes y familiares, expresados en el lenguaje de la mecánica cuántica, bien podrían convertirse en híbridos monstruosos que combinan verdades contradictorias en una realidad lógicamente incoherente. La inconsistencia lógica, incluidas las afirmaciones autocontradictorias, fue el combustible de la afirmación del matemático austriaco Kurt Gödel, publicada en 1931 y presentada en una charla del IAS de Princeton en 1934, de que el sistema matemático de Hilbert era incompleto. Del mismo modo, Einstein afirmó que la mecánica cuántica contenía autocontradicciones que derrumbarían su metodología.

La extraña historia de un gato

Basándose en parte en la idea de la pólvora de Einstein, con una pizca del experimento mental de la bola en la caja de Einstein, Schrödinger elaboró su experimento mental del felino de una manera diseñada para resaltar las ambigüedades de la medición cuántica. Reconoció su deuda con Einstein en una carta fechada el 19 de agosto, en la que anunciaba que había desarrollado una paradoja cuántica que «se parece a su polvorín explosivo».

Tal y como Schrödinger describió el experimento imaginario a Einstein: «Un contador Geiger y una cantidad minúscula de uranio que podría activarlo están encerrados en una cámara de acero, una cantidad tan pequeña que en una hora hay la misma probabilidad de que el contador registre o no una desintegración nuclear. Un relé amplificador garantiza que si se produce la desintegración atómica se rompería un matraz que contiene ácido cianhídrico [venenoso]. Cruelmente, también se incluye un gato en la cámara de acero. Al cabo de una hora, en la función psi combinada del sistema, se mezclarían —perdón por la expresión— partes iguales del gato vivo y del muerto».[13]

La implicación es que antes de que se abra la caja y se revele su contenido, al igual que el uranio tiene las mismas posibilidades de haberse desintegrado o no, el gato tendría las mismas posibilidades de haber sido envenenado o haberse salvado. Por lo tanto, la función de onda combinada que representa tanto la lectura del contador Geiger como el estado del gato se encontraría en una extraña yuxtaposición: medio desintegrado, medio no; medio muerto, medio vivo. Solo cuando alguien abriera la caja, la función de onda combinada colapsaría en una de las dos posibilidades.

Al plantear un gato cuya función de onda es una mezcla a partes iguales de vida y muerte hasta que un experimentador abre la caja en la que se encuentra, Schrödinger puso de relieve una situación aún más inverosímil que el escenario de la pólvora de Einstein, con la esperanza de demostrar que la mecánica cuántica se había convertido en una especie de farsa. ¿Por qué un gato? Schrödinger disfrutaba creando analogías con cosas familiares, como objetos domésticos o mascotas, para sacar a relucir lo absurdo de las situaciones al hacerlas más tangibles. No es que guardara rencor a ningún felino en particular —al contrario, como recordaba Ruth, «adoraba a los animales»— ni que hubiera uno al que quisiera inmortalizar.[14] ¿Podrían dos cosas cualesquiera estar en un estado entrelazado, por muy disímiles o distantes que fueran? ¿Podría utilizarse el formalismo de la función de onda, aplicado originalmente a los electrones a escala diminuta, para caracterizar cualquier cosa? La mera idea de vincular los destinos de los seres vivos y las partículas, sugirió, era ridícula. La mecánica cuántica se había desviado mucho de su misión original si podía aplicarse a criaturas que respiran y ronronean.

Einstein respondió a Schrödinger expresando su aprobación: «Su ejemplo del gato demuestra que estamos completamente de acuerdo con respecto a la evaluación del carácter de la teoría actual. Una función psi, en la que están incluidos tanto el gato vivo como el muerto, simplemente no puede considerarse como la descripción de un estado real».[15]

Para consternación de Bohr, Schrödinger, en tándem con Einstein, parecía estar burlándose de una teoría exitosa sin proporcionar una alternativa más creíble. ¿Y una teoría unificada que sustituyera a la mecánica cuántica? De ninguna manera Bohr consideraría creíble la búsqueda de Einstein (y más tarde de Schrödinger) de una teoría del campo unificado, ya que los modelos que Einstein proponía no se basaban en datos atómicos y ni siquiera contaban con las fuerzas nucleares. No obstante, Bohr siempre fue educado y paciente, incluso con sus detractores.

El enigma del gato de Schrödinger se publicó en noviembre de 1935 como parte de un artículo, «On the Present Situation in Quantum Mechanics», el mismo artículo en el que había acuñado el término *entrelazamiento*. Como comentamos en la introducción, el experimento mental apenas fue conocido por el público hasta muchas décadas después. En ese momento, solo la comunidad de físicos tuvo la oportunidad de reír, chillar o refunfuñar ante el extraño escenario hipotético de Schrödinger.

Uno de los motivos de la paradoja del gato es el choque entre lo que ocurre en los niveles microscópico y macroscópico. Como describió Schrödinger en su artículo, la incertidumbre a escala atómica se une a la borrosidad a escala humana. Dado que esa turbiedad macroscópica nunca se observa, la indeterminación microscópica tampoco debe existir.[16]

Schrödinger sostenía que las reglas cuánticas probabilísticas no podían aplicarse a los seres vivos. Le preocupaba la afirmación de algunos de sus contemporáneos de que el lanzamiento de dados cuánticos explicaba las elecciones de las criaturas sensibles. A diferencia de lo que ocurría con el comportamiento de las partículas, señaló, no se podía desarrollar una tabla de probabilidades para las acciones realizadas por las personas.

En el artículo «Indeterminism and Free Will», escrito en inglés y publicado en julio de 1936 en la prestigiosa revista *Nature*, Schrödinger abordó las diferencias entre las interacciones de las partículas y la toma de decisiones humanas, refutando las analogías que se hacían entre ellas. «En mi opinión, toda la analogía es falaz —escribió—, porque la pluralidad de acciones posibles... es un autoengaño. Piense en casos como el siguiente: está usted sentado en una cena formal, con personas importantes, terriblemente aburrida. ¿Podría usted, de repente, saltar sobre la mesa y pisotear los vasos y los platos, solo por diversión? Quizá podría: quizá le apetece: en cualquier caso, no puede».[17]

En otras palabras, los factores preestablecidos, como los modales y la personalidad, determinan qué decisiones acaban tomando las personas. Tal concepto de *libre albedrío* parece estrechamente ligado a la noción de Schopenhauer de que las acciones aparentemente espontáneas son en realidad inevitables. Si se conocieran los motivos subyacentes y los antecedentes de las personas, en general se podría predecir lo que harían en determinadas circunstancias. Sin embargo, no se daría el caso, según Schrödinger, de que dijeras que tendrían un 75 % de posibilidades de hacer una cosa y un 25 % de hacer otra. Más bien, anticiparías correctamente lo que harían o no lo predecirías correctamente, dependiendo de lo bien que los conociera a ellos y a la situación.

Schrödinger ridiculizó la idea de que los métodos de Heisenberg pudieran utilizarse para calcular la frecuencia con la que la gente hace determinadas cosas. «Si fumar o no fumar un cigarrillo antes del desayuno (¡algo muy perverso!) fuera una cuestión del principio de incertidumbre de Heisenberg —escribió—, este estipularía entre los dos acontecimientos una estadística definida [...] que yo podría invalidar por firmeza. O, en segundo lugar, si eso se niega, ¿por qué demonios me siento responsable de lo que hago, ya que la frecuencia de mi pecado está determinada por el principio de Heisenberg?».[18]

UNA OFERTA QUE DEBERÍA HABER RECHAZADO

Ningún historiador ha desarrollado un algoritmo que pueda explicar con exactitud las decisiones de Schrödinger, ni utilizando el principio de incertidumbre ni ningún otro método. A finales de 1935, se enteró de que su puesto en Oxford solo tendría financiación para dos años más antes de expirar. Tendría que marcharse, pero ¿adónde?

Mientras tanto, Arthur March se llevó a Hilde y a Ruth con él de vuelta a Austria. Hilde estaba deprimida y necesitaba tratamiento en un sanatorio. Sin la madre de su hija, Erwin se buscó otra amante, Hansi Bauer-Bohm, una fotógrafa judía vienesa que entonces vivía en Inglaterra. Al igual que Hilde, era una mujer casada, pero mucho más segura de sí misma y asertiva. Después de que hubieran pasado muchos meses juntos, ella le hizo saber que planeaba volver a su ciudad natal. Con una de sus amantes en Austria y la otra a punto de regresar, quizá la suerte estaba echada para que él también se aventurara a volver allí.

Por casualidad, el destino o los misteriosos mecanismos de la toma de decisiones académicas, Schrödinger recibió una tentadora oferta conjunta de dos universidades austriacas: una cátedra en la Universidad de Graz unida a una cátedra honoraria en la Universidad de Viena. Su viejo amigo de la época de estudiante, Hans Thirring, se encargó de gestionar esta última. La única otra oferta sobre la mesa era una cátedra en Edimburgo, que consideró brevemente hasta que se enteró de lo bajo que sería el salario. Así que aceptó la oferta de Graz, y el puesto de Edimburgo fue para Born, la segunda opción.

En retrospectiva, trasladarse a Austria justo antes del *Anschluss* (su anexión por la Alemania nazi) fue un movimiento increíblemente insensato, especialmente para alguien que ya había enfadado a los nazis al dejar un puesto destacado en Berlín. Como comentó Anny: «Cualquiera que supiera un poco de política habría dicho: "No vayas a Austria. Es demasiado peligroso"».[19]

La Austria a la que regresó Schrödinger era muy diferente de la que había dejado una década y media antes. Desde marzo de 1933 había estado bajo un régimen fascista de partido único, gobernado por un movimiento nacionalista que llegó a conocerse como el Frente Patriótico. Similar en espíritu a los fascistas italianos de Benito Mussolini, el partido suprimió tanto a la izquierda socialdemócrata como a la derecha nazi austriaca. Engelbert Dollfuss lo dirigió al principio, hasta que en julio de 1934 los nazis austriacos lo asesinaron en un intento de golpe de estado. El objetivo de los conspiradores era la unificación con el Reich alemán bajo Hitler. Cuando el golpe fracasó, Kurt Schuschnigg asumió el cargo de canciller. Se resistió a las presiones para que Austria se alineara con Hitler y abogó por mantener su independencia. Sin embargo, el movimiento nazi austriaco siguió creciendo. Al igual que los nazis alemanes, organizó a trabajadores desempleados enfadados y a otros simpatizantes en una formidable fuerza paramilitar. Los animaban las declaraciones de Hitler (nacido en Austria) a favor de un gran Reich que incluyera a todo el pueblo de habla alemana.

En julio de 1936, Schuschnigg firmó un acuerdo con Hitler que, a primera vista, parecía garantizar la independencia austriaca. Austria y Alemania prometieron respetar la soberanía de la otra parte y no inmiscuirse en sus asuntos internos. A cambio, Schuschnigg prometió garantizar que su política exterior fuera la adecuada para un Estado alemán y dejar entrar en su Gobierno a algunos políticos de tendencia nazi. Estas cláusulas aparentemente inocuas sirvieron de caballo de Troya para que Hitler incluyera a sus partidarios en la dirección austriaca y comenzara a presionar desde dentro para el sometimiento.

Schrödinger comenzó su cátedra en Graz en octubre de ese año. Una vez más intentó ignorar la política y se centró en su investigación. Le habían intrigado las recientes propuestas de Arthur Eddington para unir la física cuántica con la relatividad general y explicar la incertidumbre mediante argumentos cosmológicos. Así, en medio de la agitación austriaca, su mirada estaba fija en sus ecuaciones.

LO CUÁNTICO Y EL COSMOS

El papel de Eddington a finales de la década de 1910 y principios de la de 1920 como principal defensor, intérprete y probador de la relatividad general le había granjeado mucho respeto en la comunidad de físicos. Sin embargo, a partir de mediados y finales de los años veinte, su investigación se centró cada vez más en explicar las propiedades de la naturaleza mediante relaciones matemáticas que conectaban lo muy grande y lo muy pequeño. Aunque fue en muchos sentidos un visionario que fue uno de los primeros en mezclar la física de partículas con la cosmología, muchos físicos desestimaron su trabajo teórico posterior por considerarlo numerología más que ciencia. Por ejemplo, el astrofísico británico Herbert Dingle se refirió a su trabajo (junto con otras teorías especulativas) como la «pseudociencia de la cosmitología invertebrada».[20]

Por otro lado, Einstein y Schrödinger respetaban enormemente el pensamiento independiente de Eddington. Como ellos, no era ciertamente uno más del rebaño. Aunque no estaban de acuerdo con sus recetas, apreciaban su mirada clínica sobre las dolencias de la mecánica cuántica y sobre cómo mejorarla.

Dos de las relaciones más importantes de la física moderna son la ecuación de onda de Schrödinger y la ecuación de la relatividad general de Einstein. Sorprendentemente, sus ámbitos son muy diferentes. Mientras que la ecuación de Schrödinger describe la distribución y el comportamiento de la materia y la energía a lo largo del espacio y el tiempo, la ecuación de Einstein muestra cómo el propio tejido del espacio y el tiempo está moldeado por la distribución de la materia y la energía. Una distinción clave entre las dos ecuaciones, por tanto, es que en la ecuación de Schrödinger el espacio y el tiempo son pasivos, mientras que en la de Einstein son activos. Otra es que, al menos en la interpretación de Copenhague de la mecánica cuántica, las soluciones de la ecuación de Schrödinger, las funciones de onda, solo guardan una relación indirecta con lo que se observa realmente. Como describe tan crudamente la paradoja del gato, las cantidades observadas se manifiestan después de que un experimentador tome una medida y haga colapsar la función de onda en uno de sus eigenestados constituyentes. Naturalmente, no se necesita ningún experimentador para que la relatividad general produzca valores definitivos. De lo contrario, ¿quién habría sido el observador durante los 13 800 millones de años de evolución cósmica?

Remodelar la ecuación de Schrödinger para adaptarla a la relatividad especial resultó ser bastante sencillo, como demostró Dirac en 1928. La ecuación de Dirac, diseñada para describir fermiones —partículas con espín semientero— produce soluciones denominadas *espinores*: similares a los vectores, pero con una forma diferente de transformarse al girar por el espacio abstracto. El álgebra para tratar las soluciones de espinor de la ecuación de Dirac, que implica la multiplicación de objetos llamados matrices de Pauli, es un poco más complicada que para las soluciones de función de onda de la ecuación de Schrödinger.

La ecuación de Dirac conduce a la sorprendente predicción de que los electrones tienen homólogos con carga opuesta pero la misma masa. Dirac pensaba que se trataba de «agujeros» en el mar de energía del universo que quedaron cuando surgieron los electrones. Más bien, resultaron ser partículas reales llamadas positrones: las versiones antimateria de los electrones. Carl Anderson los identificó por primera vez en 1932 mediante un estudio de los rayos cósmicos.

En comparación con su reconciliación con la relatividad especial, vincular la mecánica cuántica con la relatividad general resultó ser un problema mucho más formidable. A lo largo de la década de 1930, muchos físicos intentaron sin éxito fusionar ambas. Incluso Einstein, que generalmente se mantenía alejado de las cuestiones cuánticas salvo para criticarlas o intentar suplantarlas, probó suerte. En sus últimos años en Berlín, de 1932 a 1933, él y Mayer trabajaron en una forma de expresar la relatividad general utilizando objetos matemáticos de cuatro componentes relacionados con los espinores, llamados semivectores. Parte de la motivación de Einstein era construir una teoría del campo unificado que permitiera partículas con carga opuesta de diferente masa: tanto protones como electrones. Todas sus teorías del campo unificado anteriores, incluido el enfoque del paralelismo a distancia, solo podían manejar partículas de la misma masa, los electrones. Para introducir los protones, él y Mayer esperaban generalizar la ecuación de Dirac para que se ajustara a la relatividad general y predijera también partículas de masa diferente. Desgraciadamente, al igual que sus anteriores enfoques unificados, el método semivectorial de Einstein no consiguió producir resultados físicamente razonables. Cuando se trasladó a Princeton, Mayer dejó de trabajar con él y decidió abandonar el enfoque semivectorial. Sería una más en su lote de coches usados de teorías tomadas para una prueba de conducción de varios años, que resultaron ser chatarra, y luego cambiadas por otra.

Eddington estaba igualmente intrigado por la ecuación de Dirac y tentado por su puente entre la física cuántica y el reino cuatridimensional de la relatividad especial. Junto con el principio de incertidumbre de Heisenberg, aparecido el año anterior, le motivó a desarrollar una visión fundamentalmente nueva del universo de arriba abajo. En su análisis partió de algunas proposiciones básicas, como que el universo es curvo y finito —similar al modelo original de Einstein del universo con una constante cosmológica— y que todas las magnitudes físicas son relativas. Para medir una magnitud física como la posición o el momento, sugirió Eddington, un investigador debe compararla con los valores de otros puntos de referencia. Esta comparación, en el contexto de un espaciotiempo deformado por la gravedad, introduce una medida de imprecisión, lo que conduce al principio de incertidumbre. Dado que es más difícil medir cosas más pequeñas relacionando sus posiciones y momentos con los de otros objetos conocidos, la incertidumbre es mucho mayor a nivel atómico que a nivel astronómico. Por lo tanto, la incertidumbre cuántica no es una característica fundamental de la naturaleza, sino el resultado de la incapacidad humana para medir todo en el universo con absoluta precisión.

Considerando las funciones de onda como compuestas y no como fundamentales, Eddington utilizó la relatividad general, modificada por su idea de cantidades físicas relativas, para trazar distribuciones de posiciones, momentos y otras cantidades para colecciones de partículas. Después combinó estos datos para construir funciones de onda y ecuaciones de onda. Su objetivo era demostrar que las leyes del espacio-tiempo, vistas a través de la brumosa lente de las limitaciones humanas para determinar posiciones y momentos, conducían a ecuaciones parecidas a las de la mecánica cuántica.

Eddington desarrolló una estimación de la constante de Planck, basada en el número de partículas del universo, la curvatura del universo y otras cantidades. Argumentó que la discreción de los saltos cuánticos se debía a que el universo tenía una cantidad finita de espacio y un número finito de partículas. Tratando el universo como algo parecido a un cuerpo negro, calculó la energía disponible para cada uno de sus constituyentes e intentó así igualar la cifra de Planck.

Aunque Eddington podía ser claro y atractivo en sus escritos, sus cálculos relativos a su teoría fundamental, como llamaría a su conexión entre cuántica y cosmos, eran bastante opacos. Siempre interesado en el panorama general, Schrödinger quedó fascinado por la teoría de Eddington, pero no pudo seguir los pasos que había dado hasta llegar a sus resultados. En junio de 1937, Schrödinger le escribió para pedirle aclaraciones sobre su cálculo de la constante de Planck. Eddington respondió, pero aún no a satisfacción de Schrödinger.

Italia estaba estrechamente aliada con Austria en aquella época, por lo que era relativamente fácil viajar hasta allí. A lo largo de 1937, Schrödinger viajó allí varias veces. Una visita en junio lo llevó a Roma, para aceptar el honor de convertirse en miembro de la Academia Pontificia de las Ciencias. En otro viaje, en octubre, se aventuró a ir a Bolonia para dar una charla académica sobre la teoría de Eddington. Para su consternación, recibió duras preguntas de Bohr, Heisenberg y Pauli, que se encontraban entre el público, sobre los cálculos de Eddington. Se vio atrapado en la precaria posición de defender una teoría que realmente no entendía.

A pesar de los recelos de Schrödinger sobre la teoría de Eddington, esta se convirtió en un trampolín para que intentara elaborar su propia teoría de la unificación. Al igual que Einstein y Eddington, empezó a ver ventajas en explicar los aspectos problemáticos de la mecánica cuántica, como la indeterminación, los saltos entre estados, el entrelazamiento, etc., mediante una teoría mayor basada en la modificación de la relatividad general.

En otra dimensión con intención unificadora

Mientras Schrödinger luchaba con los matices de la teoría fundamental de Eddington, Einstein regresó al reino de las dimensiones superiores de Kaluza y Klein. Cerrando el círculo, decidió intentar de nuevo hacer uso del espacio extra proporcionado por una quinta dimensión para ampliar la relatividad general e incluir las leyes del electromagnetismo junto con la gravitación. A diferencia de sus esfuerzos anteriores con Mayer, decidió incluir una dimensión extra física en lugar de una simplemente matemática. Añadir una quinta dimensión reforzaba las ecuaciones de la relatividad general con cinco componentes independientes más. Al incluir esos términos extra, esperaba poder describir el comportamiento completo de las partículas: electromagnético junto con gravitatorio, y cuántico junto con clásico. Para elaborar los detalles concretos del nuevo enfoque de la unificación, Einstein tuvo la suerte de contar con dos hábiles ayudantes. El primero, el físico judío alemán Peter Bergmann, se incorporó al Instituto de Estudios Avanzados en septiembre de 1936. Se había doctorado en Praga con Philipp Frank, que había sucedido a Einstein en esa universidad. El segundo, el físico matemático Valentine «Valya» Bargmann, también nacido en Alemania pero de ascendencia judía rusa, empezó al año siguiente. Había completado sus estudios de doctorado con Pauli en Zúrich. Como judíos alemanes, cada uno tenía poco futuro en Europa; de ahí el traslado a América, donde Einstein los dio la bienvenida. Observando la curiosa similitud de sus apellidos, Helen Dukas los apodó «el Berg y el Barg».[21]

Aparte de reunirse con sus ayudantes, Einstein ya no tenía muchas limitaciones de tiempo. Se había quedado viudo en diciembre de 1936, cuando Elsa murió tras una larga enfermedad que le provocó problemas en los riñones y el corazón. Su hija Ilse había sucumbido al cáncer dos años antes. Dukas, que vivía con los Einstein en la calle Mercer, había asumido la mayor parte de las responsabilidades domésticas. Margot, y más tarde Maja (la hermana menor de Albert), también residían con ellos.

Einstein desarrolló una rutina diaria de trabajo. Cada mañana, hacia las once, Bergmann y Bargmann pasaban por su casa. Mantenían una charla informal y planificaban el día, incluyendo tiempo para cálculos y posiblemente una velada enriquecida con música de cámara. Dukas acompañaría a los tres hombres hasta la puerta, asegurándose de que Einstein iba vestido adecuadamente para el tiempo que hacía.

Einstein, Bergmann y Bargmann pasearían por el frondoso barrio hasta llegar al despacho de Einstein en el Instituto de Estudios Avanzados. Hasta 1939, su destino sería Fine Hall, habitación 109, en el campus de Princeton; después sería Fuld Hall, la nueva sede construida en la antigua granja Olden, a las afueras del centro de la ciudad. Mientras caminaban, relatarían las luchas o victorias que habían tenido con su investigación desde el día anterior. La mayoría de las personas que escucharan su conversación no habrían tenido ni idea de lo que estaban hablando.

Una vez instalados en su despacho, Einstein revisaba cuidadosamente sus últimos resultados y los sondeaba con preguntas. Su despacho de Fuld Hall estaba dividido en dos partes: una sala grande con una pizarra grande y una sala pequeña con una pizarra pequeña. Las dos pizarras tenían propósitos diferentes. La grande, marcada «Borrar», se utilizaba para cálculos fugaces que a menudo no llevaban a ninguna parte, garabatos y notas variadas y cualquier otra cosa que consideraran de importancia pasajera. La pizarra pequeña, marcada «No borrar», servía como *tabula* sagrada donde se escribirían las ecuaciones «definitivas».[22] Efectivamente, «definitivas» solía significar que durarían unas semanas o meses antes de ser sustituidas. No obstante, en caso de que resultaran ser correctas, el letrero impedía que se borraran.

Fuld Hall, donde se encontraba el despacho de Einstein, Instituto de Estudios Avanzados, Princeton, Nueva Jersey. Foto de Paul Halpern.

Para entonces, los criterios de Einstein sobre si las ecuaciones eran o no correctas se habían desviado bruscamente del mundo de la experiencia. Aunque seguía sin ser religioso en el sentido convencional, su religión cósmica, basada en Spinoza, guiaba sus juicios. Con frecuencia pedía a sus ayudantes que pensaran en qué opciones habría elegido Dios al diseñar una teoría del todo.[23] Las singularidades (puntos en los que las cantidades se vuelven infinitas) y cualquier otro valor que no pudiera ser determinado por las ecuaciones eran «pecados», como él decía. Las ecuaciones debían ser tan ajustadas como un plano arquitectónico, sin dejar nada al azar.

Dado su deseo de una descripción completa del universo en la que no quedaran cabos sueltos, el nuevo afán de Einstein por la quinta dimensión era en cierto modo una evasiva. El uso de tal dimensión extra permitía conexiones no locales entre cosas distantes, siempre que tales conexiones residieran en un enclave inobservable de dimensión superior. En el experimento EPR y en su correspondencia, Einstein había argumentado con vehemencia en contra de que la función de onda tuviera información oculta sobre una partícula. Todas las magnitudes físicas debían ser «reales» en todo momento, aunque no se estuvieran midiendo. Sin embargo, en sus intentos de unificación en cinco dimensiones, la información podía quedar enterrada en un espacio inaccesible. Era como si un político dijera a la prensa: «Mientras que mi oponente no documenta ningún vínculo con corporaciones extranjeras, yo sí lo hago completamente, en papeles guardados para siempre en mi inaccesible bóveda de seguridad».

La principal ventaja de la unificación en cinco dimensiones era que la propia relatividad general podía permanecer intacta. La dinámica adicional podía construirse de forma que se preservara la descripción cuatridimensional de la gravedad, que coincidía con las mediciones del eclipse y otras pruebas experimentales. Algunas de las otras propuestas de unificación de Einstein, como el paralelismo a distancia, no conservaban estos importantes resultados, lo que las hacía sospechosas desde el principio. Las ecuaciones que Einstein esperaba que sustituyeran a la mecánica cuántica resultarían de los términos adicionales que surgieron al ampliar el número de dimensiones de cuatro a cinco. Era como si la propietaria de una mansión histórica señorial decidiera construir un añadido para acomodar sus necesidades de espacio extra, en lugar de remodelar la estructura existente y arruinar su atractivo.

Los ayudantes de Einstein admiraban su perseverancia. Seguían adelante con una idea para la unificación, día tras día, hasta llegar a un obstáculo. Una vez que se daba cuenta de que habían ido por mal camino, los dirigía pacientemente hacia un nuevo rumbo, sin apenas expresar frustración o pesar. Tenía fe en que acabarían alcanzando su objetivo; solo era cuestión de tiempo.

CONCESIONES INÚTILES

En los últimos meses de 1937, los retos más acuciantes de Schrödinger consistían en hacer malabarismos con sus obligaciones docentes, sus intereses de investigación y el tiempo que pasaba con las tres mujeres diferentes de su vida: Anny, Hilde y Hansi (que se había trasladado de nuevo a Austria, como era de esperar). Tenía una cátedra aparentemente segura en Graz y un agradable puesto de visitante en Viena, lo que le daba un motivo omnipresente para visitar su querida ciudad natal y a su buen amigo Thirring.

Todo eso se vino abajo a principios de 1938, cuando el Anschluss puso a Austria bajo el férreo control de los nazis. Debido a las ambiciones desmedidas de Hitler y a la enorme superioridad militar de Alemania sobre Austria en aquel momento, quizá la conquista fuera inevitable. Schuschnigg intentó desesperadamente apaciguar al dictador al tiempo que mantenía la independencia austriaca. Sus esfuerzos culminaron en una reunión el 12 de febrero con Hitler en la que este aceptó coordinar su política interior y exterior con Alemania y permitir la libertad total de los nazis austriacos. Entonces calculó mal y decidió celebrar un plebiscito para la independencia austriaca, programado para el 13 de marzo. Hitler montó en cólera y ordenó una invasión. Anticipándose a la derrota, Schuschnigg dimitió el 11 de marzo. Cuando las tropas nazis marcharon a la mañana siguiente y transformaron Austria en una provincia del Reich, no se informó de que hubiera resistencia.

Schrödinger era conocido por su oposición a los nazis y era amigo íntimo de Einstein. Como le disgustaba la política, en general no veía la necesidad de difundir sus opiniones. En Graz, donde los nazis eran populares, guardó silencio sobre sus creencias. Sin embargo, varias semanas antes del Anschluss había dado una charla en Viena sobre el trabajo de Eddington en la que, para terminar, había censurado los intentos de las naciones de dominar a otras. Intuyendo inmediatamente de qué potencia dominante había estado hablando, el público le aplaudió con entusiasmo.

Tras su toma del poder, los nazis purgaron rápidamente las universidades de socialistas, comunistas, pacifistas, nacionalistas austriacos y de cualquiera que estuviera en la oposición política. Todos los judíos fueron expulsados de las universidades y de otros cargos públicos. Thirring, un ardiente pacifista, perdió inmediatamente su trabajo. Schrödinger pudo, por supuesto, ver la escritura en la pared.

Cansado de ser un investigador vagabundo, Schrödinger decidió que haría todo lo posible por conservar sus cátedras, costara lo que costara. Debido al origen judío de Hansi, enfrió su relación con ella. Naturalmente, a ella le molestó su insensible medida. También acudió al rector de la Universidad de Graz nombrado por los nazis, Hans Reichelt, y le pidió consejo. Reichelt le sugirió que redactara una carta declarando su lealtad al Reich y la enviara al senado universitario. Temiendo ser despedido, accedió a hacerlo.

Para vergüenza posterior de Schrödinger, su declaración de apoyo al Anschluss fue enviada a los periódicos de todo el Reich y se publicó ampliamente el 30 de marzo. Los científicos extranjeros no tardaron en enterarse a través de un reportaje en *Nature*. Antiguos colegas quedaron estupefactos al leer su «confesión», que sonaba como si fuera un hitleriano renacido. «Había juzgado mal hasta el final la verdadera voluntad y [...] el destino de mi paíss —escribió Schrödinger—. La voz de la sangre llama [a los antiguos escépticos] a su pueblo y a encontrar así el camino de vuelta a Adolf Hitler».[24]

En abril, esperando quizá ganar más puntos de lealtad, Schrödinger se dirigió de nuevo a Berlín para asistir a una conferencia en honor del octogésimo cumpleaños de Planck. Su participación ofrecía la posibilidad de dar marcha atrás al reloj y restaurar su lugar en la comunidad de físicos alemanes.

Sin embargo, los gestos de solidaridad de Schrödinger con el régimen resultaron inútiles. Cuando regresó a Graz, pronto se enteró de que había sido destituido de su puesto honorífico en Viena. En agosto de ese año, había perdido también su cátedra de Graz. Los nazis no le consideraban lo suficientemente fiable como para conservar su estatus. Su pacto fáustico con el régimen de Hitler solo le devolvió al purgatorio de no tener ningún papel académico.

So Long, Farewell, Auf Wiedersehen, Adieu

La dramática representación que Hollywood hizo en *Sonrisas y lágrimas* de la huida de una familia de Austria se tomó algunas libertades. Mientras que la ficticia familia musical de los Von Trapp huyó sigilosamente a través de las montañas hacia Suiza, los verdaderos Von Trapp escaparon silenciosamente del régimen nazi aprovechando sus conexiones con Italia. Georg von Trapp tenía la ciudadanía italiana, lo que les permitió viajar libremente a ese país en tren, luego a Londres y finalmente a América, donde ya tenían planeada una gira de conciertos.

Del mismo modo, después de que Schrödinger perdiera sus puestos académicos y decidiera que había llegado el momento de que Anny y él abandonaran su tierra natal, Italia resultó ser una cómoda ruta de salida. Sin embargo, su huida resultó mucho más angustiosa que la de la familia Von Trapp. Por un lado, aunque había recibido noticias indirectas de una nueva posibilidad de trabajo, los términos eran muy vagos. Además, como Austria ya no era un país independiente, carecía de los documentos de viaje adecuados.

El salvador de Schrödinger fue alguien a quien ni siquiera conocía: Éamon «Dev» de Valera, el *taoiseach* (primer ministro) de Irlanda. Nacido en Estados Unidos de madre irlandesa y padre cubano, se trasladó con su familia a Limerick (Irlanda) a los dos años. Tras estudiar Matemáticas en la Royal University de Dublín, donde se aficionó a la obra de William Rowan Hamilton, dio clases en el St. Patrick's

College de Maynooth y en otros lugares de Irlanda. En 1916, una creciente sensación de cómo se reprimía la cultura irlandesa lo llevó a unirse a los Voluntarios Irlandeses y a participar en el Alzamiento de Pascua, una rebelión contra el dominio británico a favor de una república irlandesa democrática. Comandó el Tercer Batallón desde un puesto en Boland's Mill, un gran almacén de harina.

Muy superados en número y armamento por las tropas británicas, los Voluntarios Irlandeses se vieron obligados a rendirse. De Valera y los demás líderes fueron capturados y, en todos los casos menos uno, ejecutados. A De Valera se le perdonó la vida, posiblemente por su nacimiento estadounidense o quizá porque hubo presiones para detener las ejecuciones. Tras pasar un año en la cárcel, regresaría a Irlanda para liderar el partido Sinn Féin y ayudar a establecer las condiciones para la independencia irlandesa. Debido a las diferencias con el Sinn Féin sobre las negociaciones con Gran Bretaña, acabaría fundando el partido Fianna Fáil y se convertiría en *taoiseach*.

Como líder del partido, redactó casi en solitario la constitución irlandesa de 1937 y encaminó al país hacia la neutralidad y la separación del Reino Unido. Formado como matemático, se sintió profundamente perturbado por el deterioro del antiguo centro de investigación de Hamilton, el Observatorio Dunsink, considerando un símbolo de decadencia. No solo quería devolver la gloria a Irlanda, sino que también se propuso convertirla en una fuerza líder en matemáticas y ciencia. Para ello, decidió proyectar un Instituto de Estudios Avanzados de Dublín (DIAS), siguiendo el modelo del IAS de Princeton. Pero ¿quién sería su equivalente a Einstein?

Tras enterarse del despido de Schrödinger de Viena, Dev decidió que sería un candidato perfecto para una cátedra destacada en el instituto proyectado. Como no sería prudente ponerse en contacto con él directamente y arriesgarse a alertar a los nazis, Dev envió tanteos a través de una cadena de contactos. Habló con el matemático E. T. Whittaker, de Edimburgo, que había sido uno de sus instructores en Dublín. Whittaker pasó la voz a su colega Born. Born escribió a Richard Bär, un amigo de los Schrödinger que vivía en Zúrich. Bär pidió a un amigo holandés que viajara a Viena para avisarlos. El amigo no los encontró allí, ya que en ese momento se encontraban en Graz, por lo que dejó el recado a la madre de Anny. Finalmente, la madre de Anny les envió por correo una breve nota sobre la oferta de De Valera. Erwin y Anny leyeron la nota tres veces y luego la arrojaron al fuego.

Erwin sabía que no tenía más remedio que aceptar la oferta. En el fondo, aún deseaba un puesto permanente en Oxford, pero intuía que no estaba en las cartas debido a los problemas de financiación y a la animadversión de Lindemann hacia él. Su «confesión a Hitler» había enfurecido aún más a Lindemann. Anny condujo hasta Constanza, en la frontera suiza, donde se reunió con Bär y le transmitió su interés por un puesto en Dublín. Bär respondió por escrito a Born, quien se lo hizo saber a Whittaker. Whittaker, a su vez, transmitió las buenas noticias a De Valera.

El 14 de septiembre, Erwin y Anny escaparon de Graz. Temiendo que un taxista pudiera denunciarlos, Anny llevó su equipaje a la estación de tren, luego dejó su coche en un garaje, y pidió que lo lavaran. Esa fue la última vez que lo vería. Con solo diez marcos en el bolsillo, subieron al tren con destino a Roma.

Al llegar a la Ciudad Eterna, Schrödinger quiso escribir a De Valera y a Lindemann, para comunicarles su situación. Quería aceptar la oferta de De Valera y al mismo tiempo preguntar a Lindemann si podía quedarse en Oxford mientras tanto. Fermi, que era profesor en la Universidad de Roma, advirtió a Schrödinger que cualquier carta que enviara podría ser censurada. Como Schrödinger era miembro de la Academia Pontificia, la Ciudad del Vaticano parecía una opción más segura. Rodeado de la belleza de los jardines vaticanos, compuso y envió las cartas, dirigiendo la de De Valera a la atención de la Sociedad de Naciones en Ginebra. De Valera ejercía entonces como presidente de esa organización internacional. Dos días después, De Valera los llamó y los invitó a Ginebra para mantener conversaciones. Hizo que el cónsul irlandés les expidiera billetes de primera clase y una libra a cada uno para gastos.

Los Schrödinger subieron entusiasmados al tren expreso con destino a Suiza. En la frontera se llevaron un gran susto cuando un guarda, sosteniendo un papel con sus nombres, les pidió que bajaran del tren, se separaran y pasaran por los controles de seguridad. Anny se puso muy nerviosa al pasar su bolso y otros objetos personales por la máquina de rayos X mientras los agentes la miraban fijamente. Por suerte, les permitieron volver al tren y llegaron a Ginebra, donde Dev los recibió calurosamente. Tras permanecer con él tres días discutiendo los planes para el instituto, se dirigieron a Inglaterra. Al llegar a Oxford, Schrödinger se sintió muy decepcionado por la fría reacción de Lindemann, que no le perdonaba su declaración pronazi. Schrödinger no ayudó al afirmar que no era asunto de nadie y que había hecho lo que tenía que hacer. Afortunadamente, no tuvo que depender de la ayuda de Lindemann, ya que pronto recibió una oferta para un puesto de un año en la Universidad de Gante, en Bélgica.

Dado que el Instituto de Dublín estaba aún en fase de planificación sin fecha de apertura a la vista, aprovechó la oportunidad.

A LA ESPERA DEL INSTITUTO

Schrödinger supo más de los planes del *taoiseach* durante una breve visita a Dublín el 19 de noviembre. Según lo previsto, el instituto incluiría una Escuela de Física Teórica y una Escuela de Estudios Celtas. Schrödinger planteó sus propias inquietudes, incluido su interés en que Hilde y Ruth se reunieran con Anny y él en Irlanda.[25] La petición era muy inusual, dado que Hilde tenía marido.

De Valera no se opuso, ya que la petición de Schrödinger era la menor de sus preocupaciones. Necesitaba obtener la aprobación del Dáil (Parlamento irlandés) para el Instituto, un proceso que llevaría muchos meses de disputas políticas. Mientras los Schrödinger estaban en Gante, Dev discutió con miembros del Parlamento como el general Richard Mulcahy, del partido de la oposición Fine Gael, que consideraba que el instituto era redundante cuando ya existían en Irlanda excelentes universidades que necesitaban más financiación. Los críticos se burlaban de la idea de combinar campos tan disímiles como la física teórica y los estudios celtas en una sola institución; lo único que las materias parecían tener en común era que el *taoiseach* estaba interesado en ambas. Quizá la división de física debería simplemente abandonarse, argumentó Mulcahy.

Dev replicó que cada rama podía reforzar la reputación de la otra. Invocando el legado de Hamilton, afirmó que los logros internacionales en las ciencias aportarían gloria y respeto renovados a Irlanda. Como Fianna Fáil estaba en mayoría, sabía que podría conseguir que el proyecto de ley se aprobara finalmente. Sus argumentos se dirigían a los que estaban indecisos para ayudar a acelerar el proceso.

Oír hablar de los debates, en particular de la idea de suprimir la división de física, puso nervioso a Schrödinger, pero Dev le aseguró que al final todo saldría bien. Solo tenía que ser paciente. Como no había otras buenas opciones, el físico tuvo que confiar en Dev.

Un resultado beneficioso del año que Schrödinger pasó en Gante esperando el puesto en Dublín fue que tuvo la oportunidad de conocer a Georges Lemaître, el teórico y sacerdote belga que propuso por primera vez la idea de que el universo se expandió a partir de un estado altamente denso —lo que más tarde se conoció como la teoría del Big Bang—. Schrödinger se animó a contribuir con un cálculo que mostraba cómo ciertos tipos de expansión cósmica implicarían la producción de materia y energía. Su resultado anticipó la teoría del estado estacionario de la cosmología, avanzada por Fred Hoyle, Thomas Gold y Hermann Bondi a finales de la década de 1940, y también el concepto moderno de que gran parte de la materia del universo se produjo durante una era inflacionaria primordial.

En su época de frustración, los pensamientos de Schrödinger se volvieron hacia cuestiones religiosas y filosóficas, en la línea de Spinoza, Schopenhauer y el Vedanta. Un manuscrito inédito que llevaría a Dublín mostraba cómo sus ideas sobre la búsqueda del orden natural habían convergido en un sistema de creencias parecido a la religión cósmica de Einstein. Como escribió Schrödinger: «En la presentación de un problema científico, el otro jugador es el buen Dios. Él no solo ha planteado el problema, sino que también ha ideado las reglas del juego; pero no son del todo conocidas, la mitad de ellas quedan para que usted las descubra o deduzca».[26]

Residencia de Erwin Schrödinger en Kincora Road, en el suburbio dublinés de Clontarf. Foto de Joe Mehigan, cortesía de Ronan y Joe Mehigan.

En septiembre de 1939, el puesto en Gante había expirado y era hora de que Schrödinger abandonara Bélgica. Hilde y Ruth se habían reunido con Erwin y Anny en su residencia, mientras que Arthur permanecía en Innsbruck. Habían surgido varias complicaciones. Por un lado, el Instituto de Dublín aún no había sido aprobado. Además, tras la invasión nazi de Polonia, había comenzado la Segunda Guerra Mundial. Schrödinger no solo estaba de nuevo desempleado, sino que, desde la perspectiva aliada, era técnicamente ciudadano de una potencia enemiga. Eso era un gran problema, porque tendría que pasar por Gran Bretaña para llegar a Irlanda. Por suerte, varios de sus benefactores, entre ellos De Valera y un sorprendentemente servicial Lindemann, intervinieron para conseguirles a él y a su extensa familia los papeles adecuados para cruzar Gran Bretaña y llegar a Dublín. Llegaron allí el 7 de octubre.

No fue hasta el 1 de junio de 1940 cuando el Dáil aprobó finalmente la ley por la que se creaba el Instituto de Estudios Avanzados de Dublín. Su consejo de administración se reunió por primera vez en noviembre de ese año. Para entonces, la principal razón del retraso era la guerra. Mientras Schrödinger esperaba, un compungido De Valera lo ayudó a conseguir una cátedra de profesor visitante en la Real Academia Irlandesa y cursos para dar clases en el University College de Dublín.

Mientras tanto, Schrödinger y su familia encontraron una casa en el número 26 de Kincora Road, en el tranquilo suburbio de Clontarf. Era una ubicación magnífica cerca de la bahía de Dublín. Aficionado al ciclismo, le gustaba que estuviera lo suficientemente cerca del centro de la ciudad para dar un agradable paseo en bicicleta.

Según el historiador cultural irlandés Brian Fallon, «la creación del Instituto de Estudios Avanzados de Dublín en 1940 fue un hito en su género».[27] Fue un hito en lo que algunos han llamado el «Renacimiento gaélico». ¿Quién mejor para dirigir su Escuela de Física Teórica que un hombre del Renacimiento como Schrödinger? Cuando el instituto abrió sus puertas en su sede de Merrion Square, nadie, salvo quizá Dev, podía estar más contento.

CAPÍTULO 6

LA SUERTE DEL IRLANDÉS

La teoría [de Einstein y Eddington] no funcionó, la abandonaron. ¿Por qué debería funcionar ahora? ¿Es por el clima irlandés? Bueno, sí, o quizá el clima tan favorable del 64 de Merrion Square, donde uno tiene tiempo para pensar.

ERWIN SCHRÖDINGER, «The Final Affine Field-Laws»

Nunca confíe en una autoridad en ciencia. Incluso el mayor genio puede equivocarse, tenga uno o dos Premios Nobel, o ninguno.

ERWIN SCHRÖDINGER, «The Final Affine Field-Laws»

En el corazón de Dublín se encuentra un elegante enclave verde, acogedoramente rodeado por hileras de grandiosas casas adosadas georgianas. Cerca del Trinity College, de edificios gubernamentales y de museos, Merrion Square era un marco natural y hermoso para el Instituto de Estudios Avanzados de Dublín. Como remanso de paz para eruditos, De Valera eligió bien al establecer allí las dos ramas del Instituto: la Escuela de Estudios Celtas y la Escuela de Física Teórica. Más tarde se establecería una Escuela de Física Cósmica en el lado opuesto de la plaza.

Por primera vez en años, Schrödinger se sintió seguro y aceptado. Tuvo mucho tiempo para explorar nuevos intereses, como la biología, que culminaría en un influyente libro, *¿Qué es la vida?* Orgulloso de su brillante recluta, Dev llevaría a todo el gabinete nacional a muchas de las conferencias.

64-65 Merrion Square en Dublín, donde se encontraba
la Escuela de Física Teórica y el despacho de Erwin Schrödinger.
Foto de Joe Mehigan, cortesía de Ronan y Joe Mehigan.

Agradecido a su país de acogida y por la atención que le dispensó De Valera, Schrödinger aspiraba a convertirse en un experto en todo lo irlandés. Se sintió fascinado por el diseño celta. Los visitantes de su casa se fijaban en sus intrincados conjuntos de muebles en miniatura hechos a mano, para los que tejía la tela en un telar irlandés. Intentó aprender gaélico y guardaba un manual, *Aids to Irish Composition*, en su escritorio. Aunque era experto en otros idiomas, tuvo muchos problemas con la gramática irlandesa y acabó por abandonar. No obstante, muchos de sus colegas irlandeses apreciaron el esfuerzo. Sobre todo, deleitaba a los dublineses diciéndoles lo mucho que prefería su ciudad a la estirada Oxford.

Schrödinger era activo en el instituto y cordial con sus colegas. Como solía trabajar hasta altas horas de la noche, nunca le gustó levantarse temprano por la mañana. Sin embargo, solía ir en bicicleta al DIAS a tiempo para reunirse con sus compañeros de investigación para tomar el té de la mañana y mantener una agradable conversación.[1]

Había muchas razones para que Schrödinger se sintiera cómodo y seguro. Al vivir en un país neutral, podía evitar los horrores de la guerra y el peligro de expresar opiniones políticamente delicadas. Además, con el poderoso De Valera como mentor y protector, era libre de seguir su inusual estilo de vida.

De Valera no solo era el *taoiseach*, sino también el fundador y propietario de un importante periódico nacional, el *Irish Press*. Las posturas adoptadas por ese periódico solían alinearse con las de De Valera, que formaba parte del consejo editorial. Mucho más tarde, en un gran escándalo, se reveló que había establecido los estatutos del periódico de tal forma que la mayor parte de sus beneficios se canalizaban hacia él y su familia, a pesar de los miles de inversores externos de Estados Unidos e Irlanda. La sociedad se creó de forma que casi todos los inversores poseían acciones falsas y nunca cobraban dividendos, mientras que Dev y su familia poseían las acciones reales y desviaban la riqueza.[2]

Los reporteros del *Press* se enfrentaron a condiciones de hacinamiento y a una atmósfera de caos. Sabían en cierto nivel que formaba parte de su trabajo hacer quedar bien a Dev y a sus amigos. Quizá por esa razón, junto con su brillantez y encanto naturales que impresionaban a los reporteros, Schrödinger recibió una cobertura frecuente y halagadora, a menudo en la primera o segunda página del periódico.

Tomemos, por ejemplo, varios artículos halagadores publicados en el *Irish Press* sobre la vida doméstica de Schrödinger. En el artículo de noviembre de 1940 «A Professor at Home», se le describía como «el mayor nombre de la física matemática que el mundo conoce en estos tiempos modernos». El reportero había supuesto que Schrödinger sería distante, pero «cuando el hombre de voz amable que se escondía tras la voz alegre que emanaba tranquilamente de una boca caprichosamente humorística abrió la puerta del suburbio de Dublín, supe que estaba equivocado. Se trataba de un individuo muy humano».[3]

Por muy famoso que fuera Einstein, sus excursiones en velero solo serían noticia si tenía un percance, como en 1935, cuando su barco encalló en la costa de Connecticut. Para el *Press*, en cambio, hasta el hecho de que Schrödinger se fuera de vacaciones era noticia. Por ejemplo, cuando en agosto de 1942 decidió hacer un viaje en bicicleta a Kerry, el *Press* publicó obedientemente un artículo.[4]

Otro artículo, «The *Atom Man* at Home: Dr. Erwin Schrödinger Takes a Day off», publicado en febrero de 1946, detallaba la vida doméstica de Schrödinger con Anny, Hilde y Ruth. Nada en el artículo pintaba su situación como inusual. Citaba pero no cuestionaba la engañosa descripción de Schrödinger sobre la razón de Hilde y Ruth para estar en Irlanda. Señalando a Ruth, que acababa de ganarle en una partida de ajedrez, Schrödinger dijo: «Ella y su madre, la señora March, estaban con nosotros en Bélgica cuando estalló la guerra. Las trajimos con nosotros».[5]

En general, Ruth estaba contenta en Dublín y disfrutaba de la atención de tres figuras paternas. Un día, una buena amiga le preguntó por qué tenía dos madres pero su «padre» (refiriéndose a Arthur) no estaba allí.[6] Ruth no lo sabía. Para ella era completamente normal. Estaba muy apegada al perro de la familia, Burschie, un collie de las montañas de Wicklow que obtuvieron de cachorro, y se ponía nerviosa cuando aullaba junto con las sirenas de las pruebas durante la guerra. Aparte de la tristeza que sintió cuando murió Burschie, más tarde recordó sus años en Irlanda como «bastante anodinos».[7]

Con De Valera como mecenas, es evidente que Schrödinger no tenía por qué temer un escándalo sobre su vida amorosa. En todo caso, se sentía más capacitado para cortejar a otras mujeres. Con Anny e Hilde cuidando de Ruth y de la casa, siguió teniendo múltiples romances. Todo eso fue entre bastidores, tal y como quedó registrado en su diario. Públicamente, era un «Gran Cerebro», como lo llamaba el *Press*.

Cada día laborable, Schrödinger iba en bicicleta desde su cuidada casa de los suburbios hasta su cómoda oficina y volvía. Se tomaba vacaciones con frecuencia y solo tenía que dar unas pocas conferencias al año. Sus pensamientos eran libres para vagar por el país de las maravillas de la física teórica. En los años de la guerra, cuando muchos de sus colegas sufrían, De Valera le había asegurado una vida acogedora.

Con toda su buena fortuna, había una deuda tácita que debía pagar. Se esperaba de él que pusiera al instituto, y a la ciencia irlandesa en general, en el mapa. Cuando Einstein fue nombrado en Berlín, había expresado su preocupación por ser una «gallina premiada» que bien podría perder la capacidad de «poner huevos».[8] Schrödinger se enfrentaba a una presión similar para rendir, con el factor añadido de que el líder del país lo miraba por encima del hombro en todo momento. Se lo veía como la mejor esperanza de Irlanda para conseguir prestigio internacional en física: su «nuevo Hamilton», su único Premio Nobel residente y su equivalente más cercano a Einstein. La prensa exageró esa imagen, poniendo el listón imposiblemente alto para él.

Parte del ímpetu de Schrödinger por crear también era interno. Aburrido de las rutinas, le gustaba desafiarse a sí mismo y reinventarse. Le gustaba ser visto como un hombre del Renacimiento, quizá incluso como el heredero de los antiguos filósofos griegos. Su mente activa corría de un tema a otro con el fin de encontrar caminos hacia aventuras intelectuales novedosas.

Algunos físicos, ante la necesidad de innovar, intentaban colaborar. A principios de la década de 1940, sin embargo, tales posibilidades eran limitadas. Aunque Schrödinger seguía siendo muy conocido entre la comunidad internacional de físicos, la mayoría de ellos estaban centrados en el esfuerzo bélico. La física teórica se había movido hacia nuevas direcciones, como la física nuclear y la física de partículas. Los intereses de Schrödinger se habían desviado de la corriente principal.

De algún modo, el DIAS, aunque céntrico, permaneció aislado de otras instituciones científicas irlandesas durante un tiempo. Como observó Leopold Infeld, antiguo ayudante de Einstein, durante una visita en 1949: «El Instituto, que atrae a estudiantes de todo el mundo, ha puesto el nombre de Irlanda en los logros científicos. Sin embargo, su influencia en su propio país, en la vida intelectual y en las universidades irlandesas, es pequeña».[9]

El hazmerreír

Mientras que Schrödinger era el chico de oro del *Irish Press*, uno de sus periódicos rivales, el *Irish Times*, aunque respetuoso, era algo menos efusivo. El *Times* mantuvo una mirada crítica sobre el Gobierno de De Valera y sus políticas. En su afán por ser independiente y abierto, a menudo tuvo que enfrentarse a la censura del Gobierno y a acusaciones de difamación.

Desde la perspectiva de los oponentes de Dev, en particular los del partido Fine Gael, el DIAS era un proyecto de vanidad para un líder pretencioso que se creía a la altura de los mejores matemáticos, científicos y estudiosos de la lengua del mundo. En consecuencia, el *Times* se tomó esa institución un poco menos en serio que el *Press*. Hasta que el periódico fue silenciado por las amenazas de una demanda por difamación, un columnista incluso se burló de su profesorado al estilo swiftiano, pintando sus investigaciones como insensatas y farsescas, similares a las de la altiva isla de Laputa en *Los viajes de Gulliver*.

El polémico artículo apareció en la columna de humor del *Times*, «Cruiskeen Lawn» (argot dublinés para una jarra llena de whisky), en abril de 1942. Redactada por el extravagante e imaginativo escritor Brian O'Nolan bajo el seudónimo de «Myles na gCopaleen», la columna ofrecía una mirada irreverente a la vida moderna irlandesa. Con un gran interés aficionado por la ciencia y la filosofía, unido a su dominio del gaélico, O'Nolan no perdía de vista los informes que salían de las dos ramas del DIAS. Observó con curiosidad que el profesor F. O'Rahilly de la Escuela de Estudios Celtas había avanzado la noción de que San Patricio era una amalgama de dos personas diferentes. Eso le parecía bastante extraño, quizá incluso blasfemo.

O'Nolan también recordó que Schrödinger había dado una charla en 1939 a la Sociedad Metafísica de la Universidad de Dublín titulada «Algunos pensamientos sobre la causalidad». Como de costumbre, Schrödinger había dado rodeos sobre la cuestión, dejando abierta la pregunta de si el universo es causal o no. Al darse cuenta para entonces de que había ido y venido sobre la cuestión tan a menudo como un columpio de porche en una tormenta de viento, citó al escritor español Miguel de Unamuno según el cual «un hombre que conseguía no contradecirse nunca debía ser fuertemente sospechoso de no haber dicho nunca nada en absoluto».[10]

Al final de la charla, el presidente de la sociedad, el reverendo A. A. Luce, había dado las gracias a Schrödinger por dejar abierta la posibilidad del libre albedrío y ser así un «Epicuro moderno». O'Nolan, sin embargo, tenía una interpretación diferente, e interpretó erróneamente la incertidumbre de Schrödinger sobre la causalidad como dudas sobre si existía una «primera causa». En otras palabras, según O'Nolan, había abierto la puerta al agnosticismo. Sin una primera causa, no había necesidad de Dios.

La mordaz columna de O'Nolan sobre el DIAS se centró en las dos charlas como ejemplos de líneas de investigación vergonzosamente heterodoxas e inadecuadas para su misión. «El primer fruto de este instituto —escribió— es demostrar que hay dos san Patricios y ningún Dios. La propagación de la herejía y la incredulidad no tiene nada que ver con el aprendizaje cortés y, a menos que tengamos cuidado, este Instituto nuestro nos convertirá en el hazmerreír del mundo». O'Nolan también calificó al instituto de «notorio», comentando: «Señor, lo que daría por una cátedra en él... por hacer un "trabajo" que la mayoría de la gente considera recreo».[11]

Mientras que Schrödinger se tomó los comentarios de O'Nolan con magnanimidad, con humor, los dirigentes del DIAS se enfurecieron. Presionaron al *Irish Times* para que se disculpara. Su editor cumplió debidamente y prometió que O'Nolan no volvería a mencionar al instituto en su columna.

Schrödinger no había sido el único objetivo científico de O'Nolan. Después de que Eddington diera un coloquio en julio de 1942 en el DIAS sobre la unificación, en el que explicaba que la relatividad era realmente comprendida por poca gente, O'Nolan propuso en su columna que la asignatura se enseñara en gaélico a los escolares irlandeses. En lugar de «ser analfabetos en dos lenguas», bromeaba, podrían ser «analfabetos en cuatro dimensiones».[12]

O'Nolan también fue novelista y publicó sus obras de ficción bajo otro seudónimo, «Flann O'Brien». Una de sus novelas más conocidas,

El tercer policía, fue escrita entre 1939 y 1940, coincidiendo con el periodo en el que Schrödinger había llegado a Irlanda y pronunciado su conferencia sobre la causalidad. Durante toda su vida, O'Nolan no pudo encontrar editor; la obra se publicó por primera vez póstumamente en 1967. Un personaje en off de la novela, un erudito poco convencional llamado de Selby, se da a conocer al lector a través de una serie de notas a pie de página. De Selby propugna extrañas teorías sobre la naturaleza, incluida una curiosa explicación de la noche que implicaba una acumulación de «aire negro» debido a erupciones volcánicas y a la quema de carbón.[13]

La burla de O'Nolan del insensato pensamiento científico ha suscitado muchos análisis. Es probable que el personaje de De Selby se inspirara, al menos en parte, en las elevadas opiniones de otra persona cuyo nombre empieza por D: el cerebral De Valera. Sin embargo, es posible que Einstein y Schrödinger también fueran influencias, dada su prominencia en la época.

EL SELLO DE HAMILTON

Ningún matemático era más querido en el corazón de De Valera que Hamilton. Para el mundo, 1943 fue un año de devastación. Las fuerzas alemanas y soviéticas batallaron ferozmente en la lucha por Stalingrado. Los combatientes del gueto lucharon valientemente contra las tropas nazis en Varsovia. Sin embargo, para De Valera, 1943 fue el año de la celebración del centenario del cuaternión, una entidad matemática inventada por Hamilton en Irlanda.

Los cuaterniones son generalizaciones de cuatro componentes de los números complejos. Con componentes reales e imaginarios (raíz cuadrada de -1), los números complejos pueden expresarse como puntos en un plano bidimensional. Hamilton quería encontrar el equivalente para puntos en un espacio tridimensional. Su momento eureka llegó al cruzar el puente Brougham (Broome) en Dublín. Se dio cuenta de que necesitaría cuatro componentes, no solo tres. Le vino a la cabeza la definición de cuaterniones e inmediatamente talló las ecuaciones en el lateral del puente.

Bajo el liderazgo de De Valera, el Gobierno irlandés emitió sellos de correos conmemorativos de Hamilton y su descubrimiento. De Valera organizó una gala en noviembre de ese año e invitó a la comunidad internacional a unirse a la celebración. Sin embargo, debido a la guerra, pocos eruditos extranjeros pudieron asistir.

¿Por qué estaba De Valera tan obsesionado con las matemáticas puras en plena guerra mundial? Aunque Irlanda era neutral, su economía estaba maltrecha. Como en muchos lugares del mundo, los alimentos estaban racionados y muchos suministros eran limitados. Sin embargo, Dev tenía una curiosa persistencia en sus intereses personales que desconcertaba a sus críticos.

El noble angloirlandés lord Granard señaló una vez, tras una reunión con De Valera, que estaba «en el límite entre el genio y la locura». Eso podría decirse, por supuesto, de muchas personas con una visión excepcionalmente centrada. Contra todo pronóstico y a pesar de sus inusuales objetivos, Dev seguiría siendo políticamente popular, como un maestro de escuela estudioso pero admirado que siempre parece velar por los intereses de sus alumnos.

El inicio del centenario del cuaternión supuso una presión adicional para que Schrödinger cumpliera las expectativas de que sería el nuevo Hamilton y devolvería la prominencia científica a Irlanda. Al traer a Eddington al DIAS, junto con otros notables como Dirac —que no había estado antes en la Isla Esmeralda—, había empezado a situar al país en el mapa. También había ayudado a reclutar al consumado físico Walter Heitler como profesor adjunto, aumentando así la capacidad intelectual de la Escuela de Física Teórica. Sin embargo, cargó con el peso de justificar declaraciones como el siguiente comentario en la prensa: «El hombre que más está haciendo por continuar aquí la tradición de Hamilton es el profesor Erwin Schroedinger».[14]

Dado que Einstein era el estandarte del genio, Schrödinger adoptó la paradójica estrategia de alardear de sus conexiones con el estimado físico al tiempo que sutilmente restaba importancia a sus logros. Al igual que Sommerfeld había leído las cartas de Einstein en voz alta en sus clases, Schrödinger se las ingenió para que sus colegas y la prensa supieran que él y Einstein mantenían una correspondencia constante. Sin embargo, Sommerfeld y Schrödinger tenían motivos claramente diferentes. Sommerfeld pensaba que las palabras de Einstein inspirarían a sus alumnos. Schrödinger disfrutaba del derecho a presumir que suponía que el público conociera su amistad con Einstein. «Las cartas que pasan entre estos dos grupos de cerebros están moteadas de misteriosas fórmulas algebraicas que hacen bulto en Lana Turner», señaló el *Press*, refiriéndose a la actriz de Hollywood.[15] A pesar de sus estrechos lazos con Einstein, Schrödinger lo menospreció en otro artículo sobre Hamilton. Comentando la conmemoración, Schrödinger escribió: «El principio hamiltoniano se ha convertido en la piedra angular de la física moderna, aquello con lo que un físico espera que todo fenómeno físico sea conforme. Cuando hace algún tiempo Einstein abordó la idea de una "teoría sin principio de Hamilton" causó sensación. De hecho, resultó ser un fracaso».[16]

En cierto modo, Schrödinger mantenía entonces una superposición cuántica de perspectivas que combinaba la actitud de Einstein hacia Heisenberg con la actitud de Heisenberg hacia Einstein. Junto con Einstein, atacaba a los creyentes en la probabilidad, como Heisenberg, por estar fuera de contacto con la experiencia mundana. El paradigma del gato es un buen ejemplo de ese tipo de crítica. Sin embargo, cuando pensaba que Einstein no lo escucharía, insinuaba que el físico envejecido había perdido el control, que era precisamente el tipo de cosa que sugeriría Heisenberg. Sin embargo, pasarían cuatro años más hasta que Einstein se diera cuenta plenamente de hasta qué punto había sido manipulado.

Un ermitaño en Princeton

En los años de la guerra, Einstein estuvo bastante aislado. Incluso en Princeton, una comunidad relativamente pequeña, pocos llegaron a conocerlo. Sin Elsa, tenía pocos incentivos para arreglarse o incluso para cortarse el pelo. Junto con sus diversos ayudantes, continuó su lucha por la unificación, por lo demás solitaria.

Como escribió a un amigo de Berlín que se había trasladado a Haifa en el Mandato Británico de Palestina (actual Israel), el Dr. Hans Muehsam: «Me he convertido en un viejo solitario. Una especie de figura patriarcal que es conocida sobre todo porque no lleva calcetines y exhibida en diversas ocasiones como una rareza. Pero en mi trabajo soy más fanático que nunca y realmente albergo la esperanza de haber resuelto mis viejos problemas de la unidad del campo físico. Sin embargo, es como estar en un dirigible en el que uno puede pasear por las nubes pero no puede ver claramente cómo puede volver a la realidad, es decir, a la Tierra».[17]

Un reflejo de la actitud hacia Einstein fue una cancioncilla humorística compuesta por la clase de último curso de la Universidad de Princeton en 1939. Era costumbre entre los estudiantes de Princeton bromear sobre sus profesores. Aunque Einstein nunca formó parte del profesorado de la universidad, corearon la siguiente estrofa:

A todos los chicos que estudian Matemáticas
Albie Einstein les muestra el camino.
Y, aunque rara vez toma el aire,
desearíamos que se cortara el pelo.[18]

Trabajando en la recién construida sede del Instituto de Estudios Avanzados, en el Fuld Hall de estilo colonial, Einstein ya no necesitaba compartir espacio con la facultad de matemáticas del campus universitario. Tampoco tenía que tratar con Flexner, que había dimitido como director y había sido sustituido por el apacible Frank Aydelotte. En su bucólico entorno, rodeado de hectáreas de bosque con numerosos senderos arbolados, Einstein podía disfrutar de largos y agradables paseos con sus colegas —como el recién nombrado miembro Kurt Gödel— y también con los visitantes.

Uno de esos visitantes fue Bohr, a quien Einstein no había visto en años. Se quedó durante dos meses en el invierno de 1939. En lugar de las bromas que cabría esperar durante un reencuentro de los dos compañeros de batalla, había un inquietante silencio que los dividía. Cada uno estaba inmerso en sus propios pensamientos. Einstein, junto con Bergmann y Bargmann, intentaba fervientemente encontrar una extensión pentadimensional de la relatividad general con soluciones físicas realistas.

Bohr tenía preocupaciones mucho más graves. A través del físico austriaco Otto Frisch acababa de enterarse del éxito de los experimentos de Otto Hahn y Fritz Strassmann en Berlín, consistentes en el bombardeo de uranio con neutrones. La tía de Frisch, la física nuclear Lise Meitner, había trabajado con ellos en el proyecto antes de huir a Suecia debido a su ascendencia medio judía. Tras analizar los resultados, ella y Frisch habían llegado a la conclusión de que se había producido una fisión nuclear (división del núcleo). Cuando Frisch se lo comunicó a Bohr, este se horrorizó ante la idea de que los nazis pudieran descubrir los secretos de una bomba atómica. De hecho, durante la guerra, Heisenberg sería puesto a cargo de un esfuerzo nuclear que incluía a Hahn y a otros.

Aunque su mente estaba en asuntos más apremiantes, Bohr asistió cortésmente a una charla de Einstein sobre sus últimos esfuerzos de unificación. Con expresión vidriosa se sentó a escuchar al fundador de la relatividad general propugnando una supuesta «teoría del todo» que parecía ignorar todos los desarrollos desde aquella época. ¿Qué había ocurrido con el espín? ¿A los neutrones? ¿A las fuerzas nucleares? Podría haber cabeceado, de no ser por el momento decisivo. Al final de la charla, Einstein miró directamente a Bohr y le dijo que su objetivo era sustituir la mecánica cuántica. Bohr le devolvió la mirada pero no dijo ni una palabra.[19]

Varios meses después de la visita de Bohr, Einstein tuvo que abordar él mismo la cuestión de la bomba. En julio de 1939, durante unas vacaciones de navegación en el este de Long Island, los físicos húngaros Leo Szilard y Eugene Wigner llegaron a su casa con una advertencia funesta. Estaban seriamente preocupados por la posibilidad de que los nazis comenzaran a procurarse uranio del Congo belga y lo utilizaran para construir una bomba. Szilard había calculado que era posible una reacción en cadena en la que los neutrones liberados por la fisión nuclear de un tipo de uranio produjeran la ruptura de más y más núcleos, y producían cantidades sustanciales de energía destructiva.

En agosto, Einstein redactó una carta de advertencia al presidente Franklin Roosevelt; Szilard la tradujo al inglés y Einstein la firmó y envió. Poco más de dos años después Roosevelt establecería el Proyecto Manhattan: un esfuerzo de alto secreto, dirigido científicamente por J. Robert Oppenheimer, para desarrollar una bomba atómica. Aunque Einstein nunca fue autorizado a participar en los esfuerzos principales del Proyecto Manhattan, se le pediría varias veces durante la guerra que aportara sus conocimientos a proyectos militares. Mientras tanto, mientras el mundo estaba muy dividido, él seguía adelante con sus planes para la unidad cósmica.

Después de trabajar en la unificación de las fuerzas durante casi dos décadas, el normalmente optimista Einstein se hundía ocasionalmente en ataques de desesperación. Por ejemplo, en un discurso ante el Congreso Científico Americano en Washington, D. C., el 15 de mayo de 1940, «confesó que la tarea parecía desesperada, todas las aproximaciones lógicas al universo terminaban en un callejón sin salida».[20]

Incluso en momentos tan oscuros, Einstein seguía negándose a aceptar que el mundo estuviera regido por el azar. Aunque «no había duda de que el principio de incertidumbre de Heisenberg era cierto —dijo en la conferencia—, no puedo creer que debamos aceptar la opinión de que las leyes de la naturaleza son análogas a un juego de dados».

Tal duda sería efímera. Al igual que los viajeros que buscaban el Paso del Noroeste, si una ruta quedaba bloqueada, intentaría encontrar caminos alternativos que explorar. La música calmaría su espíritu mientras planeaba posibles nuevas vías de investigación. Luego consultaba con sus ayudantes y reanudaba sus esfuerzos por un rumbo diferente.

En 1941, Einstein, Bergmann y Bargmann publicaron su canto del cisne, un artículo sobre la unificación en cinco dimensiones. Bergmann abandonó el IAS ese año para trabajar en el Black Mountain College. Con el tiempo formaría un importante grupo de investigación sobre relatividad general en la Universidad de Siracusa y desarrollaría sus propias teorías cuánticas de la gravedad. Bargmann se convertiría en profesor de Matemáticas en Princeton. Una vez más, Einstein necesitaría encontrar nuevos ayudantes.

El azote de Dios

La siguiente colaboración de Einstein en relación con la unificación sería con su viejo amigo y frecuente crítico Wolfgang Pauli. Pauli consideraba su deber jurado para con sus amigos y enemigos por igual ser lo más brutalmente honesto posible. Llevaba con honor la etiqueta que Ehrenfest le había otorgado: *die Geissel Gottes* (el azote de Dios). Incluso a veces firmaba así sus cartas. Einstein parecía apreciar las cuidadosas lecturas que Pauli hacía de sus trabajos, pero siempre tenía que prepararse para las despiadadas críticas. En cierto modo, Pauli tenía un lugar en su religión cósmica. Por el «pecado» de malinterpretar «los pensamientos de Dios» sobre la ley natural, se enfrentaba al tormento del ridículo de Pauli.

En 1940, la Escuela de Matemáticas del Instituto de Estudios Avanzados invitó a Pauli a ser miembro temporal. Los documentos muestran que lo seleccionaron en lugar de a Schrödinger (también en consideración) porque percibieron que sería menos arriesgado. Evaluaron a Schrödinger como «brillante, pero menos firme que Pauli. Ya en 1937, cuando comparamos sus méritos relativos nos decidimos a favor de Pauli».[21] ¿Por qué la Escuela de Matemáticas del IAS consideraba a Schrödinger «menos estable»? ¿Podría alguien allí haber sabido de su inusual situación familiar? Dados los rumores de que había discutido el tema con el presidente de la Universidad de Princeton, quizá se había corrido la voz de algún modo a su institución vecina. Otra posibilidad es que el historial de publicaciones de Schrödinger, que incluía piezas filosóficas además de trabajos basados en cálculos, se considerara más esporádico. En cualquier caso, se favoreció a Pauli.

Pauli estaba encantado de abandonar la turbulenta Europa en tiempos de guerra y aventurarse en una parte más tranquila del mundo. Aunque Zúrich, donde trabajaba, parecía relativamente segura para alguien con parientes judíos, su proximidad al Reich de Hitler ciertamente no era lo ideal. Así que vino a pasar la guerra a Princeton.

Einstein decidió aprovechar la ventaja de estar bajo el mismo techo que Pauli en Fuld Hall e intentar proporcionar también un alojamiento común a las fuerzas de la naturaleza. Ampliando las ideas que había desarrollado con Bergmann y Bargmann, Einstein trabajó junto a Pauli en un modelo de unificación de cinco dimensiones. Fue uno de los pocos casos en los que colaboró con un físico de renombre en lugar de con un ayudante.

El cuidadoso planteamiento de Pauli los llevó a la inequívoca conclusión de que no existían soluciones físicamente realistas para tales modelos que estuvieran libres de singularidades (términos infinitos). Las únicas soluciones libres de singularidades que pudieron encontrar eran sin masa y eléctricamente neutras, como los fotones. Sin embargo, uno de los objetivos de la unificación era describir el comportamiento de las partículas cargadas con masa, como los electrones.

En 1943, Einstein y Pauli publicaron un artículo conjunto en el que señalaban la falta de soluciones creíbles. Aunque uno «no puede evitar sentir que hay algo de verdad en la teoría de las cinco dimensiones de Kaluza —señalaron—, su fundamento es insatisfactorio».[22]

Las aspiraciones de Einstein en cuanto a las dimensiones superiores habían llegado a un callejón sin salida. Decidió abandonar el planteamiento de Kaluza y Klein y centrarse en cambio en teorías con el número estándar de dimensiones: tres de espacio y una de tiempo. Aunque otros retomarían la teoría de Kaluza-Klein e intentarían sacarle partido, Einstein creía que había agotado sus posibilidades. Había que borrar su pizarra de «No borrar». Estaba claro que había llegado el momento de pasar página.

FRENESÍ AFÍN

Irónicamente, justo cuando el progreso de Einstein hacia la unificación había llegado a un punto muerto, Schrödinger empezó a entusiasmarse. Inspirado por tres de los teóricos que más admiraba —Einstein, Eddington y Weyl— decidió probar suerte también. Estudió detenidamente algunos de sus primeros trabajos sobre la relatividad general y la teoría del campo unificado y comenzó a idear su propio enfoque.

Como estaban relativamente aislados en sus respectivos institutos, era natural que Schrödinger y Einstein mantuvieran correspondencia sobre temas de interés mutuo. A partir del invierno de 1943, Schrödinger empezó a escribirle con regularidad sobre la posibilidad de ampliar la relatividad general para incluir otras fuerzas. En Nochevieja, envió a Einstein el tipo de felicitación navideña que solo un físico teórico podía transmitir. Era una carta en la que derivaba las ecuaciones de la relatividad general utilizando el método lagrangiano, basado en el principio de mínima acción de Hamilton. En una posdata, Schrödinger sugería modificar el lagrangiano y examinar las ecuaciones de campo producidas.

Como hemos comentado, Hamilton desarrolló el principio de mínima acción y el método lagrangiano como formas de describir el movimiento imaginando que los objetos toman el camino más eficiente entre todas las posibilidades. Es como los pioneros que cruzan una cordillera de la forma más rápida intentando minimizar sus caminatas y escaladas. Si tienen en cuenta la elevación y otros factores, el camino más recto del mapa podría no ser el mejor. Del mismo modo, la ruta que toma una partícula a través del espacio depende del terreno de la energía potencial. Un mapa cuantitativo de dicho terreno se incorpora al lagrangiano, que puede utilizarse para hallar las ecuaciones del movimiento.

Como demostró Hilbert, las ecuaciones de la relatividad general de Einstein pueden reproducirse utilizando un lagrangiano que consiste en el producto de dos cantidades escalares (invariantes bajo transformaciones), una relacionada con el tensor métrico que relata cómo se miden las distancias y la otra relacionada con el tensor de Ricci (conectado con el tensor de Einstein mencionado anteriormente) que describe la curvatura. Los tensores métrico y de Ricci pueden expresarse cada uno en forma matricial como matrices de 4 por 4. Cada uno tendría dieciséis componentes, pero debido a la simetría, solo diez de los componentes son independientes (los otros seis son duplicados). En la relatividad general estándar, los diez componentes independientes de la curvatura están vinculados a los diez componentes independientes del tensor tensión-energía, que representan la materia y la energía. En resumen, la materia y la energía provocan la curvatura del espaciotiempo, con diez relaciones independientes implicadas.

La curvatura, sin embargo, es solo un aspecto de la geometría del espaciotiempo. Para comprender las trayectorias que siguen los objetos a través del espacio, es necesario conocer los componentes del tensor métrico que nos indican cómo determinar la distancia de un punto a otro. Estos componentes producen una versión alterada del teorema de Pitágoras para esa región en particular. Como describimos en una analogía anterior, el tensor métrico es como tejer un dosel sobre la arena caliente del desierto en las regiones donde la arena se hunde y se eleva (la curvatura) debido a las rocas dispersas (la materia y la energía). Para construir ese dosel métrico hay que construir una especie de andamiaje que nos diga cómo se curvan los polos (los ejes de coordenadas locales) de un punto a otro. Los eslabones de ese andamiaje son las conexiones afines. En la relatividad general estándar hay sesenta y cuatro conexiones afines, y las restricciones de simetría consideran que solo cuarenta de ellas son independientes.

Tal es la descripción estándar de la gravedad de Einstein. Incorporar componentes adicionales asociados al electromagnetismo requiere modificar las ecuaciones mediante opciones como más dimensiones (que Schrödinger no consideró seriamente), una estructura extra como el paralelismo a distancia (tampoco considerado por Schrödinger), o relajar los requisitos de simetría y convertir las conexiones afines en fundamentales.

Siguiendo un camino emprendido por Eddington y brevemente considerado por Einstein en 1923, Schrödinger optó por abandonar los requisitos de simetría y centrarse en las conexiones afines. Llamó a su enfoque la teoría unitaria general. (El acrónimo «GUT» se utilizaría más tarde para las grandes teorías unificadas, formas propuestas de unir la electrodébil con la fuerza fuerte). Antes de que Einstein tuviera tiempo de responder a la carta de Nochevieja, Schrödinger ya había compuesto los rudimentos de su planteamiento. Empezó con el conjunto más general posible de conexiones afines y las utilizó para construir el tensor de Ricci y un tipo de lagrangiano más flexible. Esta flexibilidad abrió la puerta a la inclusión de componentes electromagnéticos. También esperaba añadir componentes de lo que denominó campo de mesones (lo que ahora llamamos fuerza fuerte), pero decidió reservarlo para futuras investigaciones (que poco después empezaría a emprender). Entonces utilizó ciertas propiedades matemáticas para restringir el lagrangiano a un caso especial, terminando con algo diferente del lagrangiano de Hilbert. Sus ecuaciones hicieron la inusual predicción de que los campos magnéticos (como los de la Tierra y el Sol) se atenuarían más rápidamente con la altitud de lo que sugiere la teoría convencional. La atenuación se debía a una especie de «constante cosmológica» para el electromagnetismo, similar al término que Einstein había introducido muchos años antes para la gravedad. Con las ideas básicas de su teoría esbozadas, se sintió preparado para informar de sus resultados a sus colegas.

LA VIDA, EL UNIVERSO Y TODO LO DEMÁS

El 25 de enero de 1943, Schrödinger presentó su teoría unitaria general ante la Real Academia Irlandesa. Su ponencia se publicaría unos cinco meses después en las actas de la academia. Explicó en la charla cómo había retomado la teoría donde Eddington y Einstein la habían dejado. En un año en el que se rendía homenaje a Hamilton, Schrödinger estuvo encantado de utilizar los métodos del matemático irlandés y le ofreció así un nuevo tributo.

El *Irish Press* pregonó la noticia y destacó el ángulo «más allá de Einstein». Con el titular «Forward from Einstein», el 1 de febrero el reportero Michael J. Lawlor ofreció este sorprendente anuncio: «Una teoría científica de importancia tan profunda como para ser comparable a la famosa teoría de la relatividad de Einstein, que revolucionó la concepción del físico moderno sobre la naturaleza del universo, ha sido desarrollada por el Prof. Erwin Schroedinger. Se ha dicho que Einstein abrió un nuevo mundo a la mente del hombre. El Prof. Schroedinger, al basar sus conclusiones en la poderosa estructura de la teoría general de la relatividad, ha dado ahora otro enorme paso adelante, un paso tan grande que puede que en los tiempos venideros la nueva teoría desempeñe un papel como el que ha desempeñado la de Einstein en nuestros días».[23] Al día siguiente, el *Press* publicó otro artículo que incluía entrevistas con varios científicos irlandeses sobre el trabajo de Schrödinger. El Dr. A. J. McConnell, del Trinity College, uno de los contactados, aplaudió sus esfuerzos, sobre todo si se considera que son «tiempos difíciles para un instituto de ciencia pura». Su colega, el profesor C. H. Rowe, describió el logro de Schrödinger «como un acontecimiento destacado en la historia de la ciencia de este país».[24]

Schrödinger tenía programadas ese mes tres conferencias públicas sobre un tema totalmente distinto: «¿Qué es la vida?». Aunque no tenía formación ni experiencia investigadora en biología, de joven había absorbido parte de la fascinación de su padre por la ciencia de los organismos vivos, y quería compartir sus ideas sobre el tema.

Cuando llegó al Teatro de Física del Trinity College para la primera conferencia, encontró la sala tan abarrotada que se rechazó a multitud de personas. Aceptó repetir la conferencia unos días más tarde para los que no pudieron entrar. Naturalmente, el *taoiseach*, su mayor admirador, ocupaba un lugar destacado entre los cientos de asistentes. Al final, Schrödinger recibió una ovación.

Algunas de las ideas clave que trató Schrödinger se referían a la relación entre las propiedades de los átomos y el comportamiento de los seres vivos. Señaló que la mayoría de los sistemas naturales tienden a una entropía (desorden) creciente y mostró cómo la vida se mantiene ordenada mediante la absorción de energía, por ejemplo del Sol. También especuló con la posibilidad de que un cristal aperiódico (una disposición no repetitiva de los átomos) desempeñara un papel en el desarrollo de la vida. De ahí que fuera uno de los primeros en sugerir que la vida estaba codificada por una secuencia química. Un libro basado en las conferencias de Schrödinger serviría de fuente de inspiración a los biólogos de los años cincuenta, como James Watson y Francis Crick, cuando desarrollaron el modelo de doble hélice del ADN.

Las populares conferencias llamaron la atención de la revista *Time*, que publicó: «Schrödinger tiene un don. Su discurso suave y alegre, su sonrisa caprichosa enganchan. Y los dublineses se sienten orgullosos de tener a un Premio Nobel viviendo entre ellos».[25]

Cuando el *Irish Press* informó por primera vez sobre la teoría unitaria general de Schrödinger, este envió a Einstein una copia del artículo para calibrar su reacción. En abril, Einstein envió finalmente por cable una respuesta comedida y cortés. «La del profesor Schroedinger es una mente muy cauta y crítica —escribió—, por lo que todo físico debe estar muy interesado en su nuevo intento de resolver este formidable problema. No puedo decir más por el momento».[26] En el mismo artículo, el *Press* pidió a Schrödinger su reacción a la respuesta de Einstein. «Por supuesto, el profesor Einstein no podía decir más hasta que hubiera visto el artículo científico completo», respondió.

El intercambio en el *Press* fue lo suficientemente cordial como para no perturbar su amistad por el momento. Sin embargo, a medida que la confianza de Schrödinger en su teoría seguía creciendo, sus pronunciamientos sobre su superioridad respecto al trabajo de Einstein se hacían cada vez más atrevidos.

La tumba de las esperanzas de Einstein

En una reunión de la Real Academia Irlandesa celebrada el 28 de junio, Schrödinger volvió a generar expectación al afirmar que su teoría unitaria general había sido verificada con pruebas experimentales. Explicó que había resucitado una idea que Einstein había abandonado veinte años antes y se jactó de haber logrado lo que Einstein no pudo. En la reunión leyó en voz alta una de las cartas privadas que Einstein le había dirigido. En la correspondencia, Einstein había calificado sus anteriores intentos de una teoría afín como «la tumba de sus esperanzas».

«Creo que ahora podemos exhumar sus esperanzas —dijo Schrödinger—, porque últimamente he podido asegurar una verificación observacional bastante sólida de esta parte de la teoría».[27]

El *Irish Press* tituló la noticia «Einstein había fracasado» y afirmó sin sustancia que Schrödinger había tenido éxito donde Einstein había «confesado su fracaso». El artículo era engañoso, ya que daba a entender que Einstein había renunciado hacía tiempo a la unificación, cuando era exactamente lo contrario. A menudo admitía que las ideas anteriores eran erróneas, pero seguía aferrado a la esperanza de un éxito final.

¿Cuáles eran las pruebas experimentales críticas de la teoría de Schrödinger? En realidad no había ninguna sustancial. La supuesta prueba tenía que ver con los estudios del campo magnético de la Tierra. Resulta irónico que la brújula, un dispositivo que Einstein había apreciado de niño, se convirtiera en parte de un intento de dejar obsoletas sus ideas. Y los sondeos citados ni siquiera eran recientes: uno databa de 1885 y el otro de 1922. Había datos más actualizados que ni siquiera se mencionaban. Por ejemplo, el mismo mes de la charla de Schrödinger, el geofísico George Woollard publicó un artículo que exploraba sistemáticamente el perfil magnético y gravitatorio de Norteamérica.[28] Sin embargo, Schrödinger tomó sus datos de viejos libros polvorientos.

A veces los geofísicos encuentran discrepancias entre el comportamiento esperado y el real de las líneas de campo magnético. Estas suelen señalar estructuras magnetizadas desconocidas bajo la superficie, como rocas con un contenido de magnetita superior al habitual. Por lo tanto, si un geofísico encuentra una anomalía en la inclinación de la brújula, puede preguntarse qué tipo de formaciones subterráneas pueden haberla causado.

Las lecturas del campo magnético terrestre fluctúan tanto temporalmente como geográficamente. Esto se debe a que el campo es generado por una dínamo compleja que se ve afectada por el estado cambiante de los materiales magnetizados del núcleo, el manto y la corteza terrestre.

Schrödinger, sin embargo, interpretó estas discrepancias de otra manera. Las utilizó para afirmar que la teoría electromagnética clásica estaba ligeramente equivocada en sus predicciones y que (junto con la relatividad general estándar) debía ser sustituida por su propia teoría unificada. Como informó el *Irish Press* en un artículo de primera página: «La reacción de la aguja de la brújula, al registrar las variaciones de intensidad del magnetismo terrestre, ha aportado inesperadamente la prueba de la gran teoría del Prof. Schroedinger. Lo ha hecho tal como el movimiento de las estrellas dio a Einstein la confirmación de la validez de la teoría de la relatividad, que la nueva teoría del Prof. Schroedinger complementa y, en cierta medida, sustituye».[29]

Cuando Schrödinger desarrolló su ecuación de ondas, la basó en principios físicos conocidos, como la conservación de la energía y la continuidad de las ondas. Su éxito se debió a que se ajustaba bien a las líneas espectrales precisas de los átomos. Cuando Einstein propuso su teoría general de la relatividad, la basó en el principio de equivalencia, una hipótesis sólida fundamentada en mediciones de cómo aceleran los objetos a través del espacio. Se puso a prueba por varios medios independientes, incluida la curvatura de la luz de las estrellas por el Sol, que es difícil de explicar de otro modo.

Sin embargo, para la supuesta «confirmación» de la teoría unitaria general de Schrödinger a través del comportamiento anómalo de las inclinaciones de la brújula, no existía ni una justificación teórica sólida ni pruebas experimentales significativas. Había desarrollado la teoría mediante un razonamiento matemático abstracto, no sobre la base de principios físicos antiguos (o incluso hipotéticos). Además, las pruebas utilizadas para demostrarla se explicaban mucho más sencillamente por la variabilidad natural del campo magnético de la Tierra. Incluso Schrödinger, en ese momento, consideraba su teoría como preliminar, no definitiva. Seguiría trabajando en ella varios años más antes de declarar de nuevo la victoria. Sin embargo, la cobertura de los periódicos había hecho parecer que la teoría era un hecho consumado, un gran avance indiscutible en la ciencia.

En agosto, Schrödinger escribió a Einstein con las «pruebas» electromagnéticas de que su teoría era correcta.[30] Einstein se mostró escéptico. Respondió en septiembre y enumeró otras razones por las que el campo magnético de la Tierra podría ser asimétrico, entre ellas el desequilibrio de las regiones cubiertas de océanos en los hemisferios norte y sur.[31] En octubre, Schrödinger le respondió por escrito y concedió: «Probablemente tenga usted razón, como siempre».[32]

A pesar de la crítica de Einstein, Schrödinger se mostró impertérrito. Explicó entusiasmado a Einstein cómo pensaba ampliar la teoría afín para incluir tres campos: la gravitación, el electromagnetismo y el campo de mesones (fuerza fuerte). La gravitación y el campo de mesones serían manejados por los componentes simétricos de las conexiones afines, y el electromagnetismo quedaría relegado a los componentes antisimétricos. La idea despertó la curiosidad de Einstein y dio lugar a más discusiones por correo.

Einstein seguía encantado de tener en él una especie de compañero epistolar para discutir teorías. Escribió calurosamente a Schrödinger: «Aprecio mucho que desee informarme abiertamente de sus esfuerzos. Hasta cierto punto, me lo merezco, porque durante décadas me he estado dando golpes hasta sangrar contra una dura roca».[33]

Con su nueva popularidad (gracias a «¿Qué es la vida?» y a su teoría unitaria general), su cálida correspondencia con Einstein y sus aparentes avances en física, Schrödinger estaba eufórico. Brillante como era, una especie de narcisismo nublaba su juicio. Su deseo de admiración femenina y la emoción que encontraba en la seducción lo predispusieron a más aventuras amorosas. Tendría dos en los años siguientes, ambas con el mismo desenlace: embarazos y niñas.

La primera fue con una mujer casada llamada Sheila May Greene, una activista social intelectual y crítica del Gobierno de De Valera. Comenzaron su relación en la primavera de 1944. Sheila estaba embarazada ese otoño. El 9 de junio de 1945 nació su hija, Blathnaid Nicolette. Sheila y su marido, David, la criarían —él solo— después de que ambos se separaran. La aventura también produjo un libro de poesía amorosa que Erwin escribió a Sheila y que acabaría por publicar.

El segundo romance fue con una mujer llamada Kate Nolan (un seudónimo para mantener su privacidad), una trabajadora del Gobierno que se había hecho amiga de Hilde cuando ambas se ofrecieron como voluntarias para la Cruz Roja.[34] De su breve enlace nació una niña llamada Linda Mary Therese, el 3 de junio de 1946. Al principio Kate, conmocionada por el embarazo no planeado, dejó que los Schrödinger criaran a Linda. Sin embargo, dos años más tarde, decidió que quería recuperar a su hija. Un día vio a Linda en un cochecito, paseada por el barrio por la niñera que los Schrödinger habían contratado. Kate sacó a Linda del cochecito y se la llevó. Erwin poco podía hacer, ya que Kate era la madre legal. Kate se la llevó a Rodesia (ahora Zimbabue), donde crecería. El hijo de Linda (y nieto de Schrödinger), Terry Rudolph, nacería allí en 1973.[35] Se convirtió en físico cuántico y actualmente trabaja en el Imperial College de Londres.

Atrapar a un físico

Al vivir en la neutral Irlanda durante la guerra, Schrödinger se libró de la difícil decisión moral de contribuir o no a los esfuerzos militares. Al permanecer en Alemania, Heisenberg, en cambio, se encontraba en una posición en la que le habría resultado difícil negarse. Tenía lazos familiares con Heinrich Himmler, poderoso jefe de la *Schutzstaffel* o SS (el cuerpo paramilitar nazi) y de la Gestapo (la policía secreta), lo que lo ayudó a protegerse de las críticas que lo acusaban de haber sido demasiado amistoso con científicos judíos como Born. Esas conexiones también lo ayudaron a obtener puestos científicos destacados durante la guerra. En lugar de acobardarse o quejarse, Heisenberg agradeció la oportunidad de servir a su país, incluso bajo un régimen que no apoyaba.

Se ha escrito mucho sobre el papel que desempeñó Heisenberg durante la guerra al guiar el programa nuclear nazi. Después de la guerra, restaría importancia a los esfuerzos del equipo por desarrollar la bomba y resaltaría su trabajo en los aspectos pacíficos de la energía nuclear. Su colega físico Carl Friedrich von Weizsäcker sugeriría que dieron largas al asunto y que nunca quisieron que Hitler consiguiera la bomba. Argumentaron que, en cierto modo, los científicos alemanes se comportaron de forma más ética que los aliados porque no se esforzaron seriamente por conseguir armas nucleares y nunca las utilizaron.

Heisenberg también acusó a Einstein de hipócrita al pasar de ser un destacado pacifista a un firme partidario del esfuerzo bélico aliado. Sin embargo, en 2002 se hicieron públicas unas cartas no enviadas de Bohr dirigidas a Heisenberg en las que documentaba las discusiones que habían mantenido en Copenhague en 1941 (reuniones que se convirtieron en la base de la famosa obra de Michael Frayn *Copenhague*). Bohr nunca envió las cartas a Heisenberg porque no quería reabrir viejas heridas. Recordaba que Heisenberg lo había informado de que los alemanes estaban trabajando activamente para construir una bomba atómica y que al final se impondrían. A Bohr lo había sorprendido la confianza de Heisenberg. En septiembre de 1943, Bohr se vio obligado a escapar de Dinamarca en un barco pesquero hasta Suecia, y después en aviones militares —organizados por Lindemann— hasta Gran Bretaña, donde se unió al esfuerzo nuclear aliado.

Vigilar a Heisenberg y el proyecto nuclear alemán se convirtió en una prioridad importante para la inteligencia aliada. Casi al mismo tiempo que la huida de Bohr, Samuel Goudsmit (que con George Uhlenbeck había propuesto el concepto de espín cuántico) fue designado para dirigir la Misión Alsos, encargada de evaluar los progresos del Eje hacia la bomba. Un espía de lo más improbable fue Moe Berg, que era un mediocre jugador y entrenador de béisbol de las grandes ligas pero un maestro de las lenguas extranjeras y un experto en fingir capacidad científica. Uno de sus antiguos compañeros de equipo bromeó: «puede hablar en doce idiomas pero no puede batear en ninguno de ellos».[36] Berg se unió a la Oficina de Servicios Estratégicos, predecesora de la CIA, en 1943, y pronto fue reclutado para un proyecto de alto secreto destinado a atajar el esfuerzo nuclear nazi.

Tras recibir información sobre los matices de la física cuántica y nuclear, Berg se hizo pasar por físico y asistió a una conferencia en Zúrich en diciembre de 1944 en la que estaba previsto que hablara Heisenberg. Cargado con una pistola y una cápsula de cianuro, tenía órdenes estrictas: si Heisenberg parecía estar avanzando hacia la bomba, Berg debía asesinarlo. Si, por el contrario, parecía estar realizando investigaciones inocuas, Berg lo dejaría en paz. Afortunadamente para Heisenberg, fue esto último. Hablaba de matrices de dispersión en física cuántica, un tema que tenía poco que ver con las bombas. Berg decidió que era seguro perdonarle la vida a Heisenberg.

En 1945, cuando los Aliados se acercaban a Berlín, Gran Bretaña y Estados Unidos se dieron cuenta de que cualquier secreto atómico encontrado por los científicos alemanes podría caer en manos de los soviéticos. Lanzaron la Operación Epsilon para capturar a los principales físicos nucleares alemanes y llevarlos a Inglaterra.

Heisenberg y otros nueve —entre ellos Hahn, Von Weizsäcker y Von Laue— fueron llevados a Farm Hall, una mansión señorial cerca de Cambridge, donde permanecieron detenidos durante seis meses. Aunque aislados y bajo vigilancia, se los hizo sentir cómodos y se los trató bien.

Plagado de micrófonos ocultos, Farm Hall era un peculiar laboratorio en el que los sujetos eran los propios científicos. El objetivo de su «experimento» era ver si unos investigadores relajados y bien tratados, sin saber que estaban siendo vigilados, se sincerarían sobre lo que habían aspirado a hacer y lo que realmente habían descubierto. Cuando, en agosto, los Aliados lanzaron bombas atómicas sobre Hiroshima y Nagasaki en Japón, las reacciones de los científicos fueron grabadas y analizadas cuidadosamente. A todas luces, estaban atónitos de que el proyecto aliado de la bomba nuclear hubiera avanzado tan rápidamente. Si bien es cierto que habían estado trabajando para conseguir una bomba, sus esfuerzos se habían visto obstaculizados por la falta de financiación y el escaso sentido del diseño experimental de Heisenberg. Su pensamiento era demasiado abstracto para la fabricación de bombas. Por ello, habían informado a sus superiores de que construir una bomba llevaría muchos años más de investigación y no era realista a corto plazo.

Después de que Heisenberg fuera liberado de Farm Hall, reanudó su carrera académica. Con la guerra terminada y los Aliados victoriosos, Alemania volvió a sus fronteras de preguerra, con algunos ajustes. Se dividió en cuatro zonas de ocupación, cada una administrada por uno de los Aliados. Berlín se dividió por separado en cuatro zonas. Heisenberg se instaló en Gotinga, que había sido asignada al sector británico.

Schrödinger se alegró de ver a Austria liberada y restablecida como república. Sin embargo, también había sido dividida en zonas de ocupación, incluido un sector soviético en el este. Aunque empezó a pensar en regresar, debido a la situación política permaneció en Dublín por el momento, un periodo de espera que acabó por durar una década. En el ínterin, decidió dimitir como director de la Escuela de Física Teórica y cedió el cargo a Heitler, aunque permaneció como profesor titular. Su objetivo declarado era centrarse más en su investigación. Sin embargo, se dice que mantuvo una disputa con el personal de mantenimiento del instituto y decidió que ya estaba harto de la administración.

También se produjo un cambio en su vida familiar cuando Hilde y Ruth se marcharon a Austria. Anny se había hecho muy amiga de Ruth durante los años que pasaron juntas en Kincora Road. Se había convertido en una especie de segunda madre para la niña. Cuando

Hilde decidió regresar a Innsbruck y reunirse con Arthur, y llevó consigo a Ruth, Anny se sintió angustiada. Se hundió en una profunda depresión, sin duda exacerbada por los continuos enlaces en serie de Erwin con otras mujeres.

Einstein no tenía ningún interés en volver a Alemania. Si lo hubiera hecho, habría encontrado una gran devastación. Como gran parte del centro de Berlín, su antiguo edificio de apartamentos en el barrio bávaro había sido destruido. Su casa del lago en Caputh, entonces parte del sector soviético, había sido apropiada. La fisonomía de la mayoría de las ciudades alemanas había cambiado radicalmente y requería décadas de reconstrucción. Sin embargo, lo más impactante había sido el número de víctimas humanas. Los nazis habían asesinado sistemáticamente a millones de europeos, incluidos seis millones de judíos. Millones de personas más habían muerto en la guerra. Otros incontables quedaron sin hogar, incapacitados, viudos, huérfanos o afectados de alguna otra forma. Einstein nunca olvidaría ni perdonaría tan indescriptible horror.

A pesar de su gran tristeza y rabia, Einstein reanudó sus esfuerzos hacia una teoría del campo unificado. Al trabajar con Ernst Straus, empezó a explorar lo que llamó una «generalización de la teoría relativista de la gravitación». Al igual que los esfuerzos de Schrödinger en algunos aspectos, implicaba juguetear con las conexiones afines que relacionan un punto del espaciotiempo con otro y ver cómo estos cambios afectan a las ecuaciones de campo. Había comenzado el proyecto por su cuenta y publicó su trabajo como un artículo de un solo autor, pero había un error en sus cálculos, que Straus corrigió. Publicaron un trabajo conjunto en 1946.

De ningún modo consideraba Einstein completado su trabajo sobre la teoría del campo unificado. En su última década de vida, adoptaría un enfoque ecléctico y trató varias modificaciones de la relatividad general como opciones, más que como la última palabra. No obstante, su monumental fama le garantizaba un público para prácticamente cualquier cosa que compusiera, por abstracta o preliminar que fuera. También tendría que vérselas con contendientes, en particular con cierto viejo amigo que trabajaba en Dublín.

Capítulo 7

FÍSICA POR RELACIONES PÚBLICAS

No me gusta la familia Stein.
Está Gert, está Ep y está Ein.
Los poemas de Gert son basura,
las estatuas de Ep son basura,
y nadie entiende a Ein.

Anónimo, *Time*, 10 de febrero de 1947

Tras el fin de la guerra, la imagen pública de Einstein se volvió decididamente más compleja. Irónicamente, el bombardeo de Hiroshima y Nagasaki lo vinculó en la mente del público al esfuerzo bélico, a pesar de que ni siquiera tenía autorización para realizar investigaciones militares sobre proyectos atómicos. El hecho de que la masa se convirtiera en energía en las explosiones de las bombas fijó la imagen del hongo nuclear de forma indeleble a la teoría de la relatividad. (Incluso hoy persiste la idea de que Einstein fue de algún modo el «padre de la bomba nuclear»). Si a Einstein se lo consideraba brillante antes de la guerra, su desenlace pareció otorgarle también los poderes de un superhéroe.

Un reflejo de esta imagen fue un extraño rumor que apareció en la popular columna del periódico de Walter Winchell el 23 de mayo de 1948, titulado «Científicos ven un bloque de acero derretido por un rayo de luz». Afirmaba ante sus millones de lectores que Einstein estaba trabajando con diez antiguos científicos nazis en el desarrollo de un rayo de la muerte ultrapoderoso. Según informaba: «Los once científicos (dirigidos por Einstein) se pusieron trajes de amianto y observaron un haz de luz. Un bloque de acero —de 20 por 20 pulgadas— se fundió con la misma rapidez con la que usted enciende el interruptor de su casa. Esta arma nueva y secreta puede manejarse desde aviones y destruir ciudades enteras».[1] Según el expediente de Einstein en el FBI, hecho público en las últimas décadas a través de las solicitudes de la Ley de Libertad de Información, el rumor se tomó lo suficientemente en serio como para ser refutado por la División de Inteligencia del Ejército de Estados Unidos, que declaró que «esta información no podía tener ningún fundamento de hecho y… no podía idearse ninguna máquina que fuera eficaz fuera del alcance de unos pocos pies».[2]

El expediente de Einstein en el FBI también menciona la preocupación de que desertara a la Unión Soviética. Presumiblemente, parte del temor era que trajera consigo secretos nucleares cuidadosamente guardados. Tal escrutinio era ciertamente exagerado, dado que nunca había tenido autorización para trabajar en la bomba atómica y no sabía nada sobre sus detalles específicos.

Irónicamente, aparentemente desconocido para el FBI, Einstein mantenía una relación romántica con una mujer rusa, Margarita Konenkova, que supuestamente era una espía soviética. Einstein conoció a Konenkova en 1935, cuando su marido, el aclamado escultor Sergei Konenkov, estaba creando un busto de Einstein para el Instituto de Estudios Avanzados. En algún momento iniciaron un romance, que duró hasta el final de la guerra. Los historiadores supieron de su relación en 1998, cuando salieron a la luz en una subasta unas cartas de amor de Einstein a Konenkova que databan de 1945 y 1946.[3] Al anticiparse a la moda de los *mashups* de nombres, como «Brangelina» para Brad Pitt y Angelina Jolie, Albert y Margarita se apodaron a sí mismos «Almar». En la época en que las cartas se dieron a conocer, un antiguo espía soviético afirmó que Konenkova había sido una especie de Mata Hari que intentaba atraer a Einstein para que derramara secretos sobre el programa atómico estadounidense. Efectivamente, ella lo puso en contacto con el vicecónsul soviético en Nueva York. Sin embargo, hasta la fecha no se han aportado pruebas sólidas de que fuera una espía, y mucho menos de que sedujera a Einstein para que ofreciera información militar clandestina, que de todos modos él no tenía. Por suerte, la historia era desconocida para la prensa sensacionalista de la época; Einstein ya desconfiaba bastante de la prensa.

A Einstein le seguía pareciendo ridículo mucho de lo que se publicaba sobre él en los periódicos. Preguntado en una ocasión por un periódico suizo sobre las lecturas adecuadas para los jóvenes, su respuesta mostró un gran desdén por la prensa: «Un hombre que solo lee los periódicos [...] me recuerda a un miope que se avergüenza de llevar gafas. Depende por completo de los juicios y las modas de su época y no ve ni oye nada más».[4]

Nada prepararía a Einstein para la avalancha de atención cuando llegó de Dublín la noticia de que Schrödinger aparentemente se le había adelantado en la teoría del campo unificado. Para dejar las cosas claras, se vería obligado a enfrentarse frontalmente a los periodistas inquisidores. Al menos parte del impulso para la avalancha de informes de prensa fue la situación a la que se enfrentaba el propio De Valera.

Asediado por las terribles condiciones económicas a las que se enfrentaba Irlanda, Dev esperaba que el DIAS, su Olimpo de la mente, brillara. Schrödinger, su jugador estrella, necesitaba acumular más victorias para la ciencia irlandesa. El *Irish Press*, su portavoz, se sentía obligado a animar al equipo local y a pregonar sus éxitos. De lo contrario, la oposición política estaría esperando entre bastidores para aprovechar el momento. Atentos a cualquier paso en falso, estaban hambrientos y ansiosos por hacerlo.

LA ESTRELLA FUGAZ DE DEV

En la posguerra, tras más de una década en el poder, la estrella del *taoiseach* había caído claramente. El desempleo masivo, el racionamiento de alimentos y una emigración que recordaba a la época de la hambruna de la patata contribuyeron a aumentar la sensación de que estaba fuera de contacto con las preocupaciones comunes. Un nuevo partido socialdemócrata, Clann na Poblachta, empezó a restar apoyos a Fianna Fáil. Los debates en el Dáil se volvieron más desagradables, y a los políticos que atacaban las políticas del Gobierno había que recordarles que se refirieran a De Valera por su título.

De Valera siguió muy implicado con el DIAS. Él y su partido siguieron citando su fundación como un logro importante, a pesar de las escasas pruebas de que hubiera alcanzado su objetivo de prominencia internacional. Por ejemplo, durante las elecciones generales irlandesas de 1948, su partido enumeró la fundación del Instituto de Dublín como uno de sus logros.[5] En medio del malestar social, De Valera y los dirigentes del DIAS decidieron ampliar su misión y crear una Escuela de Física Cósmica. Aunque añadir nuevos programas entraba dentro del mandato original del instituto, se dio cuenta de que necesitaría solicitar financiación adicional al Dáil para la nueva escuela. Al intentar abrir el erario público en una época de penurias, se encontró con un aluvión de reacciones negativas. Durante el debate parlamentario, celebrado el 13 de febrero de 1947, el diputado del Fine Gael James Dillon, un crítico declarado del Gobierno de De Valera, dirigió el venenoso ataque.

«Mi opinión es que se está haciendo con el propósito de asegurar una publicidad barata y fraudulenta para una administración desacreditada —argumentó Dillon—. Recuerdo una *Life of de Valera* [en la que] se describía que la política era un calvario insufrible para él: que, en realidad, su felicidad era estar desvinculado de todos los asuntos mundanos y dejado libre para vagar por los reinos superiores de las matemáticas, donde pocos podían seguirlo. Este es el espectáculo con el que nos agasajan ahora: él mismo y el físico cósmico sentados en Merrion Square y elevados en el éter cósmico mientras los ignorantes del partido Fine Gael, y del partido Clann na Talmhan y del partido laborista se ocupan de los pensionistas de la tercera edad, y de las vacas, y de consideraciones despreciables de ese tipo».[6]

No está claro si, en las observaciones de Dillon, «el físico cósmico sentado en Merrion Square» se refería a Schrödinger o a otra persona. Independientemente de quién, además de De Valera, pudiera haber sido el blanco de sus púas, es evidente que el DIAS estaba en el punto de mira por ser elitista. Schrödinger se enfrentaba a una inmensa presión para justificar su salario y su cargo en un momento de desesperada necesidad.

Camaradería asimétrica

Desde su diálogo sobre la mecánica ondulatoria a principios de los años veinte hasta sus excursiones cerca de Caputh a finales de los años veinte y sus discusiones sobre filosofía cuántica a mediados de los años treinta, la amistad de Einstein y Schrödinger se había profundizado a lo largo de los años. Su correspondencia sobre la teoría del campo unificado a principios de la década de 1940 había dilucidado intereses comunes que los acercaron aún más. Sin embargo, podría decirse que la época en la que sus objetivos teóricos y técnicas estuvieron más próximos fue el periodo comprendido entre enero de 1946 y enero de 1947, cuando cada uno trató de ampliar la relatividad general y eliminar sus condiciones de simetría. Buscaron la unidad casi al unísono. Solo pequeñas diferencias separaban sus ideas. Durante ese año, fueron colaboradores en casi todos los sentidos, excepto en que no publicaron ningún artículo juntos. Más bien, su colaboración terminó abruptamente cuando Schrödinger, espoleado en parte por la presión de actuar para Dev, declaró su victoria sobre Einstein en un dramático anuncio ante la Real Academia Irlandesa.

¿Por qué Schrödinger abandonaría de repente el dúo y se iría por su cuenta? Aunque sus intereses teóricos eran simétricos, las situaciones vitales de Einstein y Schrödinger en aquella época eran marcadamente asimétricas. A Einstein le preocupaba poco complacer a sus superiores. A esas alturas, los dirigentes del IAS de Princeton y la comunidad de físicos en general lo trataban como una reliquia —más para el espectáculo que para la ciencia— y él lo sabía. Tampoco tenía que preocuparse por ser productivo para mantener a su familia, ya que Elsa hacía tiempo que se había ido. Más bien, era su propio capataz interior el que impulsaba su interminable lucha.

Schrödinger, por su parte, sentía, con razón o sin ella, que aún tenía que demostrar su valía, justificar su salario y quizá incluso ganarse un aumento. La charla «¿Qué es la vida?», mencionada en la prensa internacional, había aumentado su prestigio. Hacer algo «a lo Einstein» ayudaría aún más. Así pues, su mente se había centrado en lo que hacía Einstein y en si él podría ayudar o hacerlo mejor. Se convirtió en algo así como un estudiante de artes marciales que observa atentamente cada movimiento de su entrenador, que trata de replicar cada paso y piensa con nostalgia en cómo podría algún día llegar a la cima.

No es que Schrödinger fuera en modo alguno maquiavélico. Estaba genuinamente interesado en el proyecto, que encajaba bien con su talento para las matemáticas. Lo último que quería era herir o traicionar a Einstein. De alguna manera pensó que podría impresionar a Dev y a los patrocinadores del instituto sin que Einstein se viera afectado personalmente. No se dio cuenta hasta que fue demasiado tarde de cómo su declaración de éxito avergonzaría y ofendería a su amigo.

A través de su correspondencia, podemos ver cómo se desarrollaron sus ideas. El 22 de enero de 1946, Einstein envió a Schrödinger una carta en la que describía cómo generalizar la relatividad y mantener los términos no simétricos del tensor métrico. Se trataba del trabajo que acababa de completar con Straus. Recordemos que el tensor métrico define cómo se miden las distancias en el espacio-tiempo, una extensión del teorema de Pitágoras para espacios curvos. Puede escribirse como una matriz de 4 por 4 con dieciséis componentes. Normalmente, debido a la simetría, solo diez de ellas son independientes. Sin embargo, Einstein decidió eliminar la simetría y restablecer los otros seis componentes como entidades independientes. Su razón para añadir más componentes independientes al tensor métrico era hacer sitio para el electromagnetismo, igual que había intentado antes con una dimensión extra.

Einstein señaló a Schrödinger que Pauli había planteado objeciones a su nuevo método. En general, a Pauli no le gustaba la idea de mezclar componentes simétricos y no simétricos, pues creía que el sistema no se transformaría correctamente y, por tanto, no sería físico. Al hacerse eco de un versículo bíblico, Pauli le dijo una vez a Weyl: «Lo que Dios ha separado, el hombre no debe unirlo».[7]

«Pauli me sacó la lengua», se quejó Einstein a Schrödinger.[8]

Pauli se había apresurado a criticar todas las técnicas que Einstein había intentado. Por desgracia para Einstein, cada vez Pauli había tenido razón. Pero ¿podría el «azote de Dios» estar pasando algo por alto en este caso? Einstein quería la orientación de Schrödinger. El 19 de febrero, Schrödinger le contestó con algunas sugerencias.

Mostró cómo podía expresarse el tensor métrico de tal forma que «Pauli dejara de sacar la lengua».[9] También instó a Einstein a incorporar el campo de mesones (interacción fuerte), con lo que la unificación de las fuerzas naturales sería más completa.

El campo de mesones resultó ser un punto de fricción entre ambos. Einstein no quería complicar las cosas al añadir una interacción extra. Pensó que bastaría con encontrar una teoría matemáticamente razonable de la gravitación y el electromagnetismo que careciera de las molestas singularidades. Para Schrödinger, unir dos de las tres interacciones que entonces se planteaban sería insuficiente. Él quería una trifecta completa que conquistara todas las fuerzas conocidas. Durante toda la primavera discutieron sobre la cuestión, pero cada uno era obstinado y no cedía.

Por otra parte, Schrödinger llegó a pensar que Einstein estaba siendo demasiado ambicioso al intentar desarrollar una teoría sin singularidades que describiera el comportamiento completo de los electrones. Como era su estilo, recurrió a una metáfora animal para describir sus sentimientos. «Va usted tras la caza mayor, como se dice en inglés —le escribió a Einstein el 24 de marzo—. Usted está en una cacería de leones y yo estoy hablando de conejos».[10]

REGALO DE LA ABUELA DEL DIABLO

A pesar de sus diferencias de enfoque, Einstein y Schrödinger siguieron al estrechar lazos. El 7 de abril, Einstein comenzó una carta con un gran cumplido: «Esta correspondencia me produce un gran placer, porque usted es mi hermano más cercano y su cerebro funciona de forma tan parecida al mío».[11] Schrödinger estaba encantado y se sentía honrado de ser un confidente tan cercano.

No se puede imaginar un elogio más halagador para un físico que decir que su cerebro funciona como el de Einstein. Nada sería más celestial que leer esas palabras en una carta del propio gran hombre. En otro momento, Einstein llamó a Schrödinger «bribón inteligente», lo que hizo que su orgullo se hinchara aún más.

En su extenso diálogo, al intercambiar cartas detalladas una o dos veces al mes, se reían mucho de los obstáculos a los que se enfrentaban.Una broma constante tenía que ver con un comentario que Einstein hizo sobre una cuestión matemática a la que se enfrentó. Lo llamó un «regalo de la abuela del diablo». Einstein lo decía en el sentido de un maleficio —una sensación sigilosa de que estaba condenado al fracaso— pero Schrödinger encontró divertida la expresión. En su respuesta, Schrödinger aportó su propia historia. «Hacía mucho tiempo que no me reía tanto y tan alto como con el "regalo de la abuela del diablo —escribió—. Porque, en las frases precedentes, usted había descrito con precisión el calvario al que yo también había asistido, solo para terminar con algo que probablemente seguía siendo tan inadecuado como su resultado».[12] Einstein respondió: «Su última carta fue indescriptiblemente interesante. Y también me conmovió bastante que usted también rindiera tanta devoción a la "abuela del diablo"».[13]

Juntos se enfrentaron a demonios matemáticos a diestro y siniestro. Una cuestión que bloqueaba a los físicos era el concepto de invariancia. La relatividad general estándar tiene la característica ideal de que los tipos sencillos de transformaciones, como un cambio o rotación del sistema de coordenadas, no afectan a los resultados físicos. Sin embargo, algunas extensiones de la relatividad general carecen de esa invariancia. Algunos de los componentes se transforman de forma diferente a otros. Esto hace que la teoría sea menos que ideal. Es como coger un coche de conducción suave, añadirle un remolque y esperar que si uno gira a la derecha, el otro lo siga al mismo ritmo. De lo contrario, todo el conjunto podría patinar y venirse abajo. A finales de 1946, los dos estaban tan unidos que Schrödinger intentó persuadir a Einstein para que se trasladara a Irlanda. Sería ideal para trabajar juntos. Einstein declinó cortésmente y escribió: «Uno no coloca una planta vieja en una maceta nueva».[14]

En algún momento de enero de 1947, Schrödinger hizo lo que consideró un gran avance. Encontró un lagrangiano sencillo que encajaba bien con su teoría unitaria general para producir las ecuaciones de campo de la gravitación, el electromagnetismo y el campo de los mesones, o eso creía él. Entusiasmado, preparó un informe para la Real Academia Irlandesa, que pronunciaría en su reunión del 27 de enero.

EL DISCURSO DE SU VIDA

El invierno irlandés de 1947 fue notoriamente brutal. El intenso frío y las nevadas hacían aún más dura la grave escasez de combustible. No era de extrañar que el Gobierno se hubiera vuelto tan impopular. A finales de enero, las temperaturas de Dublín habían descendido hasta el punto de congelación y había empezado a caer una ligera nevada. El tiempo empeoraría aún más a medida que avanzara el invierno.

A pesar de la capa de nieve que cubría el suelo, los ciclistas seguían recorriendo las calles del centro de la ciudad. Schrödinger no se dejó intimidar por el tiempo, ya que tenía una misión que cumplir. Al pedalear por Dawson Street, una gran vía paralela a la principal Grafton Street de Dublín, llegó a la Casa de la Academia con la «clave del universo» en su saco: una sencilla combinación de símbolos que podría garabatearse en un sello de correos pero que él creía que era el lagrangiano que representaba todo en el universo. Inserte ese lagrangiano en las ecuaciones del movimiento desarrolladas por Hamilton y todas las fuerzas aparecerían milagrosamente. El espíritu de Hamilton rondaba el majestuoso edificio de ladrillo. En 1852, el año en que la academia se trasladó al 19 de Dawson Street, era el principal pensador científico de Irlanda y una presencia constante en las reuniones. Muy interesado en la relación entre el tiempo y el espacio, le habría fascinado ver cómo los físicos los conectaban en teorías matemáticas. Como comentó una vez: «Y cómo el Uno del Tiempo, del Espacio los Tres, podrían en la Cadena de Símbolos ceñirse».[15]

La sala de reuniones de la academia, diseñada por el célebre arquitecto Frederick Clarendon, era el epítome de la elegancia. Grandes lámparas de araña colgaban de los altos techos y complementaban la brumosa iluminación de las altas ventanas situadas sobre los balcones. Al recordar a los miembros el valor de la erudición del pasado, estanterías repletas de pesados tomos se alineaban en las paredes. Cada serie de conferencias, cuidadosamente registradas para la posteridad en las actas de la academia, añadía otra obra a la colección.

El *taoiseach* ocupó su lugar en la sala, junto con otros veinte asistentes, entre estudiantes y profesores. Sin duda estaba contento de estar allí, en lugar de debatir con su airada oposición en el Dáil. Su presencia prácticamente garantizó la cobertura de la prensa. Los reporteros del *Irish Press* y del *Irish Times*, avisados de que la reunión podría tener interés periodístico, se sentaron con los ojos muy abiertos y ansiosos de una historia.

El presidente de la academia, Thomas Percy Claude Kirkpatrick —médico, bibliófilo e historiador de la medicina— subió al estrado. Él también había llegado en bicicleta, ya que no poseía coche. Kirkpatrick presentó a un nuevo miembro, el conde de Rosse, y al primer orador, el botánico David Webb, que disertó sobre un tipo de planta autóctona de Irlanda.

Entonces le llegó el turno de palabra a Schrödinger. La sala enmudeció y todas las miradas se centraron en el Nobel austriaco.

«Cuanto más se acerca uno a la verdad, más sencillas se vuelven las cosas —comenzó Schrödinger—. Tengo el honor de exponer hoy ante ustedes la piedra angular de la teoría del campo afín y, con ello, la solución de un problema de treinta años: la generalización competente de la gran teoría de Einstein de 1916».[16]

Los reporteros garabateaban cuidadosamente notas sobre la nueva revolución científica. Visiones de titulares bailaban en sus cabezas. Esperaban poder aclarar de algún modo las matemáticas lo suficiente como para transmitir su importancia a los lectores.
Schrödinger explicó cómo Einstein y Eddington casi habían tropezado con el lagrangiano correcto, la raíz cuadrada del negativo del determinante del tensor de Ricci, pero él fue quien realmente lo había

hecho funcionar. (Recordemos que el tensor de Ricci es una forma de describir la curvatura del espaciotiempo; su determinante es una forma de sumar sus componentes). Schrödinger señaló que la diferencia clave entre los esfuerzos anteriores y el suyo era que él utilizaba una conexión afín no simétrica. Colegas anónimos habían intentado disuadirlo, pero él se había mantenido firme.

Sala de reuniones de la Real Academia Irlandesa,
donde Schrödinger pronunció muchas de sus conferencias clave.

Schrödinger recurrió a una analogía animal (su tipo favorito) para justificar su uso de una conexión afín que no era simétrica y que, por tanto, incluía componentes extra e independientes: «Un hombre quiere hacer que un corcel supere un obstáculo. Lo mira y dice: "Pobrecito, tiene cuatro patas, le será muy difícil controlar las cuatro. Ya sé lo que haré. Le enseñaré en pasos sucesivos. Le ataré las patas traseras. Aprenderá a saltar solo con las patas delanteras. Eso será mucho más sencillo. Y luego ya veremos, más adelante quizás aprenda con las cuatro". Esto describe perfectamente la situación. El pobre tenía las patas traseras unidas por la condición de simetría, lo que le quitaba 24 de sus 64 grados de libertad. El efecto fue que no podía saltar; así que fue apartado como bueno para nada».[17]

Al final de la charla, Schrödinger hizo la asombrosamente ambiciosa predicción de que su teoría explicaría por qué una masa en rotación, como la Tierra, tiene un campo magnético. Desde 1943 sus objetivos habían pasado de dilucidar las anomalías del campo magnético de la Tierra a explicarlo todo. ¡Hablando de extralimitarse! Sabía poco sobre geomagnetismo y parecía no ser consciente de los avances realizados en su comprensión a través de un modelo del núcleo de la Tierra.

Por ejemplo, en 1936 el geofísico danés Inge Lehmann demostró mediante un análisis de las ondas sísmicas que la Tierra tiene tanto un núcleo interno como un núcleo externo. En 1940, el geofísico estadounidense Francis Birch desarrolló un modelo del magnetismo de la Tierra basado en suposiciones sobre el comportamiento a alta presión del hierro en su interior. Aunque su modelo era rudimentario e inexacto, representaba un punto de partida razonable para esclarecer el origen del magnetismo de la Tierra. Al tener en cuenta esa historia, el disparo de Schrödinger para explicar el geomagnetismo no solo erró el blanco, sino que ni siquiera apuntó al campo de tiro adecuado.

UN DRAGÓN EN INVIERNO

Al final de la reunión, Schrödinger salió corriendo en su bicicleta y esquivó a los curiosos periodistas. Pedaleó con fuerza por la nieve y zigzagueó entre el tráfico tan rápido como pudo. Los periodistas lo alcanzaron en su casa de Kincora Road. Les entregó copias de su charla y les envió páginas adicionales de explicación en un lenguaje para profanos. Las noticias estaban sin duda en camino: reportajes nacionales, quizá incluso internacionales.

El comunicado de prensa de Schrödinger, «The New Field Theory», comenzaba con un recuento histórico de las ideas sobre las partículas y las fuerzas. Empezaba por los antiguos griegos y terminaba con Einstein. Mostró cómo un hilo conductor constante ha sido el deseo de describir la fuerza y la materia a través de la geometría. Ese fue el ilustre trasfondo de sus propios esfuerzos. Su crónica parecía insinuar que él sería el sucesor lógico de los griegos y de Einstein. Tras describir la esencia de su teoría, reiteró cómo Einstein y Eddington habrían llegado a lo mismo en la década de 1920 si hubieran tenido una mentalidad más abierta. Mencionó su creencia de que era casi seguro que estaba en lo cierto. La prueba serían las pruebas del campo magnético de la Tierra, que él creía que solo podía explicarse a través de su teoría.

El *Irish Press* informó al día siguiente de que el discurso de Schrödinger había hecho historia: «La teoría debería expresarlo todo en la física de campos». Tras un resumen de su conferencia, el reportaje incluía una entrevista personal con él en la que se le pedía que explicara su teoría en un lenguaje más sencillo. Respondió: «Es prácticamente imposible reducir la teoría de forma que el hombre de la calle pueda entenderla. Abre un nuevo campo en el ámbito de la física de campos. Es el tipo de cosas que deberíamos estar haciendo los científicos en lugar de crear bombas atómicas. Se trata de una generalización. Ahora la teoría de Einstein se convierte simplemente en un caso especial. Igual que una piedra lanzada directamente hacia arriba es un caso especial en la idea general de una parábola».[18]

Preguntado por el anterior rechazo de Einstein a una versión de esta teoría, Schrödinger respondió que era una buena lección para los físicos más jóvenes: que incluso los científicos más brillantes podían equivocarse. En otras palabras, afirmaba que había sido lo suficientemente inteligente como para ignorar la autoridad de Einstein y proceder por su cuenta hacia la solución correcta. Al conceder que, alternativamente, él podía ser el equivocado, Schrödinger dijo que en ese caso parecería un «tonto espantoso».

Los medios internacionales no tardaron en hacerse eco de la historia del *Irish Press*. Por ejemplo, el 31 de enero, el *Christian Science Monitor* informó de la afirmación de Schrödinger de que se había adelantado a Einstein en la teoría del campo unificado y había cumplido así una búsqueda de treinta años.[19]

Tras su estallido inicial de confianza, Schrödinger pronto empezó a tener dudas sobre cómo se percibirían sus bravuconadas. ¿Qué pensaría Einstein cuando se enterara? Seguramente comprendería las circunstancias: el Instituto de Estudios Avanzados de Dublín asediado y desesperadamente necesitado de financiación; la presencia entre el público de De Valera, a quien tenía que impresionar; el acoso de los periodistas. Al fin y al cabo, solo era una charla académica. Había hecho sus afirmaciones en el contexto académico; fue la prensa la que se propuso difundirlas. Esas fueron algunas de las justificaciones de Schrödinger para sus acciones. El 3 de febrero le escribió una carta a Einstein para explicarle sus nuevos resultados y alertarlo de la situación de la prensa. Al advertir a Einstein de que los reporteros que preguntaran sobre su reacción a la nueva teoría pronto podrían acosarlo, Schrödinger ofreció una débil disculpa. La situación salarial y de las pensiones en el IAS de Dublín, explicó Schrödinger, era tan mala que había necesitado alardear un poco para atraer más atención hacia el instituto. En otras palabras, había exagerado un poco la importancia de sus descubrimientos en aras de la publicidad necesaria para su instituto, falto de dinero.

Al final de la carta, Schrödinger rumiaba lo que haría si su lagrangiano basado en determinantes estaba equivocado. «Voy a dormir con el determinante y despertaré con él —escribió—. Simplemente, no hay nada más sensato. Si no es correcto, entonces seré un iguanodonte, diré "Frío, frío, frío" y meteré la cabeza en la nieve».[20] Schrödinger le explicó a Einstein que un iguanodonte es un personaje de un cuento de Kurd Lasswitz. Aunque no dio más detalles sobre esa referencia literaria, veamos a qué se refería probablemente. Lasswitz fue un destacado escritor de ciencia ficción. En su novela *Homchen-Ein Tiermärchen aus der oberen Kreide*, el iguanodonte es un dragón de cuello largo de la prehistoria. Vive entre espesos helechos, acostumbrado al calor del sol. Un día, se inquieta al comprobar que fuera hace un frío glacial. Saca el cuello de su guarida, pero lo retira rápidamente y murmura: «Frío, frío, frío». Debido al cambio climático, está atrapado sin desayunar hasta que haga más calor. ¿Quién sabe cuánto tiempo tendrá que esperar?

De hecho, en el invierno nevado de 1947, Schrödinger era como un dragón que rugía estridentemente pero luego tenía que retirarse. Las llamas de sus grandiosas afirmaciones quemaron su relación con uno de sus amigos más íntimos. Sus esfuerzos de colaboración en la investigación de las teorías del campo unificado se hicieron humo. Einstein dejó de responder a sus cartas por el momento. Exactamente como temía, Schrödinger se quedaría fuera en el «frío, frío, frío».

DESPRECIANDO DUBLÍN

Una de las noticias internacionales rebotó en Dublín y golpeó duramente su orgullo. Bajo el mandato de De Valera, Dublín intentaba posicionarse como centro de investigación científica. Sin embargo, un artículo publicado el 10 de febrero en *Time* no solo ignoraba esos esfuerzos, sino que parecía pintar a la ciudad como la antítesis de la ciencia. El artículo comenzaba así: «La semana pasada, desde la no científica Dublín, de entre todos los lugares, llegó la noticia de un hombre que no solo entiende a Einstein, sino que se ha adentrado como un *bandersnatch* (dice) en el nebuloso infinito electromagnético. Si es así, ha marcado un *grand slam* científico».[21] El artículo incluía el lagrangiano propuesto por Schrödinger y las fórmulas relacionadas en la parte superior de la página y mencionaba que «para los no científicos, parecen garabatos incomprensibles».

La brusca descalificación de la ciencia irlandesa por parte del periodista llamó la atención del matemático nacido en Dublín John Lighton Synge, que entonces era profesor en el Instituto Carnegie de Tecnología de Pittsburgh. Synge escribió una carta al director, publicada en el número del 3 de marzo, en la que le reprochaba haber permitido la referencia y señalaba que Hamilton era de Dublín.[22]

En lugar de reconocer el ejemplo de Synge de un conocido científico dublinés, el editor se aventuró en lo personal. En una refutación posterior a la carta, planteó el caso del tío de Synge, el dramaturgo John Millington Synge, como la razón por la que Dublín debería asociarse con autores y no con investigadores. «Dejemos que Synge, el matemático superior nacido en Dublín, recuerde a los grandes fantasmas de su ciudad (entre ellos, el de su tío, autor de *El playboy del mundo occidental*) y admita que Dublín es una ciudad de escritores».

Sin duda, Synge quería distinguirse de su tío y aclarar que Dublín es el hogar de gente con talento de muchas profesiones diferentes. La respuesta del editor demuestra lo difícil que es desprenderse de los estereotipos. Curiosamente, al año siguiente, Synge sería nombrado miembro del Instituto de Estudios Avanzados de Dublín, donde trabajaría durante muchos años junto a Schrödinger. Allí realizaría importantes contribuciones al estudio de la relatividad general, hasta el punto de que su biógrafo lo llamaría «posiblemente el mayor matemático y físico teórico irlandés desde Hamilton».[23] Los periódicos irlandeses tomaron nota del debate sobre los méritos científicos de Dublín. El *Irish Times* elogió a Synge como «un matemático brillante».[24] Otra publicación irlandesa, el *Tuam Herald*, hizo referencia al jaleo parlamentario sobre la Escuela de Física Cósmica. Tras recapitular el reportaje de *Time* y los comentarios de Synge, concluía: «La actitud de algunos de nuestros diputados en el reciente debate del Dáil sobre la Física Cósmica da mucho que pensar».[25]

De hecho, las discusiones a ambos lados del Atlántico sobre si Dublín era «no científica» demuestran el poder de la falacia que De Valera quería disipar al establecer el DIAS y reclutar a Schrödinger. A pesar de sus esfuerzos, parece que se quedó corto en su objetivo de un renacimiento científico irlandés aclamado en todo el mundo.

LA RÉPLICA DE EINSTEIN

Naturalmente, al público le interesaría conocer la opinión del propio sabio de la relatividad sobre si había sido derrotado en su objetivo de unificación. El reportero William Laurence, corresponsal del *New York Times* que generalmente trató con Einstein en sus últimos años, le envió una copia del artículo de Schrödinger y del comunicado de prensa para calibrar su reacción. Laurence también envió copias a Eugene Wigner, Robert Oppenheimer y otros físicos prominentes. En su nota a Einstein, Laurence decía: «Si, al leer los documentos, se encuentra de acuerdo con el Dr. Schroedinger, le agradecería profundamente una declaración suya en ese sentido».[26]

El *Times* publicó tres artículos sobre el supuesto avance, incluido un comentario de Einstein en el que decía que «declinaba hacer comentarios» (por el momento, como así resultó).[27] Otro artículo, en el que se describía la charla, incluía en su titular «Se dice que la teoría de Einstein se ha ampliado: "Científico en Dublín afirma haber logrado la teoría del campo unificado buscada durante treinta años"».[28] La tercera pieza mencionaba que aunque Schrödinger podía tener razón, era «consciente de los escollos en su camino».[29]

Poco después, otro grupo de prensa, la Agencia de Noticias de Ultramar, envió de forma independiente a Einstein otra copia del artículo de Schrödinger. Para echar sal en la herida, el director general de la agencia, Jacob Landau, le pidió igualmente su opinión sobre «los méritos de la fórmula y sus implicaciones».[30]

A juzgar por su reacción, Einstein estaba furioso. Con la ayuda de Straus, compuso su propia declaración a la prensa. Aunque el tono de la declaración empieza siendo neutral y científico, al final es cáustico. Einstein escribió: «Los fundamentos de la física teórica no están determinados por el momento. Nos esforzamos por encontrar primero una base utilizable (lógicamente simple) de la física teórica. El profano se inclina naturalmente a considerar que el curso del desarrollo es tal que la base se obtiene a partir de los hechos de la experiencia mediante una generalización gradual (abstracción). Sin embargo, esto no es así».

Tras explicar cómo la teoría de Schrödinger es simplemente un ejercicio matemático (y no especialmente bueno) y no un resultado físico real, Einstein concluye al regañar a la prensa: «Tales comunicados dados en términos sensacionalistas dan al público lego ideas erróneas sobre el carácter de la investigación. El lector tiene la impresión de que cada cinco minutos se produce una revolución en la ciencia, algo así como el golpe de Estado en algunas de las pequeñas repúblicas inestables. En realidad lo que hay en la ciencia teórica es un proceso de desarrollo al que los mejores cerebros de las generaciones sucesivas se suman mediante un trabajo incansable, y así se llega lentamente a una concepción más profunda de las leyes de la naturaleza. Una información honesta debería hacer justicia a este carácter del trabajo científico».[31]

El comentario de Einstein sobre la cobertura de la prensa era acertado. Sin embargo, también se aplicaba a la cobertura informativa de sus propios intentos de teoría del campo unificado, que en muchos casos fueron tratados como avances y no como simples trabajos en curso. Por ejemplo, durante el alboroto mediático sobre su teoría de 1929 del paralelismo a distancia, en lugar de acallar las especulaciones las aumentó con sus propias declaraciones públicas sobre su importancia.

Después de que la respuesta crítica de Einstein se publicara en medios como *Pathfinder*, una revista de noticias con sede en Washington, así como en el *Irish Press*, Schrödinger emitió su propia declaración de prensa y enmarcó el asunto como una cuestión de libertad académica: «Seguramente el profesor Einstein es el último en discutir el derecho de un académico a informar a su Academia y dar su opinión libremente».[32]

Según recordó Anny, incluso se habló de pleitos, y cada uno pensó en acusar al otro de plagio. Cuando Pauli se enteró, decidió mediar. Les advirtió sobre la mala publicidad que suscitaría una acción legal de este tipo. «Además —señaló—, realmente no veo a qué viene tanto alboroto. Esta teoría está mal concebida. Si relacionaran mi nombre con ella de alguna manera, entonces tendría derecho a demandarlos».[33]

Schrödinger pronto decidió que no sería prudente seguir adelante con la disputa. Ya tenía suficientes problemas con su amigo. Las cosas se le habían ido de las manos. Empezó a llamar al incidente el «*schweinerei* [lío] de Einstein».

Aunque Schrödinger se abstuvo de continuar la discusión, cierto escritor de humor decidió salir en su defensa. Bajo su seudónimo,

Brian O'Nolan escribió una mordaz columna en la que acusaba a Einstein de esnobismo. «¿Sabe que no me gusta nada ese discurso? —comentó—. En primer lugar, fíjese en la asunción del manto druídico por la burla inicial. Soy, por cierto, un lego. Y el lego se inclina naturalmente a considerar algo bastante estúpido [como que] el oro crece en los árboles. [...] Es un abuso, nada más».[34]

Al igual que Schrödinger, Einstein también dejó de lado el argumento. (No respondió al artículo de O'Nolan, del que probablemente ni se enteró). Sin embargo, pasarían tres años más hasta que reanudara la correspondencia con su viejo amigo.

Hitos

En 1948, el físico de Princeton John Wheeler, que vivía cerca de Einstein y lo visitaba a menudo, le trajo noticias emocionantes. El brillante alumno de Wheeler, Richard Feynman, había desarrollado un enfoque único de la mecánica cuántica, llamado «suma sobre historias», que generalizaba el principio de mínima acción de Hamilton al estudio de cómo los fotones se transfieren entre electrones y otras partículas cargadas para generar la fuerza electromagnética. Al crear una fuerza, el fotón actúa como lo que se denomina una «partícula de intercambio». (Su existencia es necesaria gracias a la teoría gauge del electromagnetismo de Weyl). A diferencia de la mecánica clásica, en la que las partículas viajan por caminos únicos, Feynman mostró cómo en las interacciones cuánticas se toman todos los caminos posibles, ponderados por sus probabilidades para crear un resultado neto.

Podemos entender la diferencia entre la mecánica clásica y la suma sobre historias de Feynman a través de una analogía que implica a un niño con botas que vuelve a casa del colegio. Supongamos que tiene la opción de tres rutas posibles diferentes: un camino rápido a través de la arena, un camino algo más largo a través del barro y un camino aún más largo a través de la grava. En mecánica clásica, elegiría la ruta más eficiente y sus botas quedarían cubiertas de arena. Contraste eso con la versión cuántica, en la que el resultado sería una suma sobre historias. En ese caso, sus botas tendrían mucha arena, pero también una medida de barro y un poco de grava. Sería como si hubiera tomado las tres rutas a la vez, pero de alguna manera «la mayor parte de él» tomó el camino más rápido.

Un problema inicial con el método de Feynman fue la aparición de términos infinitos no deseados. Sin embargo, él —y, de forma independiente, los físicos Julian Schwinger y Sin-Itiro Tomonaga— desarrollaron una forma de cancelar estos infinitos, llamada «renormalización». La renormalización consiste en ordenar los términos de forma que las sumas y restas dejen una suma finita.

Las aportaciones de Feynman, Schwinger y Tomonaga, denominadas electrodinámica cuántica o QED, abrieron la puerta a una mayor comprensión de las interacciones entre partículas. Aunque diseñados para la interacción del electromagnetismo, sus métodos acabarían por modificarse para caracterizar las fuerzas nucleares débil y fuerte. Resultaría ser un paso decisivo hacia un modelo estándar de las fuerzas, una forma de entender el electromagnetismo y las interacciones débil y fuerte mediante una explicación unificada.

Einstein tenía poco interés en tales ideas. Como recordó Wheeler, no le impresionó la noción de suma sobre historias de Feynman. La cuestión era su dependencia de la probabilidad. «No puedo creer que Dios juegue a los dados —le comentó Einstein a Wheeler—, pero quizá me gané el derecho a cometer mis errores».[35]

Ese año, Schrödinger (junto con Anny) se convirtió en ciudadano irlandés. Estaba a todas luces contento en su país de adopción, salvo su añoranza de las montañas austriacas y, por supuesto, de Hilde y Ruth. El único inconveniente era que su mentor ya no era el *taoiseach*. Dev se vio obligado a dimitir tras las elecciones de febrero de 1948, cuando los partidos de la oposición formaron una coalición parlamentaria que expulsó a Fianna Fáil del poder. El cambio de guardia demostró que la democracia irlandesa gozaba de buena salud. Pronto Irlanda se convertiría oficialmente en una república, como lo había sido en esencia desde finales de la década de 1930.

Capítulo 8

EL ÚLTIMO VALS: LOS ÚLTIMOS AÑOS DE EINSTEIN Y SCHRÖDINGER

De lo que es significativo en la propia existencia uno apenas es consciente y, desde luego, no debería molestar al prójimo. Lo amargo y lo dulce vienen de fuera, lo duro de dentro, de los propios esfuerzos. En su mayor parte hago lo que la naturaleza me impulsa a hacer. Es vergonzoso ganarse tanto respeto y amor por ello. Vivo en esa soledad que es dolorosa en la juventud, pero deliciosa en los años de madurez.

ALBERT EINSTEIN, «Self-Portrait»

Einstein pasó los meses previos a su septuagésimo primer cumpleaños de forma muy parecida a como lo había hecho antes de cumplir los cincuenta: al desvelar y promocionar una nueva teoría de la unificación. Para coincidir con esa ocasión, Princeton University Press decidió publicar en marzo de 1950 una edición revisada de *El significado de la relatividad*, un libro basado en las charlas que había dado en la Universidad de Princeton en mayo de 1921 sobre el tema. La versión actualizada incluiría un apéndice en el que Einstein explicaba de forma divulgativa su «teoría generalizada de la gravitación».

245

Lo último que Einstein necesitaba en aquella ocasión era otra pelea que lo distrajera en los medios de comunicación. No tuvo que preocuparse por Schrödinger, que se mostró humilde y en su mejor comportamiento. Viciado, sin duda, por el silencio entre ellos, Schrödinger había llegado a darse cuenta de lo tonto que había sido poner en peligro una amistad por una fugaz oportunidad de gloria. Sin embargo, Einstein no podía escapar a la controversia. Se produjo una disputa entre bastidores sobre las menciones prematuras del nuevo material.

Datus Smith y Herbert Bailey, director y editor respectivamente de Princeton University Press, tenían todo perfectamente programado para la presentación de la última teoría de Einstein. Planeaban emitir un comunicado de prensa en febrero, cuando los ejemplares del libro estarían disponibles. El público se enteraría de la supuestamente innovadora nueva visión de la naturaleza al comprar el libro y hojear su apéndice.

Sin embargo, alrededor de la Navidad de 1949, Smith y Bailey descubrieron que Einstein también había acordado de forma independiente con *Scientific American* la publicación de un artículo que había escrito sobre la teoría generalizada. *Scientific American* tenía previsto anunciarlo en breve. Lo último que quería la prensa era que la gente ignorara el libro en favor del artículo. En consecuencia, decidieron adelantar su anuncio.

Poco después de su conferencia de prensa, se quedaron atónitos al leer un artículo en el número del 9 de enero de *Life* escrito por Lincoln Barnett, autor reciente de un libro titulado *El universo y el doctor Einstein*.[1] El artículo no solo explicaba la teoría generalizada de Einstein en lenguaje llano, al saltarse el apéndice previsto, sino que no mencionaba la nueva edición ni a Princeton University Press. En su lugar, sugería que la teoría de Einstein ya había sido publicada. Eso era cierto en parte; había publicado otras versiones, pero la había modificado en el ínterin. A Smith y Bailey les preocupaba que los lectores se sintieran confundidos y que el impulso del libro decayera.

Después de que Smith enviara una carta furiosa a Barnett por la falta de reconocimiento, Barnett le contestó para disculparse y explicó que había omitido inadvertidamente la mención del nuevo libro.[2] *Life* había querido adelantarse a *Scientific American* en lo que consideraba una noticia candente. Además, había obtenido la información sobre la nueva teoría de Einstein de forma independiente, a través de una conferencia de la Asociación Americana para el Avance de la Ciencia en la que se había expuesto una versión anterior. Por último, había pensado que habría otras menciones de la teoría en *Life* y que estas citarían el libro. Smith aceptó su sensata explicación y su amable disculpa.[3]

Para complicar aún más la vida de Smith y Bailey, por esas fechas Einstein les telefoneó y les dijo que las ecuaciones de su teoría generalizada podían expresarse de forma más sencilla. Insistió en que detuvieran la producción del libro hasta que pudiera revisar el apéndice, que debía ser traducido del alemán al inglés por la esposa de Bargmann, Sonja. La prensa accedió, aunque sin duda les costó algo de dinero. Se trataba de Einstein, así que ¿qué otra cosa podían hacer? Una vez impreso el libro, Einstein encontró algunos errores en sus cálculos, que fueron corregidos en una fe de erratas insertada en cada ejemplar.

La historia aún tenía otra vuelta de tuerca. A mediados de enero, Einstein recibió una carta de una tal Frances Hagemann de Maplewood, Nueva Jersey. Alegaba que una frase utilizada en el artículo de *Life*, «único y armonioso edificio de leyes cósmicas», era de su propiedad intelectual y que él la había robado a través de la Comisión de Energía Atómica.

«Esto es para advertirle que mantenga sus manos fuera de mi propiedad —escribió—. Aún no he leído su libro, pero, cuando lo haga, si encuentro alguna infracción de mis derechos de autor, lo procesaré con todo el peso de la Ley de Propiedad Intelectual».[4]

Hagemann también envió una copia de la carta a Bailey. Bailey le respondió por escrito y le explicó que la frase en cuestión era de *Life*, no de Einstein.[5] Hagemann seguía sin estar satisfecha. Respondió airadamente a Bailey, con copia a Einstein, que eran sus ideas las que estaban protegidas por derechos de autor, no solo sus palabras.[6] Los registros no indican si llegó a presentar formalmente una reclamación legal.

La noticia de la teoría también llegó a la prensa internacional. En el *Irish Times*, un periodista denunció que la mayoría de la gente no era lo suficientemente culta como para entender la nueva teoría de Einstein, salvo unos pocos sabios como Schrödinger. Como escribió el periodista: «Desgraciadamente, el Dr. Einstein está en un campo para él solo, y solo un puñado de hombres de otras partes del mundo consiguen siquiera escarbar entre los setos con los que está rodeado. Irlanda es afortunada en la medida en que uno de sus ciudadanos, el Dr. Schroedinger, pertenece al selecto grupo de seres humanos capaces de comprender y, lo que es más, de explicar algunos aspectos de la nueva teoría».[7]

El *New York Times* alabó la nueva obra como la «teoría maestra» de Einstein. «Su última síntesis intelectual —especulaba— puede revelar al hombre vastas fuerzas más allá de lo imaginable, aún ocultas a la vista».[8]

Es notable que en el septuagésimo primer año de Einstein, más de un cuarto de siglo después de sus últimas publicaciones revolucionarias, su mera propuesta de un conjunto de ecuaciones para la unificación que no habían superado ninguna prueba experimental creara tal revuelo. Cada teoría de Einstein, creíble o no, era como un dulce néctar para enjambres de reporteros y aspirantes a físicos, que se apresuraban a conseguir —y a veces incluso tenían que luchar por conseguir— una muestra. Desde el punto de vista de la comunidad de físicos convencionales, en cambio, los sucesivos intentos de unificación de Einstein parecían cada vez más ridículos a la vista de lo que omitían sobre el mundo conocido de las partículas. Una multitud de nuevos constituyentes subatómicos, como muones, piones y kaones, habían aparecido en los datos de los rayos cósmicos, y las teorías de Einstein ni siquiera los abordaban. Ignoró sistemáticamente las fuerzas nucleares.

Robert Oppenheimer, por ejemplo, aunque apreciaba mucho a Einstein y era un gran admirador de sus primeros y fundamentales trabajos, consideraba absurdos e impropios sus últimos esfuerzos. Como escribió Oppenheimer: «Creo que entonces estaba claro... que las cosas con las que trabajaba esta teoría eran demasiado escasas, dejaban fuera demasiadas cosas que los físicos conocían pero que no se conocían mucho en los días de estudiante de Einstein. Por lo tanto, parecía un enfoque irremediablemente limitado y condicionado por la historia. Aunque Einstein se granjeó el afecto o, con más razón, el amor de todo el mundo por su determinación de llevar a cabo su programa, perdió la mayor parte del contacto con la profesión de físico, porque había cosas que se habían aprendido que le llegaron demasiado tarde en la vida como para preocuparse de ellas».[9]

Humilde y esperanzado

Schrödinger se sentía fatal por la disputa entre él y Einstein tres años antes. Para enmendarlo, fue generoso al elogiar los esfuerzos de unificación de Einstein, al tiempo que desestimaba su propio trabajo.

«Yo estaba entre los que han hecho tales intentos sin lograr algo realmente satisfactorio —concedió Schrödinger—. Si ahora lo ha conseguido, es sin duda muy importante».[10]

A pesar del deseo de Schrödinger de reconciliarse con Einstein, seguía habiendo diferencias importantes entre sus criterios sobre lo que constituye una teoría completa. A diferencia de Einstein, Schrödinger siguió al presionar para que se incluyeran las fuerzas nucleares. Mientras que Einstein parecía haber renunciado a hacer predicciones experimentales, Schrödinger siempre hizo hincapié en su importancia, aunque su sentido de lo que constituía una prueba pudiera estar muy equivocado. Volvía una y otra vez al ejemplo del campo magnético de la Tierra, aunque no entendiera realmente de geofísica. Además, como creador de la ecuación de onda, Schrödinger era más propenso que Einstein a hacer hincapié en el éxito predictivo de la mecánica cuántica estándar. Por último, desde sus primeros trabajos sobre la relatividad general, publicados en 1917, Schrödinger mantuvo un interés activo en el término constante cosmológica, que Einstein había descartado.

Einstein había dejado de lado el término cosmológico a la luz del descubrimiento de Hubble de la expansión cosmológica. Schrödinger, en cambio, pensaba que el término era esencial, aunque pequeño. Defendió la constante cosmológica en su libro de 1950 *Estructura espacio-*

temporal, un estudio exhaustivo de la relatividad general y las teorías relacionadas. Argumentó que una ventaja de su teoría afín era que explicaba el origen de la constante cosmológica de forma natural y obligaba a que tuviera un valor que fuera pequeño pero no cero.[11] La defensa de Schrödinger de una constante cosmológica pequeña pero distinta de cero fue ciertamente clarividente. Coincide bien con la imagen actual de un universo en aceleración, impulsado por una energía oscura desconocida. De algún modo, su corazonada resultó dar en el clavo.

En su libro, Schrödinger también abordó la posibilidad de que no se encontraran soluciones para las teorías unificadas, pero no lo consideró un impedimento. También señaló que si se encontraban soluciones clásicas, podrían no coincidir con las propiedades cuánticas de las partículas en cuestión.[12] A diferencia de Einstein, Schrödinger creía que las generalizaciones de la relatividad general por sí solas no bastarían para producir soluciones realistas para las partículas. Reconoció que las funciones de onda simples, soluciones de su propia ecuación de onda, eran más útiles para revelar los matices de la mecánica cuántica.

Llevadlo al Tribunal Supremo

En otoño de 1950, la correspondencia entre Einstein y Schrödinger se había reanudado. Quizá se dieron cuenta de lo mucho que se valoraban el uno al otro como cajas de resonancia. Schrödinger seguía con sumo cuidado de no ofender a su querido amigo. Había aprendido a no alardear de la superioridad de sus teorías.

Einstein seguía al juguetear con su teoría generalizada. En una carta a Schrödinger fechada el 3 de septiembre, reconocía que sus esfuerzos podían parecer un poco quijotescos. «Todo esto tiene el tufillo del bueno de don Quijote —escribió al referirse a una de sus suposiciones matemáticas—, pero, si quieres mantener el requisito de representar la realidad, no hay otra opción».[13]

Sus discusiones giraron en torno a los aspectos insatisfactorios de la medición cuántica, un tema favorito de ambos. Los intereses siempre cambiantes de Schrödinger habían vuelto a la filosofía. Estaba ansioso por demostrar que, en el contexto de la historia, la interpretación ortodoxa de la mecánica cuántica se convertiría algún día en una reliquia. Expuso sus puntos de vista en un artículo de 1952, «Are There Quantum Jumps?», en el que comparaba la discontinuidad cuántica con la descartada astronomía ptolemaica de los epiciclos que había sido sustituida por el sistema copernicano. Envió a Einstein una copia de su artículo y sin duda esperaba una reacción entusiasta.

Poco después, las teorías del campo unificado basadas en el concepto afín empezaron a ser atacadas. En 1953 se publicaron varios trabajos, entre ellos los de los físicos C. Peter Johnson Jr. y Joseph Callaway, que demostraban que la teoría generalizada de Einstein —y, por extensión, el trabajo de Schrödinger— no daba con el comportamiento adecuado de las partículas cargadas en la naturaleza. Einstein se apresuró a rebatir las críticas, pero Schrödinger se desilusionó aún más.

En mayo de 1953, tras recibir una copia de las últimas ideas de Einstein, Schrödinger ofreció un poco de crítica constructiva con algunas sugerencias matemáticas. Al esperar no disgustar a Einstein, comenzó la carta y escribió: «Por favor, no se enfade por mi contumacia».[14]

La respuesta de Einstein, en junio, ofrecía humor sobre sus bromas. «Hemos discutido mucho, y sin éxito, sobre la naturalidad de la teoría afín. Solo el querido Dios puede juzgar las decisiones intuitivas. Como en el caso del Tribunal Supremo, Él no tiene que ocuparse de tales apelaciones».[15]

El giro de Bohm sobre la medición cuántica

Muchos físicos que pasaron un tiempo en Princeton durante los años cuarenta o principios de los cincuenta tienen sus propias historias personales de Einstein. Algunos lo vieron al pasear por la ciudad, quizá con sus ayudantes a su lado. Otros asistieron a una de sus conferencias, normalmente en alemán. Los pocos afortunados que tuvieron la oportunidad de conocerlo y mantener una conversación personal guardan recuerdos imborrables de aquellos preciosos momentos, historias que sin duda han contado muchas veces a sus amigos y familiares.

El físico del Amherst College Robert Romer ha escrito sobre su «media hora con Einstein», una visita a la casa de Einstein a la que fue invitado en febrero de 1954. El encuentro fue agradable y memorable. «La Sra. Dukas me dio la bienvenida y me hizo subir al pequeño y desordenado estudio de Einstein —recordó—. Y allí estaba Einstein, con el aspecto "justo como Einstein": pantalones caqui, sudadera gris, vestido más o menos tan a la moda como visto yo ahora».[16]

Uno de los recuerdos conmovedores de Romer fue una discusión que mantuvieron sobre el experimento mental EPR. Recordaba a Einstein al preguntar: «¿Cree realmente que, si alguien aquí midiera el espín de un átomo, podría afectar a la medición simultánea del espín de otro átomo que está allí?» mientras señalaba hacia la calle Mercer. En retrospectiva, Romer se sorprendió de que Einstein expresara el experimento en términos de espín, en lugar de posición y momento, como en el documento original. Parecía una referencia temprana a la versión del espín de la EPR, tal y como la introdujo el físico David Bohm. Bohm publicaría esa variación en un artículo de 1957 con Yakir Aharonov.

Einstein llegó a conocer a Bohm cuando este era profesor adjunto en Princeton a finales de la década de 1940. Bohm estaba muy interesado en la mecánica cuántica y decidió escribir un libro de texto sobre el tema. Tras publicar el libro, empezó a dudar de aspectos de su explicación ortodoxa, incluida la «espeluznante acción a distancia». Transmitió sus dudas a Einstein y mantuvieron muchas discusiones fructíferas sobre las lagunas lógicas de la teoría cuántica. Decidió desarrollar una explicación determinista alternativa al utilizar variables ocultas: factores no detectados, entre bastidores. Para entonces, se había visto obligado a abandonar Princeton por su negativa a declarar ante el Comité de Actividades Antiamericanas de la Cámara de Representantes durante la caza de brujas de la era McCarthy contra los sospechosos de comunismo. Con la ayuda de Einstein, obtuvo un nuevo puesto en la Universidad de São Paulo, en Brasil. Allí continuó sus exploraciones de un sustituto causal de la mecánica cuántica estándar. El resultado fue una teoría que retomaba las ideas de De Broglie y Schrödinger de los años veinte de que la función de onda era físicamente real, no solo un depósito de información probabilística sobre las partículas. En 1927, De Broglie había publicado una interpretación determinista de la mecánica cuántica basada en ondas realistas que guían el comportamiento de las partículas, y las llamó «ondas piloto». Por eso, a veces las ideas de De Broglie y Bohm, aunque desarrolladas de forma independiente, se agrupan bajo el nombre de «teoría De Broglie-Bohm».

La versión Bohm-Aharonov del experimento mental EPR imagina dos electrones del mismo nivel de energía impulsados en direcciones diferentes. El principio de exclusión de Pauli garantiza que los electrones deben tener estados de espín opuestos: si uno es de espín hacia arriba, el otro es de espín hacia abajo. Hasta que no se realiza una medición, es imposible saber cuál es cuál. Por lo tanto, los dos electrones forman un estado cuántico entrelazado que es una mezcla igual de ambas posibilidades: arriba-abajo y abajo-arriba. Supongamos ahora que un experimentador mide el espín de uno de los electrones al utilizar un aparato magnético y que otro investigador registra inmediatamente el espín del otro. Según la interpretación cuántica ortodoxa, el sistema colapsaría instantáneamente en uno de sus eigenestados de espín, ya sea arriba-abajo o abajo-arriba. Así, si la lectura del primer electrón era de espín arriba, el otro sería automáticamente de espín abajo. En ausencia de una interacción a través del espacio entre ambos, ¿cómo podría el segundo electrón «saber» instantáneamente qué ser?

En 1964, el físico John Bell profundizaría en esta cuestión al desarrollar una forma matemática de distinguir entre la interpretación cuántica estándar de un estado entrelazado y las explicaciones alternativas que implican variables ocultas. Basó sus ideas en la versión del espín de Bohm-Aharonov del experimento mental EPR. El teorema de Bell resultaría fundamental para el análisis posterior de lo que ocurre realmente cuando un observador mide un sistema cuántico. Se verificaría en 1982 mediante un experimento de polarización realizado por el físico francés Alain Aspect y sus colegas.

Los trabajos de Bohm y Bell se referían a la interpretación de la mecánica cuántica más que a sus aplicaciones. Una cuestión más práctica consistía en ampliar la teoría cuántica de campos para incluir otras fuerzas además del electromagnetismo. El objetivo era generalizar la electrodinámica cuántica a una teoría que pudiera describir otras interacciones como las fuerzas nucleares y la gravedad.

En ese ámbito, más o menos en la época de la «media hora con Einstein» de Romer, se produjo un gran avance teórico. A principios de 1954, el físico Chen-Ning «Frank» Yang y el matemático Robert Mills publicaron un artículo que ampliaba la teoría del campo gauge de Weyl para incluir otros grupos de simetría además del de un círculo simple. Recordemos que la teoría gauge original, aplicada al electromagnetismo, es algo así como un abanico o una veleta que podría apuntar en cualquier dirección alrededor de un bucle. Por tanto, tiene una especie de simetría rotacional circular.

El grupo de simetría de las rotaciones alrededor de un círculo se denomina $U(1)$. Una propiedad clave de $U(1)$ es que es abeliano, lo que significa que el orden de las operaciones no importa. Si hace girar un abanico un cuarto de su recorrido en el sentido de las agujas del reloj y luego un tercio en sentido contrario, llegaría exactamente al mismo lugar si invirtiera el orden.

El trabajo de Yang y Mills amplió el método de Weyl a los grupos de simetría no abelianos. Un ejemplo sencillo en la naturaleza son las rotaciones tridimensionales, que pueden representarse mediante el grupo $SU(2)$. Coja un huevo, marque un punto en él con cuidado y gírelo un cuarto en el sentido de las agujas del reloj alrededor de su eje más largo y un tercio en el sentido contrario alrededor de su eje más corto. A diferencia del caso del círculo bidimensional, si cambiara el orden, la marca en el huevo alcanzaría una posición diferente. En otras palabras, el orden de las operaciones sí importa para los grupos no abelianos como $SU(2)$.

Un aspecto importante de la teoría gauge de Yang-Mills (que más tarde sería demostrado por el trabajo de los físicos holandeses Gerardus 't Hooft y Martinus Veltman, galardonado con el Premio Nobel) es que, al igual que la QED, es renormalizable, lo que significa que produce respuestas finitas en los cálculos. Sus propiedades resultarían ideales para modelizar las interacciones nucleares débil y fuerte junto con el electromagnetismo. Por supuesto, Einstein tendría poco interés en una unificación que incluyera aspectos probabilísticos, como una basada en la teoría cuántica de campos.

Cuando Heisenberg pasó por casa de Einstein en otoño de 1954 durante una gira de conferencias por Estados Unidos, Einstein mostró precisamente esa falta de interés. Mientras tomaban café y pastel, Heisenberg intentó por última vez persuadir al fundador de la relatividad sobre los aspectos probabilísticos de la naturaleza. Esperaba seducir a Einstein al mencionar que había empezado a trabajar en su propia teoría del campo unificado, basada en principios cuánticos. Para que la tarde fuera más suave, evitaron toda mención a la política. Sin embargo, Einstein no estaba impresionado. Al reprender a Heisenberg, repitió una y otra vez su vieja máxima: «Pero usted no puede creer, seguramente, que Dios juegue a los dados».[17]

Un lápiz y papel de carta

Tras su encuentro con Heisenberg, Einstein solo viviría medio año más. Desde 1948, sabía que tenía una bomba de relojería en el pecho, un aneurisma aórtico que podía romperse en cualquier momento. Su frágil salud fue uno de los factores que lo llevaron a limitar sus viajes y a pasar la mayor parte del tiempo en Princeton. Sí viajó una vez a Sarasota, Florida, para descansar, pero fue una excursión poco frecuente fuera de la ciudad.

La muerte de su hermana Maja en 1951 lo había entristecido mucho. Se sentía más solo que nunca. Un consuelo en sus últimos años fue que se acercó más a su hijo Hans Albert, que se había trasladado a Estados Unidos y se había convertido en profesor de Ingeniería Hidráulica en Berkeley. Siempre que Hans Albert lo visitaba, recuperaban el tiempo perdido al charlar sobre sus mutuos intereses científicos.

Horrorizado por la perspectiva de una guerra nuclear, Einstein dedicó gran parte de su tiempo a hacer campaña a favor de un Gobierno mundial. Ceder el control de las armas de destrucción masiva a una autoridad mundial central, pensaba, sería la única forma de evitar su uso. Al saber que su tiempo en la Tierra era limitado, esperaba hacer valer sus mejores argumentos para preservar el planeta.

Firme partidario de una patria judía, estaba consternado por el encarnizado conflicto en el Estado de Israel, fundado en 1948. Con la esperanza de que judíos y árabes de la región pudieran convivir en paz e igualdad, instó a una solución negociada a sus disputas territoriales. Quería un Israel que fuera amistoso con sus vecinos y aceptado por ellos.

En 1952, cuando murió el primer presidente de Israel, Chaim Weizmann, se le ofreció formalmente a Einstein la presidencia del país. Aunque se sintió muy honrado, rechazó rápida y cortésmente la invitación. Sin duda, su afección cardiaca y su reticencia a viajar desempeñaron algún papel en su decisión. Los factores principales fueron que prefería la soledad a estar en el punto de mira y que no tenía ningún interés en servir como jefe de Estado, especialmente si llegaba a estar en desacuerdo con las decisiones del Gobierno.

El último gran acto público de Einstein fue firmar el manifiesto Russell-Einstein, un llamamiento a la paz mundial iniciado por el filósofo Bertrand Russell. Al argumentar que la próxima guerra mundial probablemente implicaría armas nucleares, como la bomba de hidrógeno, que podrían destruir grandes ciudades y amenazar con aniquilar a la raza humana, la petición pedía el fin de los conflictos armados en favor de la resolución pacífica de las disputas. Einstein firmó el documento el 11 de abril de 1955, solo una semana antes de su muerte.

Los últimos días de Einstein estuvieron marcados por un intenso dolor. Sin embargo, permaneció valiente y alerta. Dukas se sobresaltó el 13 de abril al encontrarlo desplomado en el suelo. Llamó a un médico, que acudió y le recetó morfina para ayudarlo a descansar. Al día siguiente, llegaron varios médicos e informaron a Dukas de que el aneurisma de Einstein se había vuelto inestable y pronto estallaría. Le recomendaron que se operara, pero él se negó y dijo que ya había vivido lo suficiente y que era hora de irse. Cuando al día siguiente se quedó inmovilizado por el dolor, Dukas llamó a una ambulancia. Lo llevaron al hospital de Princeton.

Incluso en plena agonía, Einstein seguía al querer trabajar en la teoría del campo unificado. El día antes de morir, pidió un lápiz y sus notas para poder continuar con sus cálculos. Su hijo había llegado y estuvo a su lado durante todo el día, junto con su albacea de confianza Otto Nathan y Dukas.

En las primeras horas del 18 de abril, la línea del mundo de Einstein alcanzó su punto final: la última singularidad de la vida. Como habían advertido los médicos, el aneurisma estalló de repente. Murmuró sus últimas palabras en alemán a una enfermera que no entendía el idioma. Por desgracia, se han perdido para la posteridad.

Einstein nunca quiso un monumento conmemorativo, ni siquiera una tumba. A excepción de su cerebro, su cuerpo fue incinerado y las cenizas esparcidas. Extrañamente, el patólogo Thomas Harvey, mientras inspeccionaba el cadáver de Einstein antes de la incineración, había tomado la decisión unilateral de extraer y conservar su cerebro para la investigación científica. En años posteriores, rebanó partes del mismo y se analizaron trozos. Hoy, algunas de las rebanadas se exponen en el Museo Mütter de Filadelfia.

Pocos meses después de su muerte se celebró un merecido homenaje a Einstein. Organizada por Pauli, una gran conferencia en Berna celebró el jubileo de la teoría especial de la relatividad. Atrajo a destacados investigadores de todo el mundo, incluidos algunos, como Bergmann, que regresaban a Europa por primera vez desde la guerra. Conmovedoramente, el último ayudante de Einstein, Bruria Kaufman, presentó al grupo su último trabajo sobre la teoría del campo unificado.

LA LLAMADA DE VIENA

Con la muerte de Einstein, Schrödinger perdió a uno de sus corresponsales más cercanos. A pesar de la debacle de 1947, seguían confiando mucho en las opiniones del otro. Es una suerte que hubieran reanudado la correspondencia antes del fallecimiento de Einstein; de lo contrario, Schrödinger se habría arrepentido aún más.

Desde 1946, Schrödinger tenía la esperanza de regresar a Austria. Sin embargo, era reacio a regresar a Viena cuando la ciudad estaba parcialmente ocupada por las tropas soviéticas y rodeada por el sector soviético. Cansado de la política, tenía pocas ganas de ser un peón en la Guerra Fría. En su opinión, la neutralidad era la mejor política.

Por ello, se alegró mucho cuando los antiguos aliados llegaron a un acuerdo en 1955 para la retirada de todas las tropas extranjeras de Austria. A cambio, el país prometería solemnemente permanecer neutral y libre de armas nucleares indefinidamente. Desde su perspectiva, tras haber capeado el imperialismo austrohúngaro, el fascismo austriaco y el *Anschluss* nazi, fue la mejor noticia política de su vida.

Con la oferta de un puesto en la Universidad de Viena, Schrödinger esperaba una carrera creativa posterior a Dublín. Cuando él y Anny subieron al barco para partir de su ciudad adoptiva de regreso a su ciudad natal, De Valera fue el último en despedirse de ellos. Fue un momento agridulce, pues por mucho que Schrödinger amara Irlanda, añoraba el terreno montañoso de su tierra natal. A su llegada a Viena, fue recibido de nuevo por el Ministerio Federal de Educación. Austria se alegró del regreso de su ilustre compatriota.

Es triste decirlo, pero la vuelta a casa de Schrödinger no fue tan alegre y relajante como había previsto. Erwin y Anny pasaron sus últimos años con muy mala salud. Ambos padecían graves afecciones respiratorias. Además de un fuerte asma, Anny sufría una grave depresión y había estado al recibir terapia de electroshock. Antes de los antidepresivos, se consideraba uno de los tratamientos estándar. Erwin tenía ataques de bronquitis y neumonía, agravados por su hábito de fumar de toda la vida. Debido a una operación de cataratas, necesitó llevar gafas gruesas. También desarrolló flebitis, arteriosclerosis, hipertensión y un problema cardiaco. Cuando hacía senderismo, a menudo tenía que detenerse para recuperar el aliento. Se sentía frustrado por no poder escalar montañas que antes escalaba con facilidad.

Justo antes de salir de Dublín, tuvo un episodio de bronquitis tan grave que, en su esfuerzo por descansar, tomó una sobredosis de somníferos rebajados con whisky. A la mañana siguiente, Anny lo encontró prácticamente inconsciente y tuvo problemas para despertarlo. Llamó a un médico presa del pánico. Afortunadamente, el médico pudo despertarle y salió adelante.

Una vez instalado en la Universidad de Viena, Schrödinger intentó centrarse en su investigación. A pesar de sus achaques, consiguió trabajar en algunos proyectos de última hora. Fue mentor de un joven físico, Leopold Halpern, que fue su último ayudante de investigación. Halpern trabajaría más tarde con Paul Dirac, el otro Premio Nobel de Física de 1933.

Al volver a las cavilaciones filosóficas de su juventud, Schrödinger escribió un ensayo, «¿Qué es lo real?», destinado a complementar su obra de 1925 «En busca del camino». Publicó la obra combinada como *Mi visión del mundo*, destinada a ser su declaración definitiva sobre la naturaleza de la vida, la conciencia y la realidad. Varios años antes había publicado un libro sobre la filosofía griega, *La naturaleza y los griegos*.

En el espíritu de Platón y Aristóteles, Schrödinger siempre se vio a sí mismo más como un filósofo natural que como un experto en cálculos, aunque ciertamente también era experto en esto último.

Transiciones y finales

El 12 de agosto de 1957, Erwin cumplió setenta años. Pronto decidió que había llegado el momento de retirarse de la universidad. Al final del curso académico, se le concedió el estatus de emérito, que le ofrecía muchas de las comodidades de ser catedrático pero sin las obligaciones docentes. Aunque no era habitual que alguien dimitiera tan pronto tras un nombramiento académico, Schrödinger había realizado varias transiciones rápidas en el pasado, sobre todo al principio de su carrera. Solo el nombramiento de Dublín había durado más de una década.

No hay constancia de la reacción de Schrödinger a un artículo publicado en julio de 1957 por el estudiante de doctorado de Princeton Hugh Everett III, «"Relative State" Formulation of Quantum Mechanics». El artículo detallaba lo que más tarde se conocería como la «interpretación de muchos mundos» de la mecánica cuántica, una inteligente alternativa a la visión ortodoxa. Aunque el artículo se considera ahora un clásico, pocos físicos lo leyeron en su momento. Wheeler, el asesor doctoral de Everett, alentaba sus imaginativas ideas, pero le preocupaba que físicos de la corriente dominante como Bohr pudieran encontrarlas extravagantes. De hecho, Bohr estaba poco interesado o impresionado por el trabajo de Everett. Solo después de que el físico Bryce DeWitt empezara a dar publicidad a la hipótesis en la década de 1970 empezaría a atraer partidarios.

Curiosamente, Einstein había interactuado con Everett mucho antes. En 1943, cuando Hugh tenía doce años, había escrito a Einstein y le había preguntado si el universo era aleatorio o tenía un principio unificador. Einstein le respondió amablemente, al afirmar en efecto que Hugh había creado y superado su propio obstáculo filosófico.

La interpretación de los muchos mundos ofrece una forma inequívoca de analizar el escenario del gato de Schrödinger. Pretende que cada observación cuántica implicaría una ramificación de la realidad en una miríada de caminos paralelos. Everett abordó inteligentemente la cuestión del determinismo y el papel del observador al pretender que la existencia consciente del observador se dividiría sin fisuras junto con la ramificación de la realidad. Por lo tanto, cada copia del observador creería que su escenario es la realidad verdadera y predeterminada, y tendría razón en esa ramificación. No se produciría ningún colapso, lo que eliminaría el efecto del medidor sobre lo que se mide. En consecuencia, colocar un gato en una cámara de acero con un mecanismo activado por radiación conduciría a una bifurcación causada por la posibilidad de descomposición. En una rama, la muestra se descompondría, el gato envenenado y el observador cabizbajo. En la otra, la muestra se conservaría, el gato se salvaría, y el observador regocijado.

Everett llegó a creer que su interpretación implicaba la inmortalidad.[18] Dado cualquier agente que pudiera causar la muerte, siempre habría una rama paralela en la que la supervivencia sería posible. Así, si se colocaba un gato en la cámara de acero una hora al día, una versión del mismo viviría siempre para ver la siguiente, y así sucesivamente.

Si esa inmortalidad fuera posible, no seríamos conscientes de todas las copias desafortunadas de nosotros mismos que tuvieron destinos crueles. No veríamos a los dolientes en todas las demás ramas paralelas. Sin embargo, veríamos fallecer a nuestros propios seres queridos, al menos eso creemos desde la perspectiva de nuestra rama. No está claro, por tanto, si ese tipo de inmortalidad sería una bendición o una maldición. Hay ecos de esto en la situación de Erwin y Anny a finales de la década de 1950, momento en el que ambos habían sufrido tantos brotes de enfermedad que cada uno empezó a imaginarse al sobrevivir sin el otro.

En 1958, Heisenberg hizo una entrada tardía en el drama de la unificación al anunciar públicamente su propia teoría del campo unificado. A diferencia de los intentos de Einstein y Schrödinger, se basaba en la mecánica cuántica estándar y en la física de partículas. Basada en espinores (que son como vectores pero se transforman de forma diferente), incorporaba lo que se sabía sobre la interacción nuclear débil, incluido el reciente descubrimiento de Yang y T. D. Lee de que la paridad no se conserva. La conservación de la paridad es la propiedad según la cual la imagen especular de un proceso debe ser equivalente al proceso original. Como habían señalado Yang y Lee, los procesos en los que interviene la interacción débil, la fuerza que explica muchos tipos de desintegración radiactiva, no siempre siguen esa regla. Para entonces Schrödinger estaba fuera de juego y no comentó públicamente la teoría unificada de Heisenberg, que de todos modos carecía de pruebas experimentales.

Ese mismo año se produjo la muerte de Pauli, que había contribuido a la teoría unificada de Heisenberg. El mundo de la física quedó atónito, ya que solo tenía cincuenta y ocho años y había estado activo en aquella época. Él y Heisenberg habían pasado gran parte del año en una disputa, que comenzó cuando un comunicado de prensa le llamó «ayudante de Heisenberg».[19] Insultado por la designación, comenzó a atacar abiertamente la teoría de Heisenberg. Cuando escuchó a Heisenberg dar una charla radiofónica sobre su teoría, al afirmar que solo faltaban los detalles, Pauli envió al físico George Gamow el boceto de un rectángulo vacío con la inscripción: «Esto es para demostrar al mundo que puedo pintar como Tiziano. Solo faltan los detalles técnicos».[20]

Indignado con Pauli, Heisenberg rehuyó su funeral. Fue un triste colofón a una colaboración antaño productiva. En comparación con Pauli y Heisenberg, Einstein y Schrödinger se mostraron mucho más magnánimos, a pesar de su breve batalla en la prensa.

Dos momentos culminantes de los últimos años de Schrödinger fueron la boda de Ruth con Arnulf Braunizer en mayo de 1956 y el nacimiento del primer hijo de Ruth y Arnulf, Andreas, en febrero de

1957. Varios años antes, Erwin había revelado a Ruth que era su padre biológico. Por lo tanto, podía jactarse abiertamente de ser abuelo. Por desgracia, el padre legal de Ruth, Arthur March, falleció poco después de que naciera Andreas.

Los Braunizer se instalaron en Alpbach, un encantador pueblo tirolés de montaña cerca de Innsbruck. Con su aire fresco y su abundancia de flores, también era uno de los lugares favoritos de los Schrödinger. Ofrecía un respiro de la ajetreada Viena, y allí encontraron mucho descanso y comodidad. En el momento de escribir estas líneas, Ruth y Arnulf siguen al vivir allí.

En mayo de 1960, Erwin recibió noticias funestas de su médico: la tuberculosis que esperaba haber vencido décadas atrás había reaparecido. A medida que avanzaba el año, su respiración se hacía cada vez más dificultosa, hasta que fue ingresado en un hospital, donde pasó las vacaciones de Navidad.

Le había hecho saber a Anny que deseaba pasar sus últimos momentos en casa, no en un entorno clínico. Dada de alta del hospital, ella le llevó a casa y permaneció a su lado, al cogerle suavemente de la mano. Los retos de sus últimos años habían sacado a relucir el profundo afecto que aún se profesaban. Sus últimas palabras fueron una llamada de devoción hacia ella.

El 4 de enero de 1961, Schrödinger partió del mundo material. Supervisado por Hans Thirring, su cuerpo fue llevado a un forense para un examen postmortem y luego transportado a Alpbach, donde fue enterrado en un cementerio el 10 de enero. Thirring pronunció el panegírico por su viejo amigo. La tumba estaba marcada por una cruz de hierro forjado, superpuesta a un círculo en el que estaba grabada su famosa ecuación de onda.

Muchos años después, Ruth colocó una placa con uno de los poemas de Schrödinger delante de la lápida. Al incluir la línea «todo ser es un solo ser», resume muy bien su filosofía vedántica de que todo está interconectado y es eterno.[21] La mezcla de poesía en la placa y física en el marcador honran su compleja alma a la perfección.

Un gato se cuela en la cultura

En el momento de la muerte de Schrödinger, los físicos le conocían sobre todo por su ecuación de ondas, mientras que los biólogos (y los entusiastas de la biología) estaban familiarizados con él principalmente por *¿Qué es la vida?* Sin embargo, el público en general desconocía en gran medida su paradoja del gato, la contribución que acabó al convertirse en su más famosa. Eso cambió en la década de 1970, cuando varias obras de ciencia ficción llamaron la atención sobre su enredada historia. Uno de los primeros relatos especulativos sobre el tema, «El gato de Schrödinger», de Ursula K. Le Guin, apareció en 1974. Le Guin se había enterado del experimento mental cuántico al leer «física para campesinos», como ella decía. «Obviamente, era una metáfora excelente para cierto tipo de ciencia ficción».[22]

En años posteriores, otros escritores han engendrado una camada de caprichosos cuentos de gatos cuánticos. Muchos de ellos se han centrado en universos paralelos y temas afines. En 1979, Robert Anton Wilson publicó *El universo de al lado*, el primer libro de la trilogía *El gato de Schrödinger* sobre historias alternativas. *El gato que atraviesa paredes*, de Robert Heinlein, publicado en 1985, imaginaba nuevas realidades generadas por los viajes en el tiempo. Por aquella época, varios libros de divulgación científica analizaron las implicaciones de la paradoja. Le ha seguido una colección de historias de animales cuánticos, normalmente protagonizadas por gatos, pero a veces relacionadas con otras criaturas o incluso con personas atrapadas en circunstancias ambiguas entre la vida y la muerte.

Un poema publicado en 1982 por el escritor Cecil Adams en su columna «The Straight Dope» ha pasado a formar parte de la tradición de los gatitos cuánticos (sobre todo desde que se difundió ampliamente en Internet mucho después). Describe una batalla épica entre Win (Schrödinger) y Al (Einstein) sobre el azar en el universo que engendra la paradoja del gato y la observación del lanzamiento de dados. La saga termina con Win al hacer apuestas en el funeral de Al sobre si llegaría al cielo.

Tras abrirse camino en la literatura, el inquietante gato saltó al mundo de la música pop gracias al grupo Tears for Fears. El grupo publicó la canción «Schrödinger's Cat» como cara B de un sencillo a principios de los años noventa. (Más tarde también publicaron «God's Mistake» con la letra «Dios no juega a los dados», al transformar la afirmación de Einstein en una reflexión sobre la imprevisibilidad del amor). Como explicó el compositor Roland Orzabal: «Mi canción no es más que una indirecta a la forma científica clásica de ver las cosas, una indirecta al materialismo racional, a desmontar las cosas sin poder recomponerlas, a ver los árboles y no el bosque. Al final de la canción, canto: "El gato de Schrödinger está muerto para el mundo". ¿El gato está muerto o solo dormido? Me gusta la ambigüedad, la incertidumbre».²³

En los últimos años, el gato de Schrödinger se ha convertido en un meme popular. Ha aparecido en camisetas, en dibujos animados (como la popular tira cómica en línea xkcd) y en programas de televisión (como *The Big Bang Theory* y *Futurama*). En la que quizá sea su mención más destacada, Google incorporó un doodle del experimento a su logotipo el 12 de agosto de 2013, en el 126 aniversario del nacimiento de Schrödinger. A través de estas variadas referencias culturales, el gato —e incluso el término «de Schrödinger» aplicado a cualquier cosa— ha pasado a ser un símbolo de la ambigüedad en general.

Legados científicos

Gran parte de lo que sabemos sobre las complejas vidas de Schrödinger y Einstein ha sido revelado a través de materiales de archivo. Por desgracia, el valor de sus patrimonios intelectuales ha supuesto una prolongada serie de batallas por su control.

En 1963, Anny recibió la visita de un estadounidense, el filósofo e historiador de la ciencia Thomas Kuhn. Kuhn había entrado a formar parte de un proyecto para documentar la historia de la física cuántica. Tras mantener una entrevista, Anny ofreció a Kuhn una gran caja, de más de doscientos kilos, que estaba llena de cartas, manuscritos, diarios y otros materiales personales de su difunto marido. Era un tesoro inigualable de material de Schrödinger que resultaría inestimable para los historiadores.

Kuhn organizó cuidadosamente la duplicación de gran parte del material (principalmente en microfilm) y donó los originales a la Biblioteca Central de la Universidad de Viena. La biblioteca ha conservado la caja durante décadas, mientras que los investigadores han hojeado las copias en depósitos y centros de investigación de todo el mundo.

Tras la muerte de Anny en 1965, Ruth se convirtió en la única heredera del patrimonio de Schrödinger, pero no supo de la existencia de la caja hasta la década de 1980. Habló con Walter Thirring, director del Instituto de Física de la universidad, pero le dijeron que no había nuevos materiales disponibles. En 2006, solicitó al rector de la universidad la devolución de los materiales. La universidad buscó asesoramiento jurídico y decidió interponer una demanda para dirimir los derechos de posesión. Los Braunizer contrataron a su propio abogado, y comenzó la disputa legal en un esfuerzo por establecer quién tenía la propiedad adecuada de los materiales.[24]

El caso se ha prolongado durante varios años. Se avanzó mucho en otoño de 2008, cuando ambas partes acordaron los pasos para una posible solución.[25] La idea era establecer una nueva fundación para administrar los materiales. Finalmente, en octubre de 2014 se resolvió el caso y los papeles de Schrödinger fueron designados Patrimonio de la Humanidad por la UNESCO.

Los papeles de Einstein también fueron objeto de una escaramuza legal. Tras su muerte, Otto Nathan y Helen Dukas administraron su patrimonio. Aprobaron personalmente el uso de su imagen y materiales hasta que el grueso de los materiales fue transferido a la Universidad Hebrea de Jerusalén. Se estableció un archivo duplicado en Princeton, lo que permitió a los investigadores tener acceso a sus papeles. Nathan y Dukas firmaron un acuerdo con Princeton University Press para que esta comenzara a publicar sus escritos en volúmenes editados. Sin embargo, en la década de 1970 surgió una disputa entre Nathan y la imprenta sobre su elección de editores, y fue necesario que interviniera un tribunal para arbitrar. El físico e historiador de la ciencia John Stachel se convirtió en el editor jefe del proyecto.

Entonces se produjo un giro de los acontecimientos que nadie había previsto. Stachel y otro historiador, Robert Schulmann, se enteraron de la existencia de una caja de seguridad en Berkeley donde la segunda esposa de Hans Albert, Elizabeth, había guardado un alijo de unas quinientas cartas entre Einstein y Mileva. La colección incluía unas cincuenta cartas de amor tempranas que arrojaban luz sobre un periodo hasta entonces desconocido de la vida de Einstein. Tras nuevas disputas entre el patrimonio de Einstein y Princeton University Press, la imprenta obtuvo los derechos para publicar las cartas de amor. Muchos lectores quedaron atónitos por el contraste entre la pasión que Albert expresaba por Mileva al principio de su relación y el desdén que manifestó más tarde, antes de su divorcio.

Las vidas de Einstein y Schrödinger nos informan de que incluso los científicos más brillantes son humanos. Junto a espectaculares estallidos de perspicacia, soportan largos intervalos en los que sus ruedas rechinan sin ofrecer tracción. En sus relaciones personales, tienen momentos de ternura e incidentes de traición. Pueden correr tras ilusiones fugaces y luego volver corriendo a casa con quienes realmente se preocupan por ellos.

La correspondencia entre Einstein y Schrödinger transmite considerable calidez y apoyo mutuo. Quizá, como Don Quijote y Sancho Panza, habían acabado al perseguir molinos de viento. Cada uno de ellos sabía que sus búsquedas podrían ser tachadas de quijotescas, sus vidas vistas como excéntricas. Sin embargo, los compañeros se apoyaron mutuamente, si no siempre a la luz de la prensa, sí en lo más profundo de sus corazones.

MÁS ALLÁ DE EINSTEIN Y SCHRÖDINGER: LA BÚSQUEDA PERMANENTE DE LA UNIDAD

La fotografía tiene al menos una ventaja: cuando sacas la foto, has terminado. Está lista. Pero, con una teoría, nunca terminas.

ALBERT EINSTEIN, publicado en el *Christian Science Monitor*, 14 de diciembre de 1940

Quién será el próximo Einstein? ¿Existirá alguien que supere sus ingeniosas aportaciones? ¿Existe alguien lo suficientemente brillante como para completar su sueño de una teoría unificada de la naturaleza? Hemos visto que a pesar de ser un físico consumado, Premio Nobel y hombre del Renacimiento, Schrödinger nunca se acercó a la fama de Einstein a nivel internacional (más allá de Irlanda en la década de 1940, claro). Si acaso, su gato se ha llevado toda la gloria, al menos como meme cultural. Sin embargo, desde luego no ha sido el único en intentar estar a la altura de Einstein.

Desde 1919, cuando el público saboreó por primera vez la teoría de la relatividad a través del anuncio de las mediciones del eclipse solar, ha tenido un apetito insaciable de noticias sobre Einstein y sus posibles sucesores. Mientras vivía, como hemos visto, la prensa pregonaba cada teoría del campo unificado que proponía como si fuera un gran avance. Tras su muerte, las historias sobre individuos brillantes tentadoramente cerca de completar su misión han seguido al aparecer en los titulares. En definitiva, Einstein, su búsqueda inacabada y la cuestión de quién podría heredar su trono han servido como piedras de toque durante casi un siglo.

Los científicos investigadores saben que el progreso en cualquier campo suele ser incremental y se produce a lo largo de años o incluso décadas. Los descubrimientos revolucionarios son escasos. A menudo, un científico necesita tener la suerte de estar en el lugar adecuado en el momento oportuno para dejar huella. Hoy en día, la mayor parte de la investigación científica la llevan a cabo grandes equipos, más que individuos solos.

Sin embargo, persiste el mito del genio solitario que cambia todo a nuestro alrededor. Escribe «próximo Einstein» en cualquier buscador de Internet y espera que te bombardeen con resultados: desde recetas para el éxito educativo hasta afirmaciones hechas en currículos o anuncios personales. He aquí algunos ejemplos variados de recientes elucubraciones en los medios de comunicación: ¿Será el próximo Einstein un «surfista»?[1] ¿Será un niño prodigio con un coeficiente intelectual excepcional?[2] ¿Y si el próximo Einstein es un ordenador?[3] ¿Podría identificarlo una aplicación para smartphone?[4] ¿O podría servir un DVD a la antigua diseñado para los más pequeños? Como advertía un titular del *New York Times* en 2009 con la lengua firmemente en la mejilla: «¿No hay ningún Einstein en su cuna? Que le devuelvan el dinero».[5]

La fórmula que produjo a Einstein fue una combinación perfecta entre problemas científicos cruciales que exigían soluciones radicales, intuiciones excepcionales que a menudo daban la vuelta a creencias comúnmente aceptadas, un semblante irónicamente fotogénico (¿quién iba a decir que unos jerséis desaliñados, un bigote de almohadilla de Brillo y una mopa de pelo gris rebelde podían ser tan atractivos?) y el omnipresente resplandor de la cámara. Su ascenso a la fama coincidió, más o menos, con la edad de oro de Hollywood, cuando los noticiarios cinematográficos proyectaban las últimas modas, hazañas y locuras de los famosos. Al igual que Douglas Fairbanks, Mary Pickford, Charlie Chaplin, los Barrymore y otras innumerables estrellas del cine de los años veinte, treinta y cuarenta, Einstein recorrió las pantallas de miles de cines de Main Street. El público le veía detenerse en sus paseos para saludar a sus admiradores, pronunciar discursos sobre temas de actualidad, encabezar actos benéficos para diversas organizaciones benéficas y, ocasionalmente, informar sobre los avances de sus investigaciones. Hambrientos de llenar su cupo de historias de interés humano, los reporteros engullían las noticias sobre el científico judío alemán como gatos flacuchos con leche derramada.

No está claro si esa fórmula se repetirá alguna vez. Para empezar, se ha producido una explosión de publicaciones. Muchas teorías compiten por el protagonismo, muchas más que en los tiempos de Einstein y Schrödinger. Sin embargo, las energías necesarias para poner a prueba estos planteamientos han requerido proyectos cada vez más caros y largos, como el Gran Colisionador de Hadrones, cerca de Ginebra (Suiza). A diferencia, por ejemplo, de las mediciones del eclipse, la ciencia experimental ha procedido generalmente de forma mucho más lenta y cautelosa, al requerir cantidades mucho mayores de datos antes de anunciar los resultados. En la física de altas energías, los equipos suelen estar formados por cientos de investigadores y no por pioneros solitarios. Al mismo tiempo, los medios de comunicación se han diversificado, por lo que no todos tienen los ojos puestos en las mismas celebridades científicas.

Peter Higgs, uno de los galardonados con el Premio Nobel de Física 2013, se ha convertido en un raro ejemplo contemporáneo de teórico conocido y consumado. Sin embargo, el reconocimiento de su nombre apenas rivaliza con el de Einstein. La partícula que lleva su nombre, el bosón de Higgs, ha llegado a ser conocida coloquialmente como la «partícula de Dios». Cuando se descubrió en 2012, gran parte de su cobertura en la prensa se compartió con un ser divino. (Para consternación de la India, su hijo nativo Satyendra Bose apenas recibió mención alguna).

Triunfo del modelo estándar

El descubrimiento del bosón de Higgs ha proporcionado la última pieza del rompecabezas que faltaba en el modelo estándar de la física de partículas, lo más parecido que tenemos hoy en día a una teoría del campo unificado. El modelo estándar incluye una explicación unificada del electromagnetismo y de la interacción débil, en tándem conocida como interacción electrodébil. También contiene una descripción de la interacción fuerte, la fuerza que cementa protones y neutrones en núcleos atómicos. La fuerza extraña es la gravedad, que no forma parte del modelo estándar.

El desarrollo de la unificación electrodébil comenzó en 1961, el mismo año de la muerte de Schrödinger, cuando el físico Sheldon Glashow sugirió que el electromagnetismo y la interacción débil podían unirse mediante una teoría que implicaba cuatro bosones de intercambio (transportadores de fuerza): el fotón, dos bosones cargados, llamados W^+ y W^-, que representan la desintegración débil, y un cuarto bosón, más tarde llamado Z^0, que representa un intercambio neutro débil. En ese momento aún no se había observado el cuarto tipo de interacción, entre dos partículas de carga similar. El lagrangiano (descripción de la energía) que utilizó Glashow no era del todo correcto, pero su idea de cuatro partículas de intercambio daba en el clavo.

Sin embargo, un problema enojoso de unir el electromagnetismo con la fuerza débil era que las dos fuerzas tienen rangos y fuerzas de interacción muy diferentes. El electromagnetismo actúa en un rango enorme, del que somos testigos cuando observamos la luz de estrellas que se encuentran a billones de kilómetros de distancia. La fuerza débil, por el contrario, solo actúa a escala nuclear. Además, a nivel subatómico, el electromagnetismo es unos diez millones de veces más fuerte que la fuerza débil. Si en los inicios del universo esas fuerzas estaban unidas, ¿por qué hoy parecen tan diferentes?

Como los físicos llegaron a comprender, son las propiedades de los bosones de intercambio, que van y vienen entre las partículas materiales, las que determinan los rangos y las intensidades de las fuerzas. Los bosones sin masa, como los fotones, crean fuerzas potentes y de largo alcance. Los bosones pesados, como las partículas de intercambio W y Z, generan fuerzas más débiles y de corto alcance. En consecuencia, explicar la discrepancia actual entre las interacciones electromagnética y débil se reduce a comprender cómo adquirieron masa los bosones W y Z.

Entra en escena el mecanismo de Higgs, una forma brillante de entender cómo, al enfriarse el universo desde su ardiente comienzo en el Big Bang, la mayoría de los tipos de partículas adquirieron masa, mientras que los fotones no. Propuesto de forma independiente en 1964 por varios grupos de investigadores, entre ellos Higgs, François Englert (que recibió el Nobel junto con Higgs) y Robert Brout, y un equipo formado por Gerald Guralnik, Carl Richard Hagen y Thomas Kibble, imagina que un campo con cierto tipo de simetría gauge impregnó el universo primitivo. La ruptura espontánea de esa simetría que acompañó al descenso de la temperatura del espacio dotó de masa a la mayoría de las partículas, al dejar sin masa a los fotones.

Imaginamos esa simetría gauge como una especie de ventilador giratorio colocado en cada punto del campo, al dar vueltas y expulsar aire en todas direcciones. Al enfriarse el universo, sus condiciones se volvieron tales que la simetría inicial del campo de Higgs se rompió espontáneamente. Cada ventilador se congeló en su lugar, con todos ellos al apuntar en la misma dirección. Antes de la congelación, las acciones giratorias de los ventiladores se anulaban mutuamente, al permitir que todas las partículas se movieran libremente en la dirección que quisieran. Sin embargo, una vez que los ventiladores se congelaron en su lugar y soplaron aire en ángulos idénticos, el soplado obstaculizó a la mayoría de las partículas, al acortar su alcance y reducir su fuerza. En otras palabras, adquirieron masa. Solo los fotones, que no interactuaban con el aire que soplaba, permanecieron sin masa. Conservaron toda su fuerza y su alcance a larga distancia.

A finales de la década de 1960, el físico estadounidense Steven Weinberg y el físico paquistaní Abdus Salam construyeron de forma independiente lagrangianos (en la línea de la teoría gauge de Yang-Mills, descrita anteriormente) que incluían componentes del campo de Higgs junto con bosones de intercambio y campos de fermiones que representaban partículas de materia. Su lagrangiano fue diseñado para sufrir una ruptura de simetría espontánea por debajo de cierta temperatura, momento en el que tres de los bosones de intercambio, el W^+, el W^- y el Z^0, adquirirían masa a través del mecanismo de Higgs, al dejar a los fotones sin masa. Los fermiones también acumularían masa. Un segmento del campo de Higgs original permanecería como una partícula masiva llamada bosón de Higgs.

Para entonces, se habían descubierto tantas partículas elementales nuevas que elegir qué fermiones etiquetar como fundamentales resultó crítico. La mayoría de los físicos sospechaban que los protones y los neutrones no eran fundamentales, sino que estaban formados por constituyentes. Al principio se llamó a los subcomponentes de distintas maneras, pero finalmente la comunidad de físicos se decantó por el término «quarks», elegido por Murray Gell-Mann por cómo le sonaba. Vio la palabra en un pasaje de *Finnegans Wake* de James Joyce: «Tres quarks para Muster Mark». Como hay tres quarks cada uno en los protones y los neutrones (y en todas las partículas de la categoría llamada bariones), el apodo le pareció apropiado.

Una vez catalogados los quarks, parecían dividirse en familias distintas, llamadas generaciones. La primera generación, que incluye «arriba» y «abajo», comprende los quarks que forman protones y neutrones. La segunda generación, llamada «extraña» y «encantada», incluye partículas más masivas y exóticas. Por último, la tercera generación, aún más pesada, denominada «cima» y «fondo», no se descubrió hasta las décadas de 1980 (fondo) y 1990 (cima). Cada generación incluye también partículas de antimateria de la misma masa pero de carga opuesta, llamadas antiquarks. Los tipos específicos de quarks, como «arriba» y «extraño», se denominan «sabores».

Los leptones, partículas que no experimentan la fuerza fuerte, se dividen igualmente en tres generaciones. La primera está formada por electrones y neutrinos: partículas extremadamente ligeras y de movimiento rápido. La segunda incluye muones y neutrinos muónicos. Los tauones masivos y los neutrinos tau constituyen la tercera categoría.

A diferencia de las propuestas de unificación de Einstein y Schrödinger, la teoría de unificación electrodébil ofrecía muchas predicciones específicas y comprobables. Estas incluían la presencia de una corriente neutra débil (interacción débil entre partículas de carga similar), la existencia de los bosones de intercambio W^+, W^- y Z^0 a determinadas masas, y la actualidad del bosón de Higgs. En el transcurso de las décadas de 1970 y 1980, los experimentos con aceleradores de partículas del CERN (Organización Europea para la Investigación Nuclear), cerca de Ginebra (Suiza), verificaron cada una de esas predicciones excepto la última. Finalmente, el bosón de Higgs se confirmó gracias a los datos de colisiones de partículas recogidos en el Gran Colisionador de Hadrones del CERN.

Junto con la unificación electrodébil, el modelo estándar también incluye una descripción teórica de la interacción fuerte que implica partículas de intercambio llamadas gluones. Estas forman el «pegamento» que adhiere los quarks entre sí y los mantiene confinados en grupos de tres (o pares quark-antiquark en el caso de los mesones). En una analogía con las cargas eléctricas positivas y negativas, cada quark tiene una carga de color. «Color», en este contexto, no tiene nada que ver con la apariencia visual; es solo la abreviatura de una cantidad particular conservada. Al volear gluones entre quarks de diferentes colores, surge de forma natural la fuerza fuerte. La teoría cuántica de campos que describe esto se denomina cromodinámica cuántica (QCD), en analogía con la electrodinámica cuántica.

Dada la forma que ha tomado el modelo estándar, resulta divertido pensar en todos los pronunciamientos de los periódicos al proclamar las propuestas de teoría del campo unificado de Einstein y Schrödinger como descripciones definitivas del universo. La imagen de la naturaleza que ha surgido en las últimas décadas es radicalmente diferente de lo que cualquiera en la época de la Segunda Guerra Mundial anticipaba. Es evidente que el universo guarda muchas sorpresas en la manga. ¿Podría ser que los nuevos descubrimientos hagan que algún día el modelo estándar parezca anticuado?

Cuidado con las lagunas

A lo largo de los años, las predicciones del modelo estándar se han puesto a prueba una y otra vez con una precisión extraordinariamente alta. Según esa medida, es una teoría notablemente exitosa, que lo explica todo, desde los imanes de la cocina hasta la dinamo del Sol. Ofrece un tipo de unificación sin precedentes que abarca tres de las cuatro fuerzas de la naturaleza. Solo la gravedad queda fuera.

El mismo nivel de certeza se aplica a la relatividad general. Numerosos experimentos de alta precisión han verificado las numerosas predicciones de la magistral teoría de la gravitación de Einstein. Las pruebas más recientes incluyen mediciones por satélite de un fenómeno llamado «arrastre de marco», propuesto por el viejo amigo de Schrödinger Hans Thirring y su colega físico austriaco Josef Lense allá por 1918. El arrastre de marco implica la distorsión del espacio y el tiempo alrededor de la Tierra debido a su rotación. La única predicción importante de la relatividad general que aún no se ha confirmado directamente es la existencia de ondas gravitacionales, prevista por Einstein, también en 1918.

Combina el modelo estándar con la relatividad general y dispondrás de un potente juego de herramientas para explorar las propiedades de la naturaleza. Pero ¿es suficiente? No si nos fijamos en las flagrantes omisiones que ninguna de las dos teorías puede explicar. La energía oscura, el agente acelerador del universo, y la materia oscura, la sustancia invisible que impide que las galaxias vuelen en pedazos, representan misterios a la altura de los que desafiaron a los pioneros cuánticos. Hemos mencionado cómo la primera parece coincidir con el término de constante cosmológica propuesto (y posteriormente retractado) por Einstein y más tarde defendido por Schrödinger. Sin embargo, nadie conoce la fuente física de la energía oscura, que actúa como una especie de antigravedad.

La naturaleza de la materia oscura ofrece otro enigma moderno. Identificada por primera vez en la década de 1930 por el astrónomo suizo Fritz Zwicky en su estudio del cúmulo de Coma, constituye la masa invisible requerida gravitatoriamente para mantener estables las estructuras astronómicas. Como la afirmación de Zwicky no se tomó en serio, hubo que esperar otro medio siglo antes de que comenzara en serio la búsqueda de la materia oscura. El detonante fue el hallazgo de los astrónomos Vera Rubin y Kent Ford de que Andrómeda y otras galaxias no tienen suficiente materia visible para mantener a sus estrellas exteriores al moverse tan rápido como lo hacen en realidad. Las galaxias parecen actuar como tiovivos, con veloces caballos exteriores tirados por mecanismos invisibles. A partir de la década de 1980, los astrónomos y los físicos de partículas han llevado a cabo búsquedas de objetos astronómicos tenues y/o partículas invisibles con suficiente oomph gravitacional para constituir la materia oscura. El interés comenzó a centrarse en partículas de materia oscura frías (de movimiento lento) que responden a la fuerza débil y a la gravedad pero no al electromagnetismo (de ahí su invisibilidad). La búsqueda de tales partículas se ha llevado a cabo en túneles de minas reconvertidas a gran profundidad bajo tierra, para evitar el «ruido» de las partículas ordinarias, así como en el espacio. En el momento de escribir estas líneas, aún no se han encontrado pruebas concluyentes de la existencia de partículas de materia oscura.

Si la energía oscura y la materia oscura fueran fenómenos raros, quizá podríamos aplazar las explicaciones e intentar arreglar otros cabos sueltos de la física. Por el contrario, juntas constituyen el 95 % de todo lo que hay en el espacio. Según estimaciones astronómicas recientes, la friolera del 68 % del universo es energía oscura y la totalidad del 27 % es materia oscura, lo que deja solo un 5 % que puede explicarse mediante el modelo estándar combinado con la relatividad general convencional. Algunos han sugerido modificar la relatividad general, al seguir el camino de Einstein para mejorarla. Sin embargo, el grueso de la comunidad de físicos reconoce el éxito abrumador tanto del modelo estándar como de la relatividad general a la hora de describir lo que realmente podemos observar. El deseo de no alterar el éxito conduce al dilema de cómo ir más allá, y quizá incluso unificar, esas dos obras maestras del siglo xx.

Aparte de la cuestión de las sustancias oscuras del universo, quedan otros misterios para el modelo estándar. ¿Por qué algunas partículas (los quarks) sienten la fuerza fuerte, mientras que otras (los leptones) no? ¿Puede la ciencia explicar por qué hay tanta más materia que antimateria en el universo observable? ¿Por qué solo hay tres generaciones de constituyentes y por qué tienen masas particulares? ¿Existe una forma de intercambiar fermiones y bosones que ofrezca un vínculo entre las partículas de materia y los campos de energía? Estas son algunas de las muchas preguntas abiertas en la física de partículas actual.

SUEÑOS DE GEOMETRÍA, SIMETRÍA Y UNIDAD

En las últimas décadas, el sueño de Einstein, Schrödinger, Eddington, Hilbert y otros de explicarlo todo en el cosmos mediante la geometría pura ha experimentado un marcado renacimiento. Parece que cada vez que la ciencia se aleja del ideal pitagórico de que «todo es número», los pensadores abstractos se esfuerzan por encontrar formas de reconducirlo.

En lugar de que los teóricos imaginen ondas de materia (del tipo De Broglie/Schrödinger) al oscilar a nivel atómico, muchos imaginan ahora cuerdas (filamentos) y membranas (superficies) de energía al vibrar a escalas mucho más minúsculas. Estas cuerdas y membranas son estructuras puramente geométricas que, a través de su torsión y zarandeo, generan las propiedades conocidas de las partículas. La teoría de cuerdas es un tema muy amplio; echemos un breve vistazo.

El impulso inicial para la teoría de cuerdas fue un intento infructuoso del físico japonés Yoichiro Nambu y otros a finales de los sesenta y principios de los setenta (antes de que la idea del gluón tomara fuerza) de modelar la interacción fuerte al conectar partículas entre sí mediante cuerdas flexibles y energéticas. Tales «cuerdas bosónicas», como las llamaron, actuaban como la correa de un perro, al confinar una partícula a una región diminuta (escala nuclear) al tiempo que ofrecían libertad dentro de esos límites.

En 1971, el físico francés Pierre Ramond descubrió una forma de modelar los fermiones también como cuerdas. Desarrolló un método, denominado «supersimetría», en el que las cuerdas bosónicas podían transformarse en cuerdas fermiónicas mediante una especie de «rotación» a través de un espacio abstracto. Su gran avance inspiró a los teóricos John Schwarz y André Neveu para desarrollar una teoría completa tanto de los fermiones constructores de bloques como de los bosones portadores de fuerzas que utilizan cuerdas que vibran de diferentes maneras. Tales cuerdas polivalentes fueron apodadas «supercuerdas». Un aspecto peculiar de la teoría de supercuerdas es que es matemáticamente completa (carece de términos considerados poco físicos) solo en un espacio de diez dimensiones o más. Ese mismo año, el físico Claud Lovelace había demostrado que las cuerdas bosónicas requerían veintiséis dimensiones, por lo que necesitar solo diez parecía una mejora.

A mediados de los setenta, los físicos estaban al abrir libros de texto y artículos que describían la teoría de Kaluza-Klein en dimensiones superiores, con la esperanza de aprender a manejarlas. Un manual que Bergmann escribió sobre la relatividad general en los años cuarenta, con una introducción de Einstein, ayudó a familiarizar de nuevo a la comunidad teórica con los métodos para tratar con más de cuatro dimensiones. La vieja idea de Oskar Klein de la compactificación —envolver las dimensiones extra de forma tan hermética que no puedan observarse— experimentó un renacimiento. Los teóricos encontraron formas de enrollar las seis dimensiones adicionales alrededor de espacios diminutos y estrechamente ligados, como diminutas bolas de hilo. Los matemáticos Eugenio Calabi y Shing-Tung Yau desarrollarían un esquema de clasificación para tales espacios retorcidos, llamados variedades de Calabi-Yau.

La comunidad de físicos se entusiasmó en 1975 cuando Schwarz y el físico francés Joël Scherk propusieron una forma de explicar la gravedad al utilizar la supersimetría. Mostraron cómo los gravitones, los bosones hipotetizados que transmiten la atracción gravitatoria, surgirían de forma natural en sus teorías al aplicar métodos de supersimetría a otros tipos de partículas. La gravitación, argumentaron los investigadores, era así la consecuencia natural de una unión entre bosones y fermiones. Se unen los dos tipos y nacen los gravitones.

Algunos investigadores, en particular los teóricos franceses Eugène Cremmer, Bernard Julia y Scherk, que trabajaban en la École Normale Supérieure de París, el físico holandés Bernard de Wit, que trabajaba con el físico alemán Hermann Nicolai, el grupo del físico holandés Peter van Nieuwenhuizen en Stony Brook, y otros, aplicaron la supersimetría a una teoría cuántica de campos estándar (que no utiliza cuerdas), en un enfoque denominado supergravedad. Cremmer, Julia y Scherk mostraron cómo una teoría de este tipo podría alojarse idealmente en un espaciotiempo de once dimensiones, con siete de ellas compactas. A pesar de las promesas iniciales, la supergravedad se topó con problemas para representar ciertos aspectos del mundo de las partículas.

En colaboración con el físico británico Michael Green, Schwarz siguió al explorar las propiedades de las supercuerdas. En 1984, Green y Schwarz anunciaron que habían desarrollado un modelo de diez dimensiones que estaba libre de anomalías (fallos matemáticos). Además, a diferencia de la QED, la teoría electrodébil y otras teorías cuánticas de campos estándar, la teoría de campos de supercuerdas producía valores finitos y, por tanto, no requería la cancelación de términos infinitos mediante renormalización. Sus resultados, apodados la «revolución de las supercuerdas», ofrecieron muchos motivos de celebración. Tal vez a través de las supercuerdas, pensaron muchos físicos, la búsqueda de la unidad de Einstein podría cumplirse por fin.

Al igual que Einstein, Schrödinger y otros habían descubierto que había muchas formas de ampliar la relatividad general, Green, Schwarz y otros investigadores —como el brillante teórico Edward Witten, del Instituto de Estudios Avanzados, que demostró teoremas clave— llegaron a apreciar los muchos tipos de teoría de supercuerdas. De hecho, se produjo un bochorno de riquezas. La teoría de supercuerdas pronto se convirtió en un laberinto con innumerables rutas posibles. ¿Quién proporcionaría el hilo de Ariadna que condujera a una teoría única y completa de la naturaleza?

En una conferencia celebrada en California en 1995, Witten declaró una segunda revolución de las supercuerdas, esta vez consistente en complementar las cuerdas con membranas. Bautizó el nuevo enfoque como «teoría M», al decir enigmáticamente que aunque la

M podía significar «membrana», pero también «mágico» o «misterio». La teoría-M unió varios tipos diferentes de teoría de cuerdas, junto con la supergravedad, en una única metodología. Una innovación, explorada a finales de los 90 por Nima Arkani-Hamed, Savas Dimopoulos, Gia Dvali, Lisa Randall, Raman Sundrum y otros, fue la idea de que una de las dimensiones extra podría ser «grande» (es decir, no microscópica) pero inaccesible a todo tipo de campos excepto a los gravitones. Eso explicaría por qué la gravedad es mucho más débil que las demás fuerzas naturales.

A diferencia del modelo estándar y de la relatividad general, no ha aparecido ni una sola prueba en apoyo de la supersimetría, la teoría de supercuerdas, la teoría-M o las dimensiones extra. ¿Por qué, entonces, estas ideas tienen tanto respaldo entre los teóricos? Factores como la belleza matemática, la simetría y la completitud —sorprendentemente similares a algunos de los criterios de Einstein— entran en juego. Además, no hay muchas otras alternativas creíbles.

La gravedad cuántica de bucles, desarrollada por Abhay Ashtekar, Carlo Rovelli, Lee Smolin y otros, ofrece quizá el método más ampliamente respaldado para cuantificar la gravedad que no sean las cuerdas. Al igual que la teoría unitaria general de Schrödinger, hace hincapié en el papel primordial de la conexión afín, que se modifica y se utiliza como variable cuántica. El espaciotiempo se sustituye por una especie de espuma geométrica. Los teóricos de las cuerdas suelen señalar que la gravedad cuántica de bucles no ofrece una teoría del todo, solo una teoría cuantizada de la gravedad. Los partidarios de la gravedad cuántica de bucles replican que la teoría de cuerdas trata la gravitación como un fondo (la métrica del espaciotiempo en la que se mueven los campos) y como un campo (los gravitones) y no como un todo unificado. Su objetivo es comprender primero la gravedad cuántica, antes de intentar casarla con otras interacciones.

Explorar todas las implicaciones de la teoría de cuerdas/M y la gravedad cuántica de bucles requeriría una excursión a la escala de Planck, el minúsculo dominio en el que se encuentran la teoría cuántica y la gravedad. Tales energías tremendas están mucho más allá del alcance actual. Afortunadamente, las teorías de alta energía suelen tener implicaciones de menor energía. Así, el Gran Colisionador de Hadrones bien podría detectar estados de partículas que ofrezcan una ventana a la física más allá del modelo estándar. Un ejemplo serían las partículas compañeras supersimétricas: parejas de fermiones con propiedades bosónicas, o viceversa. El descubrimiento de las mismas ofrecería poderosas pruebas de la supersimetría y posibles candidatas a materia oscura. Aunque hasta ahora no ha aparecido ninguna, muchos físicos mantienen la esperanza de que las superpartículas compañeras surjan en los datos de los colisionadores una vez que se recopilen y analicen suficientes.

MÁS RÁPIDO QUE LA LUZ: UN CUENTO CON MORALEJA

Investigadores, estudiantes, organismos de financiación, aficionados a la ciencia, escritores y otras personas interesadas en lo que hay más allá del modelo estándar esperan con impaciencia el más mínimo indicio de fenómenos nuevos e inexplicables. Con tanto tiempo y dinero invertidos en el Gran Colisionador de Hadrones y otros experimentos de grandes científicos, no es de extrañar que haya mucha expectación por obtener resultados revolucionarios.

Sin embargo, los físicos deben tener cuidado de no ofrecer anuncios precipitados de éxito, por muy tentadores que sean. Los equipos que identificaron el bosón de Higgs esperaron pacientemente a que las estadísticas descartaran otras posibilidades, aunque ese proceso llevara muchos meses. Ofrecieron una lección de perseverancia. Sin embargo, a veces se dan casos de investigadores que se precipitan al hacer afirmaciones antes de que otros grupos aporten una corroboración crítica.

Aunque la debacle de Einstein-Schrödinger tuvo lugar en la década de 1940, sus lecciones siguen siendo válidas hoy en día. Una financiación ajustada suele obligar a los científicos a justificar la importancia de sus investigaciones, normalmente a través de comunicados de prensa. El anuncio prematuro de un hallazgo no verificado puede dejar una impresión duradera que manche la investigación futura en esa área. Incluso si esa afirmación se refuta, el público podría recordarla durante mucho tiempo como un avance real y no como un informe falso.

Tomemos, por ejemplo, la afirmación de un grupo de investigación en septiembre de 2011 de que habían detectado partículas más rápidas que la luz en unas instalaciones en Gran Sasso, Italia. Aunque gran parte de la comunidad científica se mostró dudosa o al menos cautelosa, la afirmación fue ampliamente difundida por la prensa internacional. Se inició un debate en los medios de comunicación sobre si era necesario modificar la teoría especial de la relatividad de Einstein. Los informes se preguntaban si los resultados abrirían la puerta a una nueva física más allá del modelo estándar. Al pasar por alto décadas de experimentos que confirmaban la relatividad especial y su límite de velocidad de la luz, la afirmación se presentó como una prueba decisiva para la relatividad y la inviolabilidad de la ley según la cual todo efecto debe ir precedido de su causa. Por ejemplo, un artículo del periódico británico *The Guardian* informaba: «Los científicos de las instalaciones de Gran Sasso desvelarán pruebas… que plantean la inquietante posibilidad de una forma de enviar información hacia atrás en el tiempo, al difuminar la línea entre pasado y presente y causar estragos en el principio fundamental de causa y efecto».[6]

La supuesta prueba de los viajes más rápidos que la luz fue presentada por un grupo llamado OPERA (Proyecto de Oscilación con Aparato de Rastreo de Emulsiones) que rastreó corrientes de neutrinos procedentes del laboratorio acelerador del CERN, cerca de Ginebra (Suiza), a unos 450 kilómetros de distancia. Tras tres años de funcionamiento, el equipo midió que los tiempos de llegada de los neutrinos eran aproximadamente sesenta milmillonésimas de segundo más tempranos de lo que habrían sido a la velocidad de la luz, al suponer que su aparato experimental fuera preciso.

«Este resultado es toda una sorpresa —anunció el portavoz de OPERA, Antonio Ereditato, en un comunicado de prensa—. Tras muchos meses de estudios y comprobaciones cruzadas no hemos encontrado ningún efecto instrumental que pudiera explicar el resultado de la medición».[7]

El comunicado de prensa y los informes de prensa hacían hincapié en que los resultados requerían una verificación independiente y no debían tomarse al pie de la letra. Sin embargo, las monumentales implicaciones de tal descubrimiento pronto hicieron que Internet —incluida la red social Twitter— bullera con especulaciones y bromas cursis.

Como tituló *Los Angeles Times* pocos días después del anuncio: «Los chistes sobre neutrinos llegan a la Twitteresfera más rápido que la velocidad de la luz». El artículo que lo acompañaba incluía ejemplos como: «Aquí no permitimos neutrinos más rápidos que la luz, dijo el camarero. Un neutrino entra en un bar».[8]

Los compositores no tardaron en sumarse a la moda, incluida una banda irlandesa, Corrigan Brothers y Pete Creighton, con su «Neutrino Song». «¿Se equivocaba el viejo Albert?», preguntaba uno de los versos. «Esa fabulosa teoría de la relatividad está siendo desacreditada».[9]

Si la teoría de Einstein se hubiera hecho añicos, la física teórica se habría enfrentado a un reto inesperado. Tal vez habría sido necesario un nuevo Einstein para recoger los pedazos y ensamblar una teoría más duradera. Pero como ha ocurrido a menudo, los informes sobre la desaparición de la relatividad fueron muy exagerados. En junio de 2012, el CERN emitió un «no importa» a lo Emily Litella con un comunicado de prensa en el que afirmaba que «la medición original de OPERA puede atribuirse a un elemento defectuoso del sistema de cronometraje de fibra óptica del experimento». Las velocidades de los neutrinos, como han confirmado OPERA y otros tres experimentos, no superan la velocidad de la luz. Eso es «lo que todos esperábamos en el fondo», declaró el director de investigación del CERN, Sergio Bertolucci.[10]

En el momento en que se abrió el telón del episodio de OPERA, el meme de los neutrinos más rápidos que la luz hacía tiempo que se había desvanecido de la Twittersfera y otros medios de comunicación. Pero, sin duda, el anuncio original había generado una confusión pública innecesaria sobre la ciencia. En el buscador Google, por ejemplo, las consultas sobre neutrinos han seguido al sugerir «más rápido que la luz» como expresión común relacionada. ¿Quién sabe cuántos estudiantes que investigaban para sus redacciones se han encontrado con algunos de los primeros informes en los resultados de sus búsquedas y han mencionado las partículas más rápidas que la luz como una posibilidad clara?

A raíz del incidente, Ereditato y el coordinador de física de OPERA, Dario Autiero, decidieron dimitir después de que la mayoría del equipo votara en su contra en una votación de censura. La votación y sus posteriores dimisiones reflejaron la sensación de que los anuncios de los dirigentes habían sido demasiado prematuros.

EL CAMINO POR RECORRER

La paciencia no es un rasgo distintivo de la prensa, especialmente en la era de Internet, de noticias rápidas. Los medios de comunicación engullen contenidos con avidez siempre que puedan argumentar que son nuevos e interesantes para el público. Los informes no publicados, las especulaciones, los resultados preliminares y otros hallazgos aún no verificados mediante el proceso de revisión científica se convierten a veces en tan noticiables como las conclusiones meticulosamente verificadas.

La paciencia tampoco es un atributo que los políticos suelan tener, sobre todo durante los años electorales. Vemos cómo la fortuna política de De Valera dependía, hasta cierto punto, de si el Instituto de Estudios Avanzados de Dublín y sus otros proyectos favoritos resultaban ser éxitos aplastantes o boondoggles que drenaban dinero. Ese conocimiento impulsó a Schrödinger —y al portavoz de De Valera, el *Irish Press*— a pregonar sus cálculos preliminares como si fueran las tablas sagradas transmitidas desde el monte Sinaí. Schrödinger saltó a los anuncios solo unas semanas después de haber completado sus manipulaciones matemáticas, y mucho antes de que cualquier proceso de revisión las revisara. En los tiempos modernos, los presupuestos científicos se han convertido en blancos fáciles, lo que añade presión a los investigadores para que proclamen sus logros.

Sin embargo, la paciencia es precisamente la cualidad necesaria durante lo que parece un largo camino por recorrer para que la física fundamental alcance sus próximos hitos. ¿Quién sabe cuándo se encontrarán las primeras pruebas de fenómenos que trasciendan el modelo estándar? ¿Cuál será el coste del éxito? ¿Cuántos años de recopilación de datos y análisis estadísticos serán necesarios antes de que se establezcan pruebas positivas de una nueva física?

Ya hemos visto los peligros de la información precipitada que resta importancia al proceso de verificación comprobado en el tiempo. Confunde al público y, en última instancia, no ayuda a los científicos. Aunque tanto Einstein como Schrödinger fueron víctimas en ocasiones de una mezcla de ilusiones y publicidad injustificada de sus hipótesis de unificación altamente especulativas, en sus momentos más tranquilos hicieron hincapié en la necesidad de una lectura profunda, reflexiva y sobria de la ciencia. Haríamos bien en leer sus escritos, así como los de los científicos y filósofos que los inspiraron, para contemplar el estado actual de la física y hacia dónde dirigirnos.

LECTURAS RECOMENDADAS*

ACZEL, Amir, *Present at the Creation: Discovering the Higgs Boson* (Nueva York: Random House, 2010).

CASSIDY, David C., *Beyond Uncertainty: Heisenberg, Quantum Physics, and the Bomb* (Nueva York: Bellevue Literary Press, 2010).

—, *Einstein and Our World* (Amherst, NY: Humanity Books, 2004).

CLARK, Ronald W., *Einstein: The Life and Times* (Nueva York: Avon Books, 1971).

CREASE, Robert P. y MANN, Charles C., *The Second Creation: Makers of the Revolution in Twentieth-Century Physics* (New Brunswick, NJ: Rutgers University Press, 1996).

DAVIES, Paul, *Superforce: The Search for a Grand Unified Theory of Nature* (Nueva York: Simon and Schuster, 1984).

EINSTEIN, Albert, *Autobiographical Notes,* traducido y editado por Paul Arthur Schilpp (La Salle, IL: Open Court, 1979).

—, *Ideas and Opinions,* traducido por Sonja Bargmann (Nueva York: Bonanza Books, 1954).

—, *The Meaning of Relativity* (Princeton: Princeton University Press, 1956).

—, *Out of My Later Years* (Nueva York: Citadel Press, 2000).

*EINSTEIN, Albert y BERGMANN, Peter, «On a Generalization of Kaluza's Theory of Electricity», *Annals of Mathematics* 39 (1938): 683-701.

FARMELO, Graham, *Churchill's Bomb: How the United States Overtook Britain in the First Nuclear Arms Race* (Nueva York: Basic Books, 2013).

---

* Las obras técnicas están marcadas con un asterisco.

—, *The Strangest Man: The Hidden Life of Paul Dirac, Mystic of the Atom* (Nueva York: Basic Books, 2009).

FINE, Arthur, *The Shaky Game: Einstein, Realism and the Quantum Theory* (Chicago: University of Chicago Press, 1986).

FÖLSING, Albrecht, *Albert Einstein: A Biography,* traducido por Ewald Osers (Nueva York: Penguin, 1997).

FRANK, Philipp, *Einstein: His Life and Times* (Nueva York: 1949).

FREUND, Peter, *A Passion for Discovery* (Hackensack, NJ: World Scientific, 2007).

GEFTER, Amanda, *Trespassing on Einstein's Lawn: A Father, a Daughter, the Meaning of Nothing, and the Beginning of Everything* (Nueva York: Bantam, 2014).

GOENNER, Hubert, «Unified Field Theories: From Eddington and Einstein up to Now», en V. de Sabbata y T. M. Karade (eds.), *Proceedings of the Sir Arthur Eddington Centenary Symposium,* 1: 176-196 (Singapore: World Scientific, 1984).

GREENE, Brian, *Fabric of the Cosmos: Space, Time and the Texture of Reality* (Nueva York: Vintage, 2005).

GRIBBIN, John, *Erwin Schrödinger and the Quantum Revolution* (Hoboken, NJ: Wiley, 2013).

—, *In Search of Schrödinger's Cat: Quantum Physics and Reality* (Nueva York: Bantam, 1984).

—, *Schrödinger's Kittens and the Search for Reality: Solving the Quantum Mysteries* (Nueva York: Little, Brown, 1995).

HALPERN, Paul, *Collider: The Search for the World's Smallest Particles* (Hoboken, NJ: Wiley, 2009).

—, *Edge of the Universe: A Voyage to the Cosmic Horizon and Beyond* (Hoboken, NJ: Wiley, 2012).

—, *The Great Beyond: Higher Dimensions, Parallel Universes, and the Extraordinary Search for a Theory of Everything* (Hoboken, NJ: Wiley, 2004).

HENDERSON, Linda Dalrymple, *The Fourth Dimension and Non-Euclidean Geometry in Modern Art* (Cambridge, MA: MIT Press, 2013).

HOFFMANN, Banesh y DUKAS, Helen, *Albert Einstein: Creator and Rebel* (Nueva York: Viking, 1972).

HOLTON, Gerald y ELKANA, Yehuda (eds.), *Albert Einstein: Historical and Cultural Perspectives* (Princeton, NJ: Princeton University Press, 1982).

HOWARD, Don, «Albert Einstein as a Philosopher of Science», *Physics Today* 58 (2005): 34-40.

*—, «Einstein on Locality and Separability», *Studies in History and Philosophy of Science* 16 (1987): 171-201.

*—, «Who Invented the Copenhagen Interpretation? A Study in Mythology», *Philosophy of Science* 71 (2004): 669-682.

HOWARD, Don y STACHEL, John (eds.), *Einstein: The Formative Years 1879-1909* (Boston: Birkhäuser, 2000).

ISAACSON, Walter, *Einstein: His Life and Universe* (Nueva York: Simon and Schuster, 2008).

JAMMER, Max, *The Conceptual Development of Quantum Mechanics* (Nueva York: McGraw-Hill, 1966).

KAKU, Michio, *Einstein's Cosmos: How Albert Einstein's Vision Transformed Our Understanding of Space and Time* (Nueva York: W. W. Norton, 2005).

KRAGH, Helge, *Quantum Generations: A History of Physics in the Twentieth Century* (Princeton: Princeton University Press, 1999).

MACH, Ernst, *The Science of Mechanics: A Critical and Historical Exposition of Its Principles*, traducido por Thomas McCormack (Chicago: Open Court, 1897).

—, *Space and Geometry*, traducido por Thomas McCormack (Chicago: Open Court, 1897).

MEHRA, Jagesh, *Erwin Schrödinger and the Rise of Wave Mechanics, Part 1: Schrödinger in Vienna and Zurich, 1887-1925*, The Historical Development of Quantum Theory, volumen 5 (Nueva York: Springer, 1987).

MOORE, Walter, *Schrödinger: Life and Thought* (Nueva York: Cambridge University Press, 1982).

PAIS, Abraham, *Subtle Is the Lord. The Science and the Life of Albert Einstein* (Oxford: Oxford University Press, 1982).

PARKER, Barry, *Einstein's Dream: The Search for a Unified Theory of the Universe* (Nueva York: Plenum, 1986).

—, *Search for a Supertheory: From Atoms to Superstrings* (Nueva York, Plenum, 1987).

*PESIC, Peter, *Beyond Geometry: Classic Papers from Riemann to Einstein* (Nueva York: Dover, 2006).

PICKOVER, Clifford, *Surfing Through Hyperspace: Understanding Higher Universes in Six Easy Lessons* (Nueva York: Oxford University Press, 1999).

*PUTNAM, Hilary, «A Philosopher Looks at Quantum Mechanics (Again)», *British Journal for the Philosophy of Science* 26 (2005): 615-634.

SAYEN, Jamie, *Einstein in America* (Nueva York: Crown, 1985).

*SCHRÖDINGER, Erwin, *Space-Time Structure* (Cambridge: Cambridge University Press, 1950).

—, *My View of the World*, traducido por Cecily Hastings (Woodbridge, CT: Ox Bow Press, 1983).

—, *What Is Life?* (Cambridge: Cambridge University Press, 1950).

SEELIG, Carl, *Albert Einstein: A Documentary Biography*, traducido por Mervyn Savill (Londres: Staples Press, 1956).

SMITH, Peter D., *Einstein: Life and Times* (Londres: Haus Publishing, 2005).

STACHEL, John, *Einstein from "B" to "Z"* (Boston: Birkhäuser, 2002).

—, «History of Relativity», en Laurie Brown *et al.* (eds.), *Twentieth Century Physics*, vol. 1, (Nueva York: American Institute of Physics Press, 1995).

THIRRING, Walter, *Cosmic Impressions: Traces of God in the Laws of Nature*, traducido por Margaret A. Schellenberg (Philadelphia: Templeton Foundation Press, 2007).

*VIZGIN, Vladimir, «The Geometrical Unified Field Theory Program», en Don Howard y John Stachel (eds.), *Einstein and the History of General Relativity*, 300-314 (Boston: Birkhäuser, 1989).

*—, *Unified Field Theories: In the First Third of the 20th Century*, traducido por J. B. Barbour (Boston: Birkhäuser, 1994).

WEINBERG, Steven, *Dreams of a Final Theory: The Scientist's Search for the Ultimate Laws of Nature* (Nueva York: Vintage, 1992).

WEYL, Hermann, *Space, Time, Matter* (Nueva York: Dover, 1950).

NOTAS

INTRODUCCIÓN
ALIADOS Y ADVERSARIOS

1. Erwin Schrödinger, «The New Field Theory», enero de 1947, Albert Einstein Duplicate Archive, Princeton, NJ, 22-152.
2. «Unifying the Cosmos», *New York Times*, 16 de febrero de 1947.
3. Elihu Lubkin, «Schrödinger's Cat», *International Journal of Theoretical Physics* 18, n.º 8 (1979): 520.
4. Hilary Putnam, correspondencia personal con el autor, 4 de agosto de 2013.
5. Walter Thirring, *Cosmic Impressions: Traces of God in the Laws of Nature*, trad. Margaret A. Schellenberg (Filadelfia: Templeton Foundation Press, 2007), 54.
6. *Ibid.*, 55.
7. «Einstein Tribute to Schroedinger», *Irish Times*, 29 de junio de 1943, 3.
8. Albert Einstein, «Statement to the Press», febrero de 1947, Albert Einstein Duplicate Archive, 22-146.
9. Albert Einstein, citado en «Einstein's Comment on Schroedinger Claim», *Irish Press*, 27 de febrero, 1.
10. Myles na gCopaleen [Brian O' Nolan], «Cruiskeen Lawn», *Irish Times*, 10 de marzo de 1947, 4.
11. John Moffat, *Einstein Wrote Back: My Life in Physics* (Toronto: Thomas Allen, 2010), 67.
12. Peter Freund, *A Passion for Discovery* (Hackensack, NJ: World Scientific, 2007), 5-6.

CAPÍTULO 1
EL UNIVERSO MECÁNICO

1. Albert Einstein, *Autobiographical Notes*, trad. y ed. Paul Arthur Schilpp (La Salle, IL: Open Court, 1979), 9.
2. John Casey, *The First Six Books of the Elements of Euclid* (Dublín: Hodges, Figgis, 1885), 6.

3. Las ideas de Einstein fueron anticipadas por el matemático británico William Kingdon Clifford, quien en 1870 utilizó la descripción de la curvatura de Riemann para intentar modelar la materia mediante geometría. Clifford también tradujo el tratado de Riemann al inglés, publicando su versión en 1873. Sin embargo, no fue hasta después de que Einstein desarrollara la relatividad general en 1915 que las contribuciones de Clifford al estudio de la conexión entre materia y geometría serían ampliamente reconocidas.

4. Ernst Mach, «Die Leitgedanken meiner naturwissenschaftlichen Erkenntnislehre und ihre Aufnahme durch die Zeitgenossen», *Scientia* 8 (1910), trad. como «The Guiding Principles of My Scientific Theory of Knowledge and Its Reception by My Contemporaries», en S. Toulmin (ed.), *Physical Reality* (Nueva York: Harper & Row, 1970), 37-38.

5. Erwin Schrödinger, *Antrittsrede des Herrn Schrödinger, Sitz. Ber. Preuss. Akad. Wiss.* (Berlín) 1929, p. C, citado en Jagdish Mehra y Helmut Rechenberg, *Erwin Schrödinger and the Rise of Wave Mechanics, Part 1: Schrödinger in Vienna and Zurich, 1887-1925, The Historical Development of Quantum Theory*, vol. 5 (Nueva York: Springer, 1987), 81.

6. Las razones por las que Hasenöhrl estuvo cerca de lograrlo se discuten en Stephen Boughn, «Fritz Hasenöhrl and E = mc²», *European Physical Journal H* 38 (2013): 261-278.

7. Entrevista con el Dr. Hans Thirring realizada por Thomas S. Kuhn en Viena, Austria, 4 de abril de 1963, *Archive for the History of Quantum Physics*, American Philosophical Society, Filadelfia, PA.

8. Einstein, *Autobiographical Notes*, 15.

9. Albert Einstein a Anna Keller Grossmann, reimpreso en Carl Seelig, *Albert Einstein: A Documentary Biography*, trad. Mervyn Savill (Londres: Staples Press, 1956), 208.

10. Max Talmey, «Einstein as a Boy Recalled by a Friend», *New York Times*, 10 de febrero de 1929, 11.

11. Max von Laue, citado en Seelig, *Albert Einstein*, 78.

12. Hermann Minkowski, discurso pronunciado en la Octogésima Asamblea de Científicos Naturales y Médicos Alemanes, 21 de septiembre de 1908.

CAPÍTULO 2
EL CRISOL DE LA GRAVEDAD

1. *Punch*, 19 de noviembre de 1919, 422, citado en Alistair Sponsel, «Constructing a "Revolution in Science": The Campaign to Promote a Favourable Reception for the 1919 Solar Eclipse Experiments», *British Journal for the History of Science* 35(4) (2002): 439.

2. Jagdish Mehra y Helmut Rechenberg, *Erwin Schrödinger and the Rise of Wave Mechanics, Part 1: Schrödinger in Vienna and Zurich, 1887-1925, The Historical Development of Quantum Theory*, vol. 5 (Nueva York: Springer, 1987), 166.

3. George de Hevesy a Ernest Rutherford, 14 de octubre de 1913. *Rutherford Papers*, Universidad de Cambridge, citado en Ronald W. Clark, *Einstein: The Life and Times* (Nueva York: World Publishing, 1971), 158.

4. Erwin Schrödinger, *Space-Time Structure* (Cambridge: Cambridge University Press, 1963), 1.

5.   Albert Einstein, discurso pronunciado en Kioto, Japón, el 14 de diciembre de 1922, citado en Engelbert L. Schücking y Eugene J. Surowitz, «Einstein's Apple», manuscrito inédito, 2013.

6.   Albert Einstein a Arnold Sommerfeld, 29 de octubre de 1912, en *Albert Einstein, The Collected Papers of Albert Einstein*, vol. 5, *The Swiss Years: Correspondence, 1902-1914*, suplemento de la traducción al inglés, Don Howard (ed.), Anna Beck (trad.) (Princeton, NJ: Princeton University Press, 1995), Doc. 421.

7.   Carl Seelig, *Albert Einstein: A Documentary Biography*, Mervyn Savill (trad.) (Londres: Staples Press, 1956), 108.

8.   Albert Einstein a Paul Ehrenfest, enero de 1916, en Seelig, *Albert Einstein*, 156.

9.   Richard Feynman, *Surely You're Joking, Mr. Feynman!: Adventures of a Curious Character* (Nueva York: Norton, 2010), 58.

10. Walter Moore, *Schrödinger: Life and Thought* (Nueva York: Cambridge University Press, 1982), 105.

11. Erwin Schrödinger, traducido y citado en Alex Harvey, «How Einstein Discovered Dark Energy», 2012, http://arxiv.org/abs/1211.6338.

12. Albert Einstein, «Bemerkung zu Herrn Schrödingers Notiz Über ein Lösungssystem der allgemein kovarianten Gravitationsgleichungen», *Physikalische Zeitschrift* 19 (1918): 165-166, traducido y editado por M. Janssen *et al.* en *The Collected Papers of Albert Einstein*, vol. 7, *The Berlin Years: Writings, 1918-1921* (Princeton: Princeton University Press, 2002), doc. 3.

13. Harvey, «How Einstein Discovered Dark Energy».

14. Ben Almassi, «Trust in Expert Testimony: Eddington's 1919 Eclipse Expedition and the British Response to General Relativity», *Studies in History and Philosophy of Science Part B* 40(1) (2009): 57-67.

15. *Ibid.*

16. «Eclipse Showed Gravity Variation», *New York Times*, 8 de noviembre de 1919, 6.

17. *Ibid.*

18. «Revolution in Science... New Theory of the Universe... Newtonian Ideas Overthrown», *Times* (Londres), 7 de noviembre de 1919, 1.

19. Erwin Schrödinger, *Space-Time Structure* (Cambridge: Cambridge University Press, 1963), 2.

20. Albert Einstein, «On the Method of Theoretical Physics» (conferencia de 1933 en Oxford), traducida por S. Bargmann en *Albert Einstein: Ideas and Opinions* (Nueva York: Bonanza Books, 1954), 270-276.

21. David Hilbert, biografía en línea en MacTutor, Universidad de St. Andrews, http://www-history.mcs.st-andrews.ac.uk/Biographies/Hilbert.html.

22. Albert Einstein a Hermann Weyl, 8 de marzo de 1918, en *Albert Einstein, The Collected Papers of Albert Einstein*, vol. 8, *The Berlin Years: Correspondence, 1914-1918*, suplemento de traducción al inglés, ed. Klaus Hentschel, trad. Ann M. Hentschel (Princeton, NJ: Princeton University Press, 1998).

23. Daniela Wünsch, *Der Erfinder der 5. Dimension, Theodor Kaluza* (Göttingen: Termessos, 2007), 66.

24. Theodor Kaluza Jr., entrevistado en *NOVA: What Einstein Never Knew*, PBS, emitido originalmente el 22 de octubre de 1985.

25. Arthur S. Eddington, «A Generalisation of Weyl's theory of the Electromagnetic and Gravitational Fields», *Proceedings of the Royal Society of London, Ser. A* 99 (1921): 104-122.

CAPÍTULO 3
ONDAS DE MATERIA Y SALTOS CUÁNTICOS

1. Omar Khayyam, *The Rubaiyat of Omar Khayyam*, Edward Fitzgerald (trad.) (Nueva York: Dover, 2011).
2. Jagdish Mehra y Helmut Rechenberg, *Erwin Schrödinger and the Rise of Wave Mechanics, Part 1: Schrödinger in Vienna and Zurich, 1887-1925, The Historical Development of Quantum Theory*, vol. 5 (Nueva York: Springer, 1987), 408.
3. Erwin Schrödinger, *My View of the World*, trad. Cecily Hastings (Woodbridge, CT: Ox Bow Press, 1983), 7.
4. Baruch Spinoza, *Ethics*, en *The Collected Writings of Spinoza*, vol. 1, Edwin Curley (trad.) (Princeton: Princeton University Press, 1985).
5. Albert Einstein, citado en «Einstein Believes in 'Spinoza's God'», *New York Times*, 25 de abril de 1929, 1.
6. Albert Einstein, «Religion and Science», *New York Times Magazine*, 9 de noviembre de 1930, SM1.
7. Schrödinger, *My View of the World*, 21.
8. W. Heitler, «Erwin Schrödinger Obituary», *Roy. Soc. Obit.* 7 (1961): 223-234.
9. Wolfgang Pauli, citado en Werner Heisenberg, *Physics and Beyond* (Nueva York: Harper and Row, 1971), 25-26.
10. Peter Freund, *A Passion for Discovery* (Hackensack, NJ: World Scientific, 2007), 162.
11. Erwin Schrödinger a Albert Einstein, 3 de noviembre de 1925, *Albert Einstein Duplicate Archive*, Princeton, NJ, 22-004.
12. Schrödinger, *My View of the World*, p. 54.
13. Hermann Weyl, citado por Abraham Pais, *Inward Bound: Of Matter and Forces in the Physical World* (Nueva York: Oxford University Press, 1988), 252.
14. Arnold Sommerfeld a Erwin Schrödinger, 3 de febrero de 1926, citado en Mehra y Rechenberg, *Erwin Schrödinger and the Rise of Wave Mechanics*, 537.
15. Entrevista con Annemarie Schrödinger realizada por Thomas S. Kuhn en Viena, Austria, 5 de abril de 1963, *Archive for the History of Quantum Physics*, American Philosophical Society, Filadelfia, PA.
16. Erwin Schrödinger a Albert Einstein, 23 de abril de 1926, *Albert Einstein Duplicate Archive*, 22-014.
17. Erwin Schrödinger a Niels Bohr, 24 de mayo de 1924, citado y traducido en O. Darrigol, «Schrödinger's Statistical Physics and Some Related Themes», en M. Bitbol y O. Darrigol (eds.), *Erwin Schrödinger, Philosophy and the Birth of Quantum Mechanics* (Gif-sur-Yvette, Francia: Editions Frontières, 1992).
18. Albert Einstein a Max Born, 4 de diciembre de 1926, en *Albert Einstein-Max Born, Briefwechsel (Correspondence)*, Max Born (ed.) (Múnich, 1969), 129, citado en Alice Calaprice y Trevor Lipscombe, *Albert Einstein: A Biography* (Westport, CT: Greenwood Press, 2005), 92.
19. Albert Einstein a Max Born, mayo de 1927, reimpreso en A. Einstein, H. Born y M. Born, *Albert Einstein, Hedwig und Max Born, Briefwechsel: 1916-1955 / kommentiert von Max Born; Geleitwort von Bertrand Russell; Vorwort von Werner Heisenberg* (Fráncfort del Meno: Edition Erbrich, 1982), 136, citado y traducido en Hubert Goenner, «On the History of Unified Field Theories»,

Living Reviews in Relativity, 2004, http://relativity.livingreviews.org/Articles/lrr-2004-2/download/lrr-2004-2Color.pdf.

20. Albert Einstein a Erwin Schrödinger, 31 de mayo de 1928, *Albert Einstein Duplicate Archive*, 22-022, citado y traducido en G. G. Emch, *Mathematical and Conceptual Foundations of 20th-Century Physics* (Ámsterdam: North Holland, 2000), 295.

21. Abraham Pais, *Einstein Lived Here* (Nueva York: Oxford University Press, 1994), 43.

CAPÍTULO 4
LA BÚSQUEDA DE LA UNIFICACIÓN

1. Entrevista con Annemarie Schrödinger realizada por Thomas S. Kuhn en Viena, Austria, 5 de abril de 1963, *Archive for the History of Quantum Physics*, American Philosophical Society, Filadelfia, PA.

2. Paul Heyl, «What Is an Atom?», *Scientific American* 139 (julio de 1928): 9-12.

3. «Current Magazines», *New York Times*, 1 de julio de 1928.

4. Albert Einstein, citado en «Einstein Declares Women Rule Here», *New York Times*, 8 de julio de 1921.

5. «Woman Threatens Prof. Einstein's Life», *New York Times*, 1 de febrero de 1925.

6. «A Deluded Woman Threatens Krassin and Professor Einstein», *The Age* (Melbourne, Australia), 3 de febrero de 1925, 9.

7. Wythe Williams, «Einstein Distracted by Public Curiosity», *New York Times*, 4 de febrero de 1929.

8. Einstein a Zangger, finales de mayo de 1928, *Einstein Archives*, Universidad Hebrea de Jerusalén, 40-069, citado y traducido en Tilman Sauer, «Field Equations in Teleparallel Spacetime: Einstein's Fernparallelismus Approach Towards Unified Field Theory», *Historia Mathematica* 33 (2006): 404-405.

9. «Einstein Extends Relativity Theory», *New York Times*, 12 de enero de 1929, 1.

10. Albert Einstein, citado en «Einstein Is Amazed at Stir over Theory; Holds 100 Journalists at Bay for a Week», *New York Times*, 19 de enero de 1929.

11. Albert Einstein, citado en «News and Views», *Nature*, 2 de febrero de 1929, reimpreso en Hubert Goenner, «On the History of Unified Field Theories», en *Proceedings of the Sir Arthur Eddington Centenary Symposium*, editado por V. de Sabbata y T. M. Karade, 1:176-196 (Singapur: World Scientific, 1984).

12. H. H. Sheldon, citado en «Einstein Reduces All Physics to 1 Law», *New York Times*, 25 de enero de 1929.

13. «Einstein Is Viewed as Near the Mystic», *New York Times*, 4 de febrero de 1929.

14. Will Rogers, «Will Rogers Takes a Look at the Einstein Theory», *New York Times*, 1 de febrero de 1929.

15. «Byproducts: Some Parallel Vectors», *New York Times*, 3 de febrero de 1929.

16. Wolfgang Pauli, «[Besprechung von] Band 10 der Ergebnisse der exakten Naturwissenschaften», *Ergebnisse der exakten Naturwissenschaften* 11 (1931): 186, citado y traducido en Goenner, «On the History of Unified Field Theories».

17. «Einstein Flees Berlin to Avoid Being Feted», *New York Times*, 13 de marzo de 1929.

18. «Einstein Is Found Hiding on Birthday», *New York Times*, 14 de marzo de 1929.

19. Walter Moore, *Schrödinger: Life and Thought* (Nueva York: Cambridge University Press, 1982), 242.

20. Paul Dirac, citado en «Erwin Schrödinger», *Archive for the History of Quantum Physics*.

21. Albert Einstein, citado en «Einstein Affirms Belief in Causality», *New York Times*, 16 de marzo de 1931, 1.

22. «Physicists Scan Cause to Effect with Skepticism», *Christian Science Monitor*, 13 de noviembre de 1931, 8:

23. Albrecht Fölsing, *Albert Einstein: A Biography*, trad. Ewald Osers (Nueva York: Penguin, 1997), 617.

24. Moore, *Schrödinger*, 255.

CAPÍTULO 5
CONEXIONES ESPELUZNANTES Y GATOS ZOMBI

1. Annemarie Schrödinger, citada en Walter Moore, *Schrödinger: Life and Thought* (Nueva York: Cambridge University Press, 1982), 265.

2. «Relative Tide and Sand Bars Trap Einstein; He Runs His Sailboat Aground at Old Lyme», *New York Times*, 4 de agosto de 1935, 1.

3. Don Duso, citado en Sandi Fairbanks, *All Points North Magazine*, verano de 2008, www.apnmag.com/summer_2008/fairbanks_einstein.php.

4. Albert Einstein a Elisabeth, reina de Bélgica, otoño de 1935, citado en Ronald Clark, *Einstein: The Life and Times* (Nueva York: World Publishing, 1971), 529.

5. Albert Einstein, citado en «Einsteinhaus in Caputh», www.einsteinsommer-haus.de.

6. Moore, *Schrödinger*, 294.

7. Erwin Schrödinger a Albert Einstein, 7 de junio de 1935, citado y traducido en Don Howard, «Revisiting the Einstein-Bohr Dialogue», *Iyyun: The Jerusalem Philosophical Quarterly* 56 (enero de 2007): 21-22.

8. Albert Einstein a Erwin Schrödinger, 19 de junio de 1935, *Albert Einstein Duplicate Archive*, Princeton, NJ, 22-047.

9. *Ibid.*

10. «Einstein Attacks Quantum Theory», *New York Times*, 4 de mayo de 1935.

11. Albert Einstein a Erwin Schrödinger, 8 de agosto de 1935, *Albert Einstein Duplicate Archive*, 22-049.

12. *Ibid.*

13. Erwin Schrödinger a Albert Einstein, 19 de agosto de 1935, *Albert Einstein Duplicate Archive*, 22-051.

14. Ruth Braunizer, citada por Leonhard Braunizer, correspondencia personal con el autor, 6 de mayo de 2014.

15. Albert Einstein a Erwin Schrödinger, 4 de septiembre de 1935, *Albert Einstein Duplicate Archive*, 22-052.

16. Erwin Schrödinger, «Die Gegenwärtigen Situation in der Quantenmechanik», *Die Naturwissenschaften* 23 (1935): 807-812, 824-828, citado y traducido en

Arthur Fine, *The Shaky Game: Einstein, Realism and the Quantum Theory* (Chicago: University of Chicago Press, 1986), 65.

17. Erwin Schrödinger, «Indeterminism and Free Will», *Nature*, 4 de julio de 1936.

18. *Ibid.*

19. Entrevista con Annemarie Schrödinger realizada por Thomas S. Kuhn en Viena, Austria, 5 de abril de 1963, *Archive for the History of Quantum Physics*, American Philosophical Society, Filadelfia, PA.

20. Helge Kragh, *Quantum Generations: A History of Physics in the Twentieth Century* (Princeton: Princeton University Press, 1999), 218-229.

21. Jamie Sayen, *Einstein in America* (Nueva York: Crown, 1985), 147.

22. Lucien Aigner, «A Book May Be Written, a Shoe Made—But a Theory—It's Never Finished», *Christian Science Monitor*, 14 de diciembre de 1940, 3.

23. Nathan Rosen, «Reminiscences», en Gerald Holton y Yehuda Elkana (eds.), *Albert Einstein: Historical and Cultural Perspectives* (Princeton: Princeton University Press, 1982), 406.

24. Erwin Schrödinger, «Confession to the Führer», *Graz Tagespost*, 30 de marzo de 1938, citado y traducido en Moore, *Schrödinger: Life and Thought*, 337.

25. Erwin Schrödinger, citado en «History of the Dublin Institute for Advanced Studies: 1935-1940: Formation of the School», *Dublin Institute for Advanced Studies*, www.dias.ie/index.php?option=com_content&view=article&id=804: theoreticalhistory1935-1940.

26. Erwin Schrödinger, manuscrito inédito, *Dublin Institute for Advanced Studies Archive*, citado en Moore, *Schrödinger: Life and Thought*, 348.

27. Brian Fallon, *An Age of Innocence: Irish Culture, 1930-1960* (Londres: Palgrave Macmillan, 1998), 14.

CAPÍTULO 6
LA SUERTE DEL IRLANDÉS

1. Walter Thirring, *Cosmic Impressions: Traces of God in the Laws of Nature*, trad. Margaret A. Schellenberg (Filadelfia: Templeton Foundation Press, 2007), 55.

2. Nicola Tallant, «Dev Tricked Public into Investing in Irish Press, File Reveals», *Irish Independent*, 31 de octubre de 2004, 1.

3. L. Mac G., «A Professor at Home», *Irish Press*, 1 de noviembre de 1940, 5.

4. «People and Places», *Irish Press*, 11 de agosto de 1942, 2.

5. «The 'Atom Man' at Home: Dr. Erwin Schrödinger Takes a Day Off», *Irish Press*, 1 de febrero de 1946, 7.

6. *Gespräch mit Ruth Braunizer über Erwin Schrödinger* (entrevista con Ruth Braunizer sobre Erwin Schrödinger), *Österreichische Mediathek*, 1997, http://www.oesterreich-am-wort.at/treffer/atom/14957620-36E-00084-00000AF8-1494EDB5.

7. Ruth Braunizer, «Memories of Dublin—Excerpts from Erwin Schrödinger's Diaries», en Gisela Holfter (ed.), *German-Speaking Exiles in Ireland 1933-1945* (Ámsterdam: Rodopi, 2006), 265.

8. Albert Einstein, citado en Robert P. Crease, *The Great Equations: Breakthroughs in Science from Pythagoras to Heisenberg* (Nueva York: W. W. Norton, 2010), 197.

9. Leopold Infeld, «Visit to Dublin», *Scientific American* 181(4) (octubre de 1949): 11.

10. Erwin Schrödinger, «Some Thoughts on Causality», *Irish Times*, 15 de noviembre de 1939, 5.

11. Myles na gCopaleen [Brian O'Nolan], citado por Paddy Leahy, «How Myles na gCopaleen Belled Schrödinger's Cat», *Irish Times*, 22 de febrero de 2001, 15.

12. Myles na gCopaleen [Brian O'Nolan], «Cruiskeen Lawn», *Irish Times*, 3 de agosto de 1942, 3.

13. Flann O'Brien [Brian O'Nolan], *The Third Policeman* (Chicago: Dalkey Archive Press, 2006), 116.

14. «Observer Says», *Irish Press*, 9 de noviembre de 1943, 3.

15. *Ibid.*

16. «Famous Physicist's Memory to Be Honoured by Special Stamp», *Irish Press*, 6 de noviembre de 1943, 1.

17. Albert Einstein a Hans Muehsam, verano de 1942, citado en Carl Seelig, *Albert Einstein: A Documentary Biography*, trad. Mervyn Savill (Londres: Staples Press, 1956), 230.

18. Peter Seyyfart, «Einstein, Mann Popular at Princeton; Students 'Praise' Them in Jingles», *Milwaukee Journal*, 12 de agosto de 1939.

19. Léon Rosenfeld a Friedrich Herneck, 1962, publicado en F. Herneck, *Einstein und sein Weltbild* (Berlín: Buchverlag der Morgen, 1976), 280.

20. Albert Einstein, discurso al Congreso Científico Americano, 15 de mayo de 1940, citado en William L. Laurence, «Einstein Baffled by Cosmos Riddle», *New York Times*, 16 de mayo de 1940, 23.

21. *Institute for Advanced Study School of Mathematics*, Memorando confidencial, 19 de abril de 1945, *IAS Archive*, Princeton, NJ.

22. Albert Einstein y Wolfgang Pauli, «On the Non-Existence of Regular Stationary Solutions of Relativistic Field Equations», *Annals of Mathematics* 44 (abril de 1943): 13.

23. Michael Lawlor, «Forward from Einstein», *Irish Press*, 1 de febrero de 1943, 2.

24. «Scholars Acclaim His Theory», *Irish Press*, 2 de febrero de 1943, 2.

25. «Science: Schroedinger», *Time*, 5 de abril de 1943.

26. «Einstein's Comment on Schroedinger Theory», *Irish Press*, 10 de abril de 1943, 1.

27. «Einstein Tribute to Schroedinger», *Irish Times*, 29 de junio de 1943, 3.

28. George Prior Woollard, «Transcontinental Gravitational and Magnetic Profile of North America and Its Relation to Geologic Structure», *Geological Society of America Bulletin* 54(6) (1 de junio de 1943): 747-789.

29. «Schroedinger's New Theory Confirmed», *Irish Press*, 28 de junio de 1943, 1.

30. Erwin Schrödinger a Albert Einstein, 13 de agosto de 1943, *Albert Einstein Duplicate Archive*, 22-075.

31. Albert Einstein a Erwin Schrödinger, 10 de septiembre de 1943, *Albert Einstein Duplicate Archive*, 22-076.

32. Erwin Schrödinger a Albert Einstein, 31 de octubre de 1943, *Albert Einstein Duplicate Archive*, 22-088.

33. Albert Einstein a Erwin Schrödinger, 14 de diciembre de 1943, *Albert Einstein Duplicate Archive*, 22-090.

34. Reportado en Walter Moore, *Schrödinger: Life and Thought* (Nueva York: Cambridge University Press, 1982), 418. Moore especula que, dado que Schrödinger siempre quiso un hijo varón, esperaba que ella se quedara embarazada.

35. John Gribbin, *Erwin Schrödinger and the Quantum Revolution* (Hoboken, NJ: Wiley, 2013), 285.

36. Matthew Benjamin, «Catcher, Spy: Moe Berg», *US News and World Report*, 27 de enero de 2003.

CAPÍTULO 7
FÍSICA POR RELACIONES PÚBLICAS

1. Walter Winchell, «Scientists See Steel Block Melted by Light Beam», *Spartanburg Herald Journal*, 23 de mayo de 1948, A4.

2. D. M. Ladd, Memorándum interno al Director, *Federal Bureau of Investigation*, 15 de febrero de 1950, FBI Records: *The Vault*, http://vault.fbi.gov/Albert Einstein.

3. Robin Pogrebin, «Love Letters by Einstein at Auction», *New York Times*, 1 de junio de 1998.

4. Reportado en Carl Seelig, *Albert Einstein: A Documentary Biography*, trad. Mervyn Savill (Londres: Staples Press, 1956), 115.

5. «A Summary of Fianna Fáil's Self Claimed Achievements as Used by the Party During the General Election of 1948», *University College Dublin Archive* P150/2756, reimpreso en Diarmaid Ferriter, *Judging Dev: A Reassessment of the Life and Legacy of Éamon de Valera* (Dublín: Royal Irish Academy Press, 2007), 296.

6. James Dillon, «Constituent School of the Dublin Institute for Advanced Studies—Motion», *Dáil Éireann Proceedings* 104 (13 de febrero de 1947).

7. Wolfgang Pauli, citado en Vladimir Vizgin, *Unified Field Theories: In the First Third of the 20th Century*, trad. J. B. Barbour (Boston: Birkhäuser, 1994), 218.

8. Albert Einstein a Erwin Schrödinger, 22 de enero de 1946, *Albert Einstein Duplicate Archive*, Princeton, NJ, 22-093.

9. Erwin Schrödinger a Albert Einstein, 19 de febrero de 1946, *Albert Einstein Duplicate Archive*, 22-094.

10. Erwin Schrödinger a Albert Einstein, 24 de marzo de 1946, *Albert Einstein Duplicate Archive*, 22-102.

11. Albert Einstein a Erwin Schrödinger, 7 de abril de 1946, *Albert Einstein Duplicate Archive*, 22-103.

12. Erwin Schrödinger a Albert Einstein, 13 de junio de 1946, *Albert Einstein Duplicate Archive*, 22-107.

13. Albert Einstein a Erwin Schrödinger, 16 de julio de 1946, *Albert Einstein Duplicate Archive*, 22-109.

14. Albert Einstein a Erwin Schrödinger, 27 de enero de 1947, *Albert Einstein Duplicate Archive*, 22-136.

15. William Rowan Hamilton, citado en Robert Percival Graves, *Life of Sir William Rowan Hamilton* (Dublín: Hodges, Figgis, 1882).

16. Erwin Schrödinger, «The Final Affine Field-Laws», discurso en la *Royal Irish Academy*, 27 de enero de 1947, *Albert Einstein Duplicate Archive*, 22-143.

17. *Ibid.*

18. Erwin Schrödinger, citado en «Dr. Schroedinger: Einstein Theory of Relativity», *Irish Press*, 28 de enero de 1947, 5.

19. «Dublin Man Outdoes Einstein», *Christian Science Monitor*, 31 de enero de 1947, 13.

20. Erwin Schrödinger a Albert Einstein, 3 de febrero de 1947, *Albert Einstein Duplicate Archive*, 22-138.
21. «Science: Einstein Stopped Here», *Time*, 10 de febrero de 1947.
22. John L. Synge, «Letter to the Editor», *Time*, 3 de marzo de 1947.
23. Petros S. Florides, «John Lighton Synge», *Biographical Memoirs of Fellows of the Royal Society* 54 (diciembre de 2008): 401.
24. Nichevo [R. M. Smyllie], «Higher Maths», *Irish Times*, 22 de marzo de 1947, 7.
25. S. McC., «And Now Cosmic Physics», *Tuam Herald*, 12 de abril de 1947.
26. William L. Laurence a Albert Einstein, 7 de febrero de 1947, *Albert Einstein Duplicate Archive*, 22-141.
27. «Einstein Declines Comment», *New York Times*, 30 de enero de 1947.
28. «Einstein's Theory Reportedly Widened», *New York Times*, 30 de enero de 1947.
29. «Unifying the Cosmos», *New York Times*, 16 de febrero de 1947.
30. Jacob Landau a Albert Einstein, 18 de febrero de 1947, *Albert Einstein Duplicate Archive*, 22-149.
31. Albert Einstein, «Statement to the Press», febrero de 1947, *Albert Einstein Duplicate Archive*, 22-146.
32. Erwin Schrödinger, citado en «Schroedinger Replies to Einstein», *Irish Press*, 1 de marzo de 1947, 7.
33. Peter Freund, *A Passion for Discovery* (Hackensack, NJ: World Scientific, 2007), 5.
34. Myles na gCopaleen [Brian O'Nolan], «Cruiskeen Lawn», *Irish Times*, 10 de marzo de 1947, 4.
35. John Archibald Wheeler, entrevista con el autor, Princeton, 5 de noviembre de 2002.
36. «Einstein Leaves Hospital», *New York Times*, 14 de enero de 1949.
37. William L. Laurence, «World Scientists Hail Einstein at 70», *New York Times*, 13 de marzo de 1949.

CAPÍTULO 8
EL ÚLTIMO VALS: LOS ÚLTIMOS
AÑOS DE EINSTEIN Y SCHRÖDINGER

1. Lincoln Barnett, «U.S. Science Holds Its Biggest Powwow and Finds It Has a New Einstein Theory to Ponder—The Meaning of Einstein's New Theory», *Life*, 9 de enero de 1950.
2. Datus Smith a Lincoln Barnett, 6 de enero de 1950, *Princeton University Press Archive*, caja 7, Biblioteca de la Universidad de Princeton; Lincoln Barnett a Datus Smith, 18 de enero de 1950, *Princeton University Press Archive*.
3. Datus Smith a Lincoln Barnett, 23 de enero de 1950, *Princeton University Press Archive*.
4. Frances Hagemann a Albert Einstein (copia a Herbert Bailey), 14 de enero de 1950, *Princeton University Press Archive*.
5. Herbert Bailey a Frances Hagemann, 18 de enero de 1950, *Princeton University Press Archive*.
6. Frances Hagemann a Herbert Bailey (copia a Albert Einstein), 26 de enero de 1950, *Princeton University Press Archive*.
7. *Irish Times*, 2 de enero de 1950, 5.

8. William L. Laurence, «Einstein Publishes His 'Master Theory'», *New York Times*, 15 de febrero de 1950.
9. Robert Oppenheimer, «On Albert Einstein», *New York Review of Books*, 17 de marzo de 1966.
10. Erwin Schrödinger, entrevistado en «Einstein Has New Theory of Laws of Gravitation», *Irish Press*, 26 de diciembre de 1949, 1.
11. Erwin Schrödinger, *Space-Time Structure* (Cambridge: Cambridge University Press, 1963), 114.
12. *Ibid.*, 116.
13. Albert Einstein a Erwin Schrödinger, 3 de septiembre de 1950, *Albert Einstein Duplicate Archive*, 22-171.
14. Erwin Schrödinger a Albert Einstein, 15 de mayo de 1953, *Albert Einstein Duplicate Archive*, 22-210.
15. Albert Einstein a Erwin Schrödinger, 9 de junio de 1953, *Albert Einstein Duplicate Archive*, 22-212.
16. Robert Romer, «My Half Hour with Einstein», *Physics Teacher* 43 (2005): 35.
17. Albert Einstein, citado en Werner Heisenberg, *Encounters with Einstein* (Princeton, NJ: Princeton University Press, 1989), 121.
18. Eugene Shikhovtsev, «Biographical Sketch of Hugh Everett, III», editado por Kenneth W. Ford, http://space.mit.edu/home/tegmark/everett/everett.html.
19. Arthur I. Miller, *Deciphering the Cosmic Number: The Strange Friendship of Wolfgang Pauli and Carl Jung* (Nueva York: Norton, 2010), 269.
20. Wolfgang Pauli a George Gamow, 1 de marzo de 1958, citado en Miller, *Deciphering the Cosmic Number*, 263.
21. Erwin Schrödinger, poema de 1942, traducido por Arnulf Braunizer, reimpreso en Amir Aczel, *Present at the Creation: Discovering the Higgs Boson* (Nueva York: Random House, 2010), 33.
22. Ursula K. Le Guin, entrevistada por Irv Broughton, *Conversations with Ursula K. Le Guin* (Jackson: University Press of Mississippi, 2008), 59.
23. Roland Orzabal, correspondencia personal con el autor, 17 de septiembre de 2013.
24. Klaus Taschwer, «Der Streit um Schrödingers Kiste», *Der Standard* (Austria), 19 de diciembre de 2007.
25. «Schrödingers Erbe: Gerichtlicher Streit beigelegt», *Österreichischen Rundfunk*, 13 de mayo de 2009.

CONCLUSIÓN
MÁS ALLÁ DE EINSTEIN Y SCHRÖDINGER:
LA BÚSQUEDA PERMANENTE DE LA UNIDAD

1. «Laid-Back Surfer Dude May Be Next Einstein», *FoxNews.com*, 16 de noviembre de 2007, www.foxnews.com/story/2007/11/16/laid-back-surfer-dude-may-be-next-einstein.
2. «Autistic Boy, 12, with Higher IQ than Einstein Develops His Own Theory of Relativity», *Daily Mail Online*, 24 de marzo de 2011, www.dailymail.co.uk/news/article-1369595/Jacob-Barnett-12-higher-IQ-Einstein-develops-theory-relativity.html.
3. «Will the Next Einstein Be a Computer?», *KitGuru Online Forum*, www.kitguru.net/channel/science/jules/will-the-next-einstein-be-a-computer.

4. Kane Fulton, «Ubuntu on Android May Help Find Next Einstein», *TechRadar*, 18 de junio de 2013, www.techradar.com/us/news/software/operating-systems/-ubuntu-on-android-may-help-find-next-einstein--1159142.

5. Tamar Lewin, «No Einstein in Your Crib? Get a Refund!», *New York Times*, 24 de octubre de 2009, A1.

6. Ian Sample, «Faster Than Light Particles Found, Claim Scientists», *The Guardian*, 22 de septiembre de 2011.

7. Antonio Ereditato, comunicado de prensa, experimento OPERA, 23 de septiembre de 2011.

8. «Neutrino Jokes Hit Twittersphere Faster Than the Speed of Light», *Los Angeles Times*, 24 de septiembre de 2011.

9. Corrigan Brothers y Pete Creighton, «Neutrino Song», 10 de octubre de 2011, www.youtube.com/watch?v=vpMY84T8WY0.

10. Sergio Bertolucci, comunicado de prensa, *CERN*, 8 de junio de 2012.

Este libro se terminó de imprimir
en el mes de septiembre de 2025
en Industria Gráfica Anzos, S. L. U.